北京市高等教育精品教材立项项目配套教材

21世纪高等学校计算机规划教材

21st Century University Planned Textbooks of Computer Science

C++高级语言程序设计案例与实践辅导

A Complete C++ Practice Guidance

徐惠民 主编

刘瑞芳 许桂平 肖波 赵衍运 杨文川 徐雅静 顾淑清 编著

精品系列

人 民 邮 电 出 版 社

北 京

图书在版编目（CIP）数据

C++高级语言程序设计案例与实践辅导 / 徐惠民主编
. -- 北京 : 人民邮电出版社, 2012.3（2016.8重印）
21世纪高等学校计算机规划教材. 精品系列
ISBN 978-7-115-27276-8

Ⅰ. ①C… Ⅱ. ①徐… Ⅲ. ①C语言－程序设计－高等学校－教材 Ⅳ. ①TP312

中国版本图书馆CIP数据核字(2011)第264164号

内 容 提 要

本书是《C++高级语言程序设计》的学习辅导书。全书共 12 章，第 1 章介绍了在 VC2005 集成开发环境下编程的步骤和程序调试方法，第 2 章～第 9 章与主教材《C++高级语言程序设计》对应，包括了原教材各章的习题答案、补充的程序设计案例和上机实验题，第 10 章、第 11 章涉及课程设计的相关内容（第 10 章介绍了 Windows 程序设计的基础知识，第 11 章提供了 3 个课程设计案例和设计题），第 12 章是全国计算机等级考试 C/C++考试真题和详解。

本书的重点是编程案例和课程设计案例。本书编写的目的是为学生打好程序设计的基础，提高其编程能力，因此，在编程案例的选择上特别注意涵盖 C++语言的基本概念，不仅给出各案例的程序代码，还附有分析、设计、代码说明、运行结果解释等。另外，示例代码体现了对培养良好编程习惯的重视。

本书为读者学习 C++高级语言程序设计、提高编程能力提供了充足的内容，适合作为大学各专业的 C++程序设计课程的辅导书和 C++课程设计的教材，也可供程序设计爱好者自学使用。

北京市高等教育精品教材立项项目配套教材
21 世纪高等学校计算机规划教材
C++高级语言程序设计案例与实践辅导

◆ 主　　编　徐惠民
编　　著　刘瑞芳　许桂平　肖　波　赵衍运　杨文川
徐雅静　顾淑清
责任编辑　贾　楠

◆ 人民邮电出版社出版发行　　北京市丰台区成寿寺路 11 号
邮编　100164　　电子邮件　315@ptpress.com.cn
网址　http://www.ptpress.com.cn
大厂聚鑫印刷有限责任公司印刷

◆ 开本：787×1092　1/16
印张：17　　2012 年 3 月第 1 版
字数：450 千字　　2016 年 8 月河北第 5 次印刷

ISBN 978-7-115-27276-8

定价：34.00 元

读者服务热线：(010)81055256　印装质量热线：(010)81055316
反盗版热线：(010)81055315
广告经营许可证：京东工商广字第 8052 号

前 言

C++语言是一门优秀的语言，全面兼容 C 语言，保留了 C 语言简洁、灵活、高效的特点，并且增加了面向对象程序设计的支持，从诞生以来一直受到广大编程人员的喜爱。

本书是《C++高级语言程序设计》的配套辅助教材。本书编写的主要目的，是希望提高学生使用 C++语言的程序设计能力，因此本书也是一本 C++编程指导和参考书。

本书内容主要包括以下 6 个方面：（1）C++编程环境介绍；（2）习题答案；（3）编程案例及参考例程；（4）实验题；（5）课程设计案例分析及设计题；（6）全国计算机等级考试 C/C++考试真题和解析。

全书分为 12 章，第 1 章介绍 VC2005 编程环境。现在的教学中，很多地方还在使用 VC6.0 编程环境。但是，VC2005 对于 C++标准的支持更全面。在介绍编程环境的同时，这部分更强调了调试程序的方法。

第 2 章至第 9 章的目录和《C++高级语言程序设计》的第 2 章到第 9 章相对应。每一章都包括习题答案、编程案例及参考例程和实验题 3 个部分。

“习题答案”部分对于概念题和简答题的答案都写得很简单，主要是给出正确的思路。习题中一些比较典型的编程题，放到了“编程案例”部分进行分析和解答。其余的编程题也给出了解答。

“编程案例”是本书的重点之一。本书按照 C++语言的各个知识点设计了各种编程案例，把编程的思想融入例子中，目的是使读者能够对现实世界中较典型的问题用计算机语言进行描述及解决。这部分不仅有大量的编程案例，还提供了对于案例的分析、设计、参考例程以及对于例程的解释说明，力求使读者在掌握 C++语言的同时，能够学会编程的思路。

“实验题”分为两种：基础题和编程题。基础题侧重概念，引导学生用实验的方法来解决概念问题；编程题的答案没有在书中给出，读者可以在人民邮电出版社教学服务与资源网（www.ptpedu.com.cn）上获得。老师可以根据教学的需要来使用题目。

第 10 章和第 11 章覆盖课程设计案例分析和设计题，是本书的另一个重点。在课程设计时学生可以使用 Windows 编程环境，第 10 章介绍的就是基于 Windows 环境的基本程序设计过程。第 11 章通过 3 个典型的设计案例（俄罗斯方块游戏、计算器设计和邮件客户端设计）帮助学生掌握较复杂设计任务的设计过程，介绍了 3 个案例所需要的基础知识和详细的案例分析及设计，并在此基础上给出了可扩展的课程设计题目。3 个设计案例的软件包也可以在人民邮电出版社教学服务与资源网上获得。这部分的内容相当丰富，可以作为老师进行课程设计的教学参考或学生的自学参考。

本书最后一章提供了两份全国计算机等级考试 C++考试的真题和解析。由于该试题主要是测试面向对象程序设计，之后还增加了一份全国计算机等级考试 C 语言考试的真题和解析，以补充对于面向过程程序设计的测试。这部分可以作为学生是否全面掌握 C++的自测卷。

本书的作者都是多年从事 C++教学和使用 C++语言进行项目开发的人员，可以说本书凝结了多人的智慧和心血。第 1 章、第 7 章、第 10 章、第 12 章由刘瑞芳编写，第 2 章由许桂平编写，第 3 章由肖波编写，第 4 章、第 5 章由赵衍运编写，第 6 章由杨文川编写，第 8 章、第 9 章由徐惠民编写，第 11 章由徐雅静编写，第 2～9 章的实验题由顾淑清编写。全书由徐惠民主编和统搞。

本书可以作为学习 C++程序设计的参考书，更可供编程爱好者自学使用。书中如有不当之处，欢迎广大读者批评指正。

编　者

2011 年 10 月

目 录

第 1 章 VC2005 编程环境介绍

本章介绍 VC2005 编程环境及其基本的使用方法。

1.1 VC2005 集成开发环境简介

较早期程序设计的各个阶段都要用不同的软件来进行处理，如先用字处理软件编辑源程序，再用编译程序进行编译，然后用链接程序进行函数、模块连接，开发者必须在几种软件间来回切换操作。为了使开发者便利、高效地开发各种应用程序，现在的编程开发软件集编辑、编译、调试等功能于一身，这样就大大方便了用户。目前大多数开发语言都有相应的集成开发环境（Integration Development Enviroment，IDE），IDE 是一种辅助程序开发人员开发软件的应用软件，一般包括代码编辑器、编译器、调试器和图形用户界面工具，集成了代码编写功能、分析功能、编译功能、调试功能等，这样的软件可以独立运行，也可以和其他程序并用。有些 IDE 还支持多种编程语言，但一般而言，IDE 主要还是针对特定的编程语言而量身打造。

Visual Studio 是一套完整的开发工具集，用于生成 ASP.NET Web 应用程序、XML Web Services、桌面应用程序和移动应用程序。Visual Basic、Visual C++、Visual C#和 Visual J#全都使用相同的集成开发环境（IDE），利用此 IDE 可以共享工具且有助于创建混合语言解决方案。这里仅介绍 Visual C++（VC2005）的使用，用于开发 C++程序。

VC2005 集成开发环境由如下若干元素组成：菜单栏、工具栏、停靠或自动隐藏在左侧、右侧、底部以及编辑器空间的各种工具窗口。在任何给定时间，可用的工具窗口、菜单和工具栏取决于所处理的项目或文件类型。启动界面如图 1-1 所示，窗口大致被划分为 3 部分，左侧是项目工作区窗口，右侧是编辑窗口，下侧是输出窗口。

可以从起始页开始工作，其中，最近的项目这一栏表示最近几次使用 VC2005 打开的 C++项目目录，鼠标单击其中之一即进入到该开发项目中，或者单击“创建 项目”建立一个新项目。也可以从菜单栏里的“文件→新建”或“文件→打开”开始工作。

MSDN 是一个 HTML 格式的帮助文件，可以提供在程序开发中所需的各种信息，包含的内容非常丰富，可以从菜单栏选择“帮助”进行查看和查找所需要的帮助，它还能脱离集成开发环境独立运行。

左侧的项目工作区窗口一般由解决方案资源管理器、类视图、资源视图 3 个标签组成，如图 1-2 所示。一个解决方案中可以包含几个项目，一个项目是一个完整的程序，可以编译、链接，生成可执行程序，所以在任一时刻，解决方案中的几个项目只能有一个是激活的。单击类视图标签可以看到各项目中的所有类，以树形结构显示，进一步单击相应的类进行编辑。单击资源视图标签可以看到各项目中的所有资源列表。

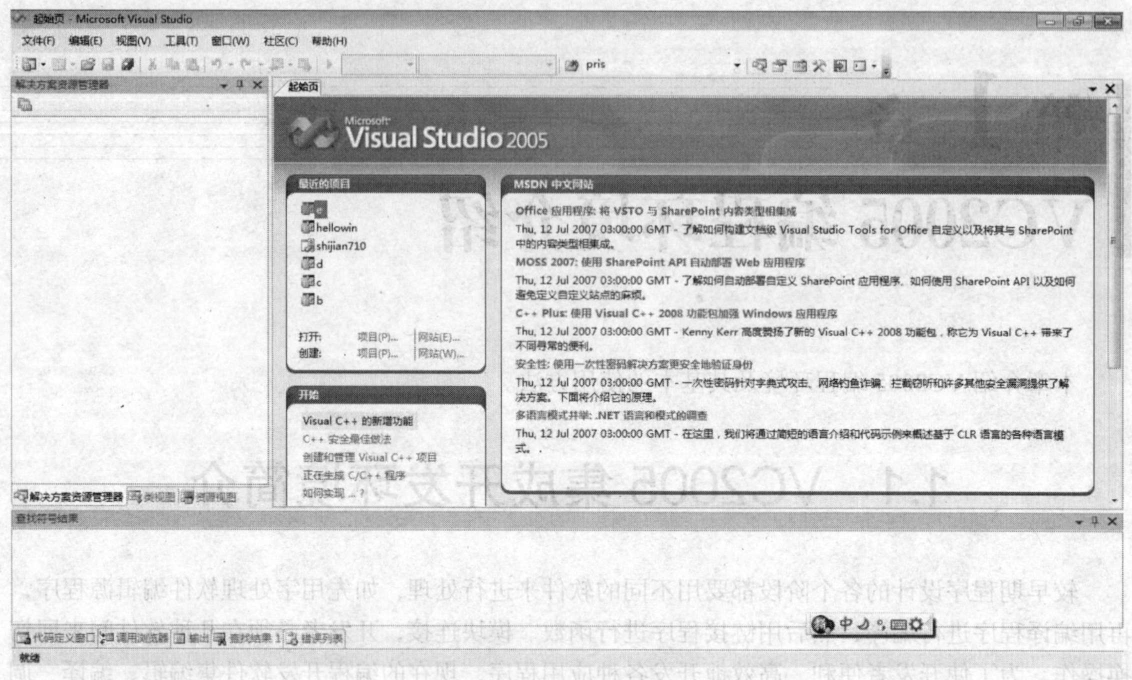

图 1-1 VC2005 开始界面

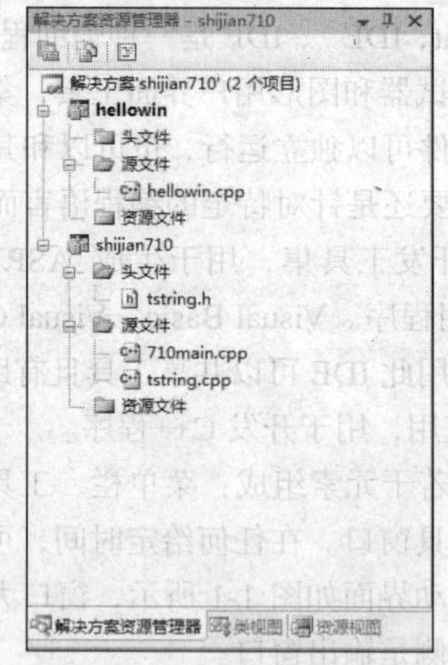

图 1-2 项目工作区

编辑窗口会显示当前可编辑的程序源文件或资源文件，可同时打开多个编辑窗口，它们以平铺或重叠方式显示，可以通过标签点选。

下侧的输出窗口，当编译、链接时会显示相关信息。

1.2 建立 WIN32 控制台应用程序

按照下面步骤建立一个 WIN32 控制台应用程序。

1. 在窗口中选择“文件→新建→项目”，会弹出如图 1-3 所示的窗口。

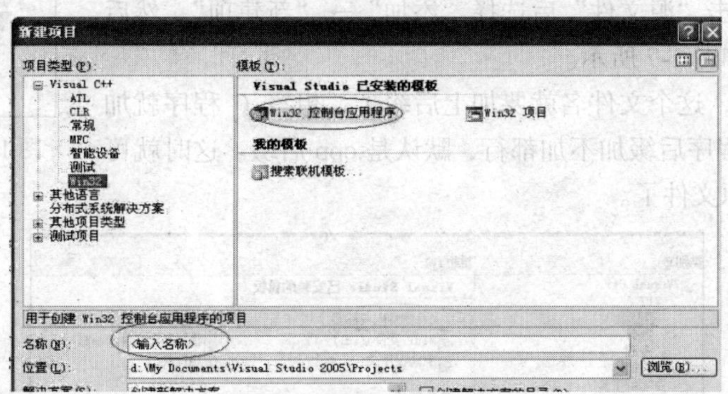

图 1-3　新建项目第一步

2. “输入名称”是输入工程的名称，不必加上后缀。按“确定”按钮后会出现如图 1-4 所示窗口，选择“下一步”按钮。

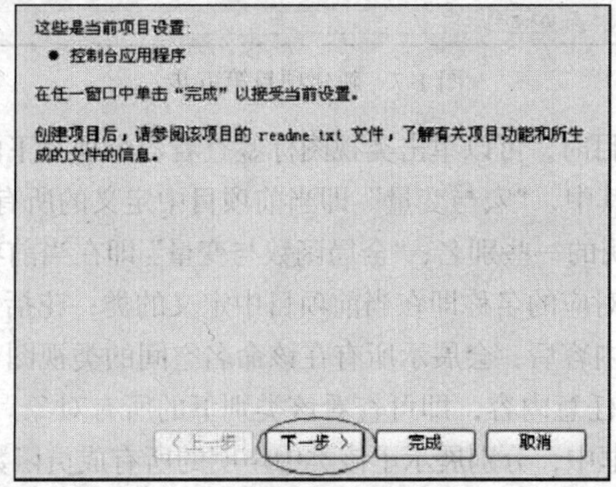

图 1-4　新建项目第二步

3. 在弹出的如图 1-5 所示的窗口中，选择“空项目”，最后按“完成”按钮。

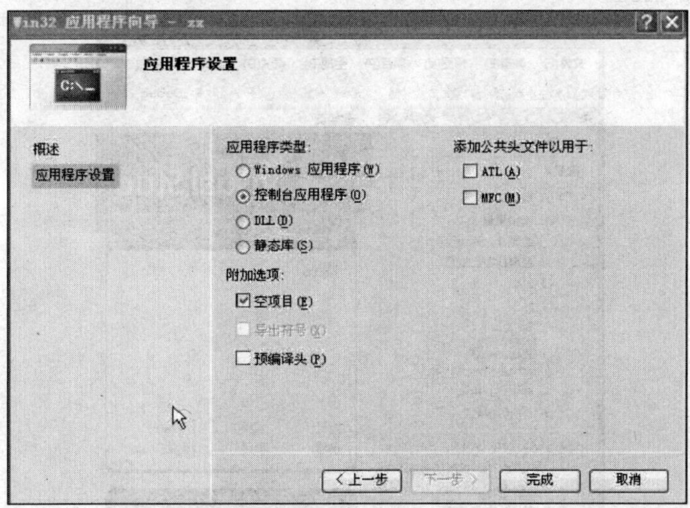

图 1-5　新建项目第三步

4. 这时候在“解决方案”上看到源文件，如图 1-6 所示。

5. 鼠标右键单击“源文件”后选择“添加”→“新建项”。然后弹出一个对话框，如图 1-7 所示。

6. 输入文件名，这个文件名就要加上后缀了。想写 C 程序就加上 C 后缀，写 C++程序后缀加不加都行，默认是.cpp 后缀。这时就可以在编辑窗口编写源文件了。

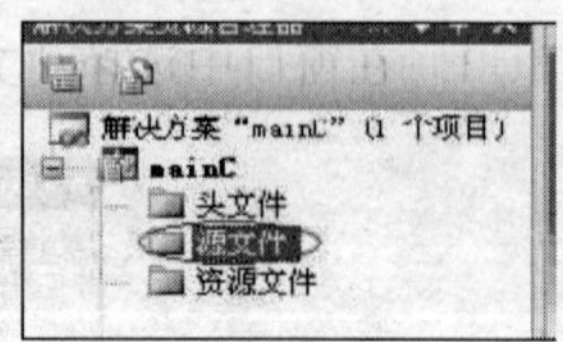

图 1-6　新建项目第四步

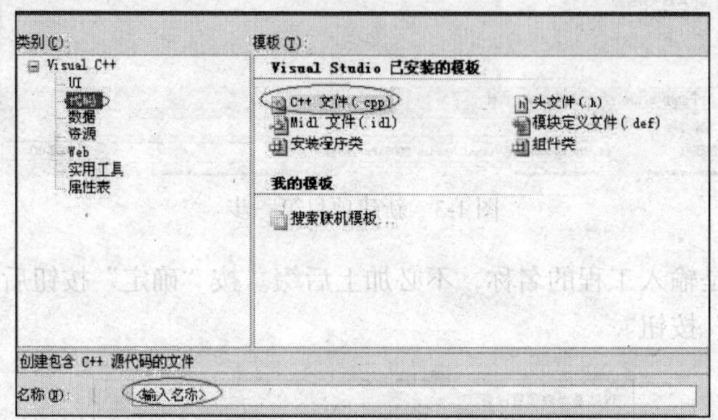

图 1-7　新建项目第五步

在编辑含有类的开发项目时，可以单击类视图标签查看各个项目下的类结构，即其数据属性与方法属性，如图 1-8 所示。其中，“宏与变量”即当前项目中定义的所有宏与变量；“全局 Typedef”即用户使用 Typedef 命令声明的一些别名；“全局函数与变量”即在当前项目下所有文件中都可见的函数和变量；一些三色方框对应的名称即在当前项目中定义的类；花括号“{}”表示当前项目中定义的命名空间，打开其下拉内容后，会展示所有在该命名空间的类视图，关于命名空间具体含义可上网查阅。用鼠标单击其中任意内容，即可查看该类别下的所有对象。例如，图 1-8 中选中了类“SiteTrade”，在其下方的方框中，分别展示了该类中声明的所有成员函数与数据属性，对应如下。

```
~SiteTrade(void)
load_file_to_data(sodict_buil…
SiteTrade(u_int size_of_idx_...
mintf_filt_dup_dict
```

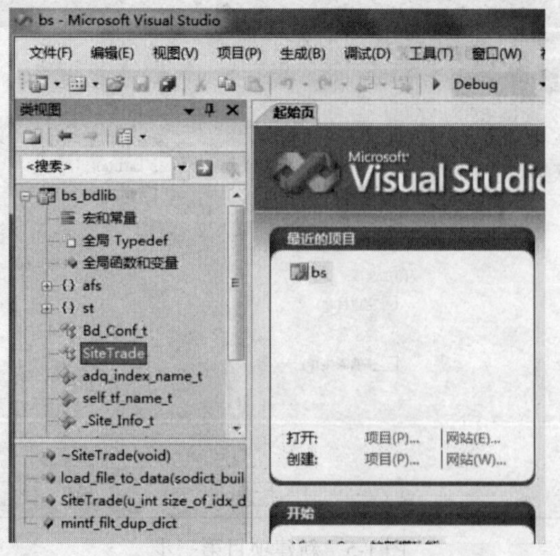

图 1-8　类视图窗口

函数与数据由不同的图标表示。使用鼠标左键双击对应方法或属性，则跳到源代码中对应的行，非常便于阅读较大型的程序。

1.3 程序调试方法

编程时程序有逻辑错误，但程序员又很难定位错误所在，这时往往需要调试程序。设置断点是调试程序最常用的技巧。断点是调试器设置的一个代码位置。当程序运行到断点时，程序中断执行，回到调试器。调试时，只有设置了断点并使程序回到调试器，才能对程序进行在线跟踪。下面介绍简单调试的步骤。

1. 添加断点

在头文件或源文件的当前行（光标所在行）设置断点，从菜单栏选择“调试→切换断点”或“调试→新建断点”命令，也可以直接按下快捷键“F9”。设置断点成功后，该行的最左侧会有一个红色的圆点，如图 1-9 所示。

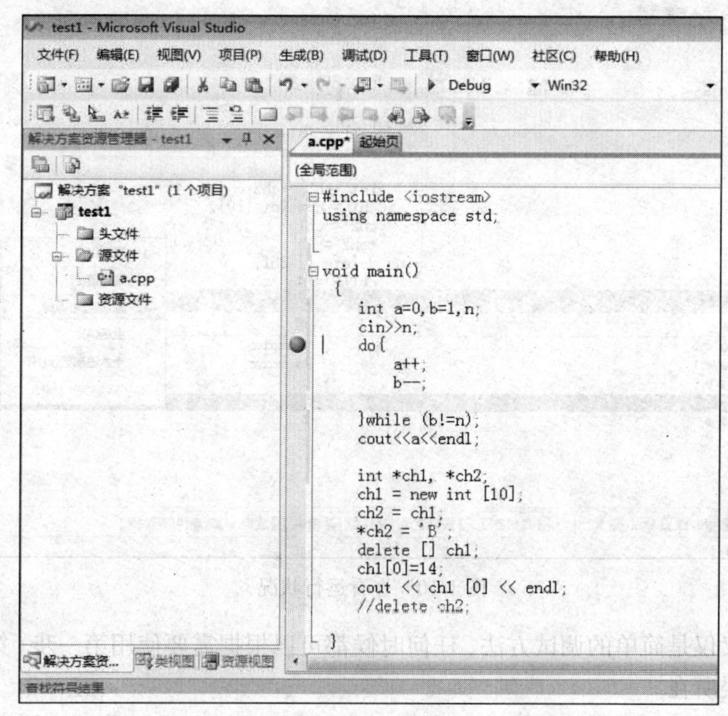

图 1-9 设置断点

2. 跟踪运行

从菜单栏选择“调试→启动调试”命令或按下快捷键“F5”，程序进入调试运行状态，执行到断点处会停下来，如图 1-10 所示。

可以继续跟踪，从菜单栏选择“调试→逐语句”命令或按下快捷键“F11”，进行单步跟踪，每次执行一条语句。也可以从菜单栏选择“调试→逐过程”命令或按下快捷键“F10”，则每次执行一条语句，遇到函数调用语句，直接得到函数运行结果，不会跟踪进入函数体。如果“逐语句”跟踪已经进入函数体，又觉得没必要跟踪函数的运行，可以从菜单栏选择“调试→跳出”命令或按下快捷键“Shift + F11”，退出函数回到调用处。

3. 查看运行状况

跟踪运行的目的是想在程序执行过程中停下来，查看运行状况。当程序在断点处停下来或单步停下来时，可以单击下侧窗口的“局部变量”标签，查看所有变量的值，也可以查看堆栈、线程等状况。如果想把自己要关注的变量放在一个监视窗口里，可以在变量上单击鼠标右键，从弹出的快捷菜单里选择“添加监视”，如图 1-10 所示，以后单击“监视”标签查看自己所关注的变量。

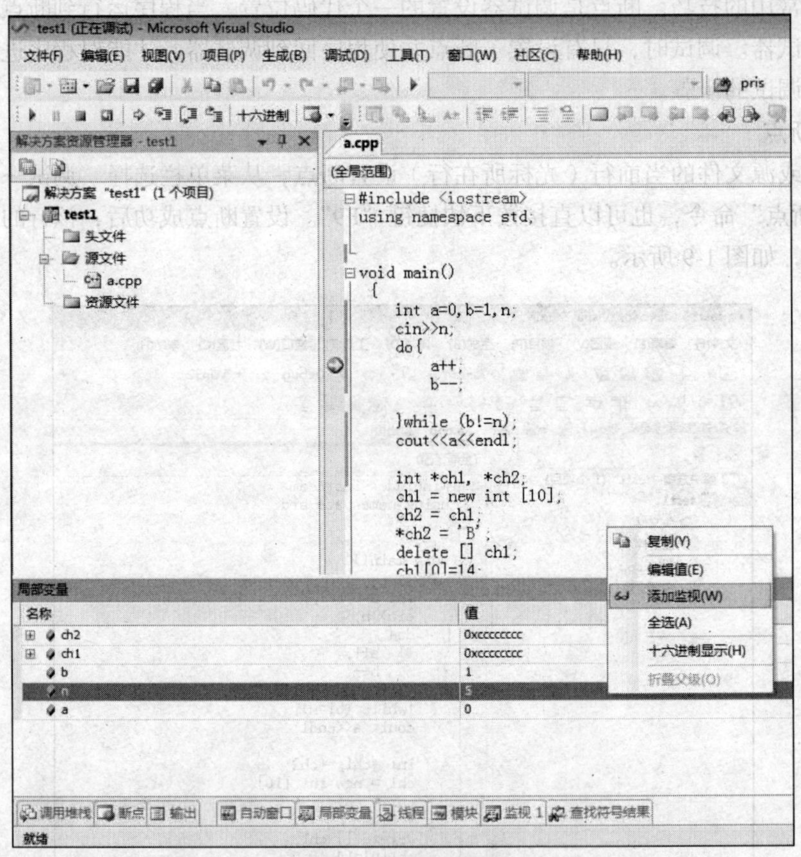

图 1-10　查看运行状况

前面介绍的仅仅是简单的调试方法，任何时候都可以根据需要使用第一步、第二步或第三步，直到找到逻辑错误所在。

设置断点时也可以设置各种条件，以提高调试速度。对于新加的断点，可以单击鼠标右键，在弹出的快捷菜单中选择“断点→条件”命令，为断点设置一个表达式，当这个表达式发生改变时，程序就会被中断。也可以选择“断点→命中次数”命令设置让程序先执行多少次，再次到达断点时停下来，如图 1-11 所示。

下面列出常用的快捷键。

F5：调试运行，遇到断点就停下来

Ctrl + F5：开始执行（不调试）

Shift + F5：停止调试

Ctrl + Shift + F5：重启调试

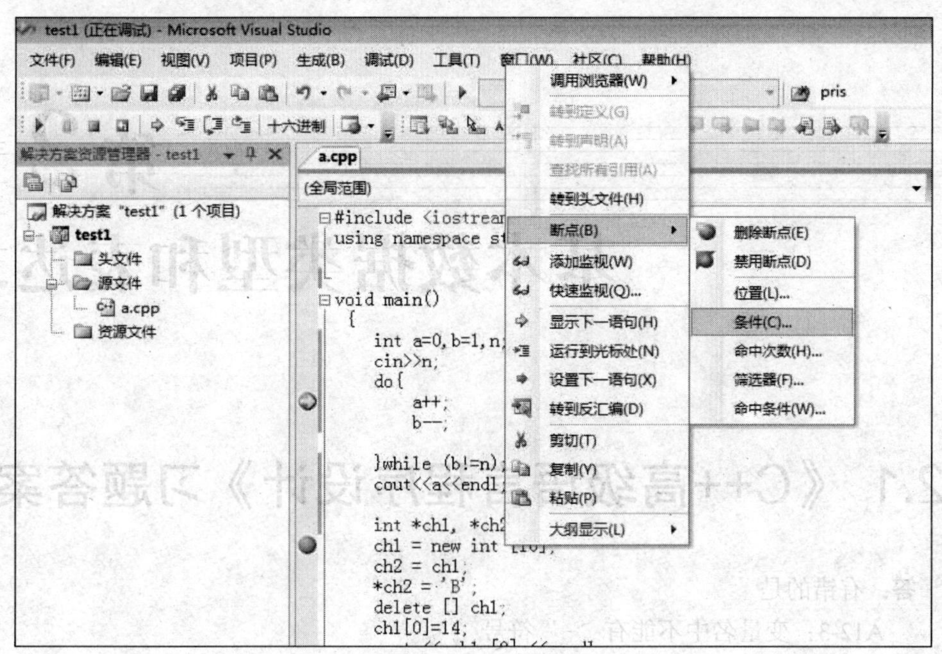

图 1-11　条件断点

F9：切换断点

Ctrl + F9：启用/停止断点

Ctrl + Shift + F9：删除全部断点

F10：单步执行（跨过函数）

F11：单步逐句执行

Ctrl + F10：运行到光标处

使用快捷键，比起单纯使用鼠标进行点选操作，可以大大加快编程调试速度。

第2章 基本数据类型和表达式

2.1 《C++高级语言程序设计》习题答案

2.1 答：有错的是

A12-3：变量名中不能有‘–’符号

123：变量名不能以数字开始

_ 123：变量名中不能有空格

2.2 答：只有表达式 C 不正确，不能将字符串赋值给一个字符变量。

2.3 答：32 位机中，int、float、double 类型在内存中分别占用 4、4、8 字节。long double 变量在内存中占用 8 字节，和 double 相同。

2.4 答：字符串"ab\\\n"在机器中占 5 个字节。

2.5 答：A

2.6 答：是 double 类型。

2.7 答：表达数学关系 1<a<5 的 C++表达式可以是

a>1 && a<5

a==2|| a==3|| a==4

!(a<=1) && !(a>=5)

2.8 答：常量是常数或代表固定不变值的名字，常量的内容初始化以后一直保持不变。变量的内容可以在运行过程中随时改变。变量要占用固定的内存地址，常量一般不占用内存，但是用 const 定义的常量也要占用内存。

2.9 答：关系运算符有==、>、<、>=、<=、!=

逻辑运算符有!、&&、||

2.10 答：‘\089’是不正确的，因为 89 不是八进制数。

2.11 答：4

2.12 答：1.0

2.13 答：4.0

2.14 答：301

2.15 答：10

2.16 （1）答：a1=1 a2=1

（2）答：

0

2

10

8

10

（3）答：0

（4）答：

****1

***12

**123

1****

12***

123**

2.17　答：程序 1 的结果是 16 960。因为计算结果超过 short 的最大值，溢出了。程序 2 的结果是 1 000。

2.18　参见补充题 2.1。

2.19　答：0

因为 float 数本身的精度所限，即使规定输出精度是 8 位，也只能显示为 0。

定义为 double 类型后，结果是 9.999 999 9e-008。

2.20　答：运行结果为

FFFFFFBA

98FDEC45

98FDEC00

位运算实现的操作为

x|～0xFF：取 x 的最低字节，其余位置为 1

x^0xFF：x 的最低字节按位取反，其余位保持不变

x&～0xFF：x 的最低字节置为 0，其余位保持不变

2.21　参见补充题 2.2。

2.2　编程案例及参考例程

例 2.1　以下程序通过 for 语句重复累加 0.01 共 10 次，最后判定相加结果和 0.1 是否相等。请写出运行的结果，并进行解释。

分析

（1）程序中用一个 for 循环求 10 个 0.01 的累加和，并将累加和存于 float 类型变量 sum 中，即相当于完成：sum = 0.01 + 0.01 + 0.01 + 0.01 + 0.01 + 0.01 + 0.01 + 0.01 + 0.01 + 0.01。

（2）程序中用 if 语句显示 sum 和 0.1 的比较结果，如果表达式 sum= =0.1 的结果为真，则显示“相等”，否则显示“不相等”。

程序

```
//例 2.1  浮点数的比较
#include <iostream>
using namespace std;
int main()
{
float sum=0.0;
for(int i=0;i<10;i++)
     sum=sum+0.01;
cout<<sum<<endl;
if(sum==0.1)
     cout<<"相等"<<endl;
else
     cout<<"不相等"<<endl;
return 0;
}
```

程序说明

（1）运行结果：

```
0.1
不相等
```

（2）解释：通过分析，表达式 sum==0.1 虽然在数学上应该为真，但在程序中却不为真。原因是浮点类型的有限精度导致在重复的累加操作中引入舍入误差，所以在程序中的结果是不相等。

一般在检查两个浮点数是否相等时，可以通过指定最大误差容限，来检查这两个值是否足够接近，而不是直接测试它们是否相等或不等。例如，可以先指定最大误差容限：const float Delta=0.000 01;然后把 sum==0.1 改为：fabs(sum−1.0)<=Delta;即可。其中使用了数学库函数 fabs()，来返回浮点参数的绝对值。

例 2.2 把从键盘连续读取的多个字符串，连接成一个字符串，并输出到屏幕。每个字符串之间用空格隔开。

分析

（1）因为程序中要处理字符串，所以我们使用 string 类型的变量，而且因为不知道输入多少个字符串，所以当输入文件结束符时表示输入结束；在 Windows 操作系统中，以“Ctrl+Z”组合表示文件结束符。

（2）因为程序中要输入多个字符串，所以要使用循环语句 while(cin>>str)，当输入字符串时，提取运算符“>>”从 cin 提取字符串写入变量 str 中，此时 cin 返回一个非 0 值，while 的循环条件为真，执行循环体；当输入文件结束符时，while 循环条件为假，中止循环。

（3）在循环体中，按照题目要求把输入的字符串进行连接。

程序

```
//例 2.2  字符串的连接
#include <iostream>
#include <string>
using namespace std;
int main()
{
string s_str,str;
```

```
    cout<<"请输入字符串: "<<endl;
    while(cin>>str)
        s_str=s_str+" "+str;
    cout<<"连接后的字符串: "<<s_str<<endl;
    return 0;
}
```

程序说明

（1）string 类型支持长度可变的字符串，使用 string 类型进行字符串的处理很方便、安全。

（2）string 类型重新定义了运算符“+”，用来实现字符串的连接。

注意　string 类型并不是 C++语言的基本数据类型，它是在标准库中定义的，是一种标准库类型，所以程序中要使用 string 类型，必须把相关的头文件 string 包含进来。

例 2.3　设计一个程序，计算并显示装修一件房屋所需的壁纸数目。其中房间的长、宽和高度由键盘输入，单位是米；另外还要输入单卷壁纸所能铺设的面积，单位是平方米。

分析

（1）首先要计算出墙面的面积，计算公式为

墙壁面积=周长×高

周长=（长+宽）×2

（2）计算输出所需单卷壁纸的数目，计算公式为

所需单卷壁纸数目=墙壁面积/单卷壁纸的面积

程序

```
#include<iostream>
using namespace std;
int main()
{
//声明变量
float length=0.0;
float width=0.0;
float height=0.0;
float rollCoverage=0.0;
float perimeter=0.0;
float area=0.0;
float rolls=0.0;
//输入各项数据
cout<<"输入房间的长度（米）: ";
cin>>length;
cout<<"输入房间的宽度（米）: ";
cin>>width;
cout<<"输入房间的高度（米）: ";
cin>>height;
cout<<"输入单卷壁纸的面积（平方米）: ";
cin>>rollCoverage;
//计算周长、面积及所需单卷壁纸数目
perimeter=(length+width)*2;
area=perimeter*height;
rolls=area/rollCoverage;
```

```
cout<<"所需单卷壁纸数目："<<rolls<<"（卷）"
    <<endl;
return 0;
}
```

程序说明

（1）程序中需要指定每个输入、处理、输出项的名称和数据类型。因为这些项可能含小数，因此合适的数据类型是 float。

（2）让用户通过键盘输入所需输入项时，首先需要使用一条输出语句提示用户输入，然后再使用输入语句接受用户输入。

程序中适当使用注释语句可以增强程序的可读性，使程序更易理解。

例 2.4 编写程序用来计算并显示学生的姓名和该学期应该支付的费用。其中费用包括学费和住宿费，学费为每小时 100 元，住宿费每学期为 1 800 元。

分析

（1）学生首先登记姓名和本学期的学时数。

（2）费用计算方法：费用=学费×学时数+住宿费。其中每小时的学费和住宿费是固定的，因而用常量存储。

程序

```
//例 2.4  计算并显示学生的姓名及应支付的费用
#include<iostream>
#include<iomanip>
#include<string>
using namespace std;
int main()
{
const int HOURFEE=100;
const int ROOMFEE=1800;
string sname="";
int hours=0;
int total=0;
//输入各数据项
cout<<"输入学生姓名：";
cin>>sname;
cout<<"输入该学生学时数：";
cin>>hours;
//计算该学生应支付的费用
total=hours*HOURFEE+ROOMFEE;
//显示学生应支付的费用
cout<<setw(10)<<"学生姓名"<<setw(20)<<"应交费用(元)"
    <<endl;
cout<<setw(8)<<sname<<setw(16)<<total<<endl;
return 0;
}
```

程序说明

（1）在程序执行过程中不再改变的值使用 const 定义的常量，这样如果在程序中不小心修改了该常量的值，则编译程序就会报错。另外相比于直接使用常数，使用 const 定义的常量，还可以增强程序的可读性和可维护性。

（2）程序只能处理一名学生的相关信息，读者在学习了数组和结构类型等相关知识后，对该程序稍加修改，即可完成多名学生相关信息的处理。

例 2.5 编程实现闰年的判定。输入年份 year，判断该年是否为闰年。如果是闰年，则输出：****年是闰年。如果不是闰年，则输出：****年不是闰年。

分析

（1）闰年确定方式：年份不能被 4 整除，不是闰年；年份是世纪年，而且不能被 400 整除，不是闰年；年份能被 400 整除，是闰年。

（2）程序中使用条件运算符“？:”来实现判断。

程序

```
//例 2.5  判断闰年
#include<iostream>
using namespace std;
int main()
{
int year;
cout<<"请输入年份：";
cin>>year;
cout<<year<<"年";
 (((year%4==0)&&(year%100!=0))||(year%400==0))?
    cout<<"是闰年\n":cout<<"不是闰年\n";
return 0;
}
```

程序说明

（1）读者在学习了 if 语句后，可以用它来替换程序中的条件运算符“？:”，相比较，使用 if 语句，会使程序的结构更清晰。

（2）程序中用来判断闰年的条件表达式也有多种表示方式，读者可以尝试写出其他几种形式。

例 2.6 IPv4 规定，Internet 使用 32 位二进制数作为 IP 地址。为便于用户使用，实际使用时用 4 个十进制数来表示 IP 地址，每个十进制数对应于 IP 地址中的 8 位二进制数的数值，十进制数之间用“.”隔开，也称为点分十进制。编程实现将键盘输入的一个点分十进制格式的 IP 地址转换为二进制格式的 IP 地址，并将结果以十六进制数的形式显示在屏幕上。例如：当输入 IP 地址为 202.99.96.140 时，则屏幕显示 IP 地址为：ca63608c。

分析

（1）定义 4 个 unsigned long int 型变量来存放键盘输入的 4 个十进制数，定义一个字符型变量来存放键盘输入的点分隔符“.”，定义一个 unsigned long int 变量用来存放二进制格式的 IP 地址。

（2）地址转换采用按位或运算及移位运算来实现。

程序

```
//例 2.6  十进制格式的 IP 地址转换为二进制格式的 IP 地址
#include<iostream>
#include<iomanip>
using namespace std;
int main()
{
```

```
typedef unsigned long int u_long;
u_long b1,b2,b3,b4;
char ch;
u_long l_addr=0;
cout<<"请输入点分十进制 IP 地址: ";
cin>>b4>>ch>>b3>>ch>>b2>>ch>>b1;
l_addr=l_addr | b4;
l_addr=(l_addr<<8) | b3;
l_addr=(l_addr<<8) | b2;
l_addr=(l_addr<<8) | b1;
cout<<"对应的二进制格式 IP 地址为: "<<hex<<l_addr<<endl;
return 0;
}
```

程序说明

（1）变量的类型很重要，因为它决定了数据在内存单元中如何存储，还决定了当程序中使用该变量的数据时，如何解释该数据，所以在定义变量时要正确选择类型。本题中虽然键盘输入的每一个十进制数用一个字节就可以存放，但是如果变量的类型为 unsigned char 类型，则不能正确存储键盘输入的十进制数。因为该类型存储数据时，存储的是字符的 ASCII 码值，而非其所对应的数值。

（2）读者在学习了循环语句后，可以使用循环语句实现重复的移位操作及或操作，这样可以使程序更简洁。

题目中要求二进制格式的 IP 地址采用十六进制数显示，主要是它可以更方便地转换为二进制，以便编程者检查转换结果是否正确。程序中采用操纵符 hex 来控制显示格式。

例 2.7 编程将键盘输入的电文加密后保存在文件中。加密规则：字母按“字母循环后移 4 个位置”的规律进行加密，非字母不变。如字母 A 加密后为字母 E，字母 Y 加密后为字母 C。

分析

（1）题目中要求可以输入若干个字符，当遇到文件结束符时表示输入结束。所以程序中需使用 while 语句实现循环输入。

（2）在循环体中，对字母进行加密并将字符写入文件中。加密规则为：将字母循环后移 4 个位置，我们用模运算实现'a'+(ch+4-'a')%26。

程序

```
//例 2.7 电文加密
#include<iostream>
#include<fstream>
using namespace std;
int main()
{
//创建文件对象并打开文件
ofstream ofile;
ofile.open("odata.txt");
//确定是否成功地打开文件
if(ofile.is_open ())
{
```

```
        //成功打开文件，进行后续操作
        cout<<"请输入电文（Ctrl+Z 结束输入）"<<endl;
        char ch;
        while((ch=cin.get())!=EOF)
        {
            ((ch>='a')&&(ch<='z'))?ch='a'+(ch+4-'a')%26:ch;
            ((ch>='A')&&(ch<='Z'))?ch='A'+(ch+4-'A')%26:ch;
            ofile<<ch;
        }
        //关闭文件
        ofile.close();
    }
    else
    {
        //打开文件失败
        cout<<"文件不能打开！"<<endl;
    }
    return 0;
}
```

程序说明

（1）程序创建文件流对象，并使用 open 函数将磁盘上的实际文件与文件对象联系起来，这样就可以像完成标准的输入、输出操作一样，使用文件流对象来完成文件输入和输出操作了。

（2）程序中用 get 函数从标准输入流对象 cin 中逐个提取字符，它提取的字符可以包括空白字符。函数的返回值就是读入的字符，若遇到输入流中的文件结束符，则函数的返回值为文件结束标志 EOF。

（3）文件使用完毕，要使用 close 函数关闭文件流对象所关联的相关文件，以防止数据遗漏。

注意

创建文件对象，必须在程序中包含 fstream 头文件，它包含 ifstream（输入文件流）类和 ofstream（输出文件流）类的定义。

例 2.8 编程将保存在文件中的加密电文解密。解密规则：字母按“字母循环前移 4 个位置”的规律进行，非字母不变。如字母 E 解密后为字母 A，字母 C 解密后为字母 Y。

分析

（1）题目中要求可以从文件中读入若干个字符，当遇到文件结束符时表示读入结束。所以程序中需使用 while 语句实现循环输入。

（2）在循环体中，首先从文件中逐个读入字符，并对字母进行解密，然后将字符输出到屏幕上。类似于加密规则，解密算法我们同样用模运算实现。

程序

```
//例 2.8  电文译码
#include<iostream>
#include<fstream>
using namespace std;
int main()
{
//创建文件对象并打开文件
ifstream ifile;
ifile.open("odata.txt");
```

```
    //确定是否成功地打开文件
    if(ifile.is_open ())
    {
        //成功打开文件，进行后续操作
        cout<<"电文原码："<<endl;
        char ch;
        while((ch=ifile.get())!=EOF)
        {
            ((ch>='a')&&(ch<='z'))?ch='z'-('z'-(ch-4))%26:ch;
            ((ch>='A')&&(ch<='Z'))?ch='Z'-('Z'-(ch-4))%26:ch;
            cout<<ch;
        }
        //关闭文件
        ifile.close();
    }
    else
    {
        //打开文件失败
        cout<<"文件不能打开！"<<endl;
    }
    return 0;
    }
```

程序说明

（1）有关文件流对象创建及其相关函数的使用可参见例 2.7。

（2）试图打开文件时，open 函数有可能会失败。所以在读取或写入文件之前，应该使用 is_open 函数来确定文件是否成功地打开了。

如果需打开的文件与程序文件不在同一位置，要在文件名中给出文件的完整路径。

2.3 实 验 题

一、基础题

1. 上机调试下列程序，并输出正确的结果。

要求：对有注释标记的语句进行注释。

```
#include<iostream>
using namespace std;
    void main()                   //
{                                 //
    int x,y;                      //
    cin>>x>>y;                    //
    cout<<!(y==x/2)<<endl;        //
    cout<<(y!=x%3)<<endl;
    cout<<(x>0&&y<0)<<endl;
    cout<<(x!=y||x>=y)<<endl;
    y=x--+1;                      //
    cout<<(x<y?x++:y++)<<endl;
```

```
    cout<<endl;                  //
}
```

2. 从键盘上输入 x、y、s 的值，计算下面公式的值，并对有注释标记的语句进行注释。

$$x=(x+--y)*s++$$

要求：上机修改程序中的语法错误，并输出 x、y 和 s 的值。

```
#include<iostream>
using namspace std;
 int main()
{
int x,y,z;                                  //
  cout<<"请输入三个数 x, y, z: ";          //
  cin>>x>>y>>z>>endl;                       //
  x=(x+--y)*s++;
cout<<x<<y<<s<<endl;                        //
cout<<endl;
}
```

修改正确后的输出结果如图 2-1 所示。

3. 在下列程序中填上适当的语句，完成计算下面公式的功能，并输出结果。示例如图 2-2 所示。

$$\frac{x^2+y^2+z^2}{3xyz}$$

```
#include<iostream>
using namespace std;
 void main()
{
int x,y,z;
  float ans;
  cout<<"请输入三个数 x, y, z: ";
  cin>>x>>y>>z;
  ans=____________________;
cout<<'\n'<<"计算结果="<<ans<<endl;
cout<<endl;
}
```

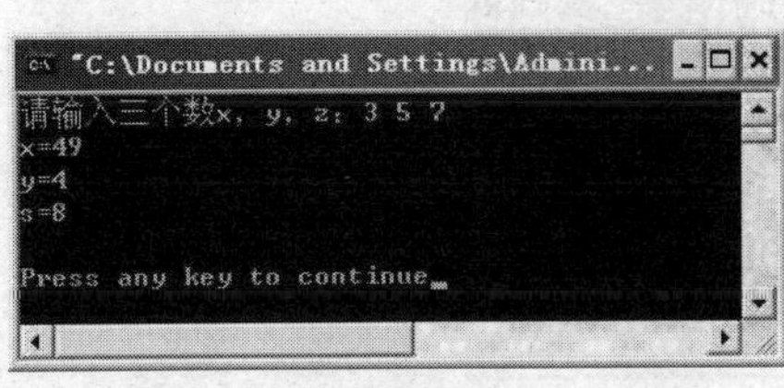

图 2-1　第 2 题的正确输出示例

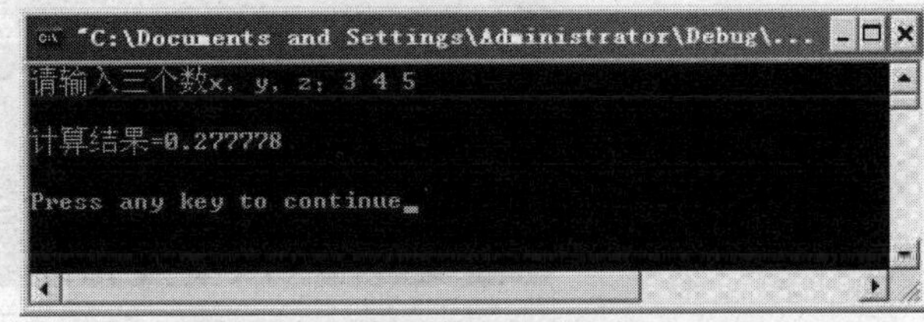

图 2-2　第 3 题的正确输出示例

4. 在下列程序中填上适当的语句，完成将一个十进制数转换成八进制、十六进制数的功能，并输出结果，示例如图 2-3 所示。

```
#include<iostream>
using namespace std;
void main()
{int num;
 cout<<"Please enter a decimal number: ";
cin>>num;
 cout<<____________________;
cout<<____________________;
```

```
cout<<__________________________;
}
```

执行程序时，输出结果如图 2-3 所示。

5. 在下列程序中填上适当的语句，完成将整数 n 的低 4 位（右 4 位）都置为 1 的功能。输出示例如图 2-4 所示。

```
#include<iostream>
using namespace std;
void main()
{
 int n,m;
 cout<<"请输入一个正整数 n:"<<endl;
 cout<<"n=";
 cin>>n;
 m=______________;
 cout<<"结果为"<<m;
}
```

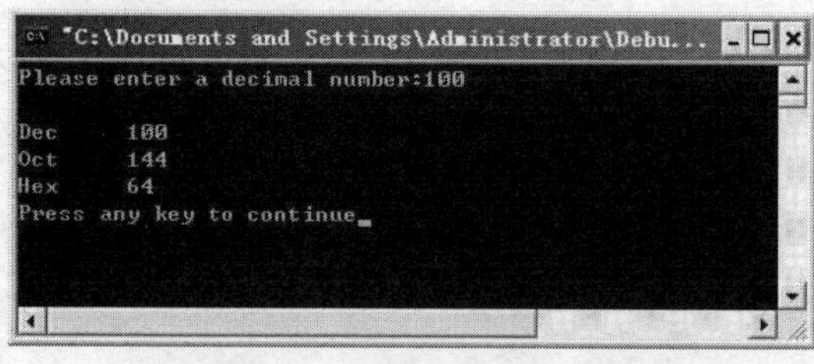

图 2-3 第 4 题的正确输出示例

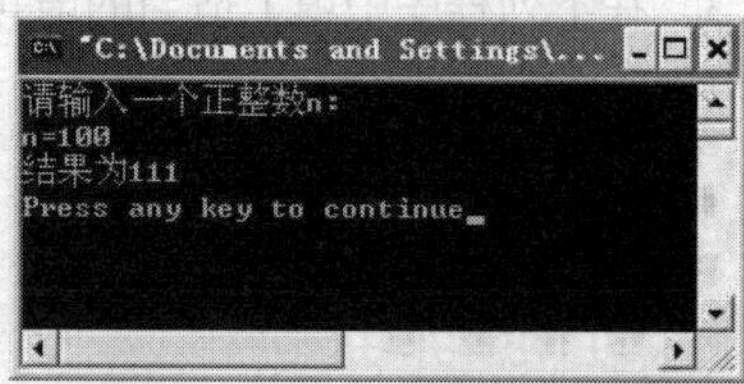

图 2-4 第 5 题的正确输出示例

二、编程题

1. 设计一个程序，从键盘输入一个小写字母，将它转换成大写字母。例如，输入 a，则输出 A。

2. 设计一个程序，从键盘输入一个整数，计算此数的平方和立方，显示结果的格式如图 2-5 所示。

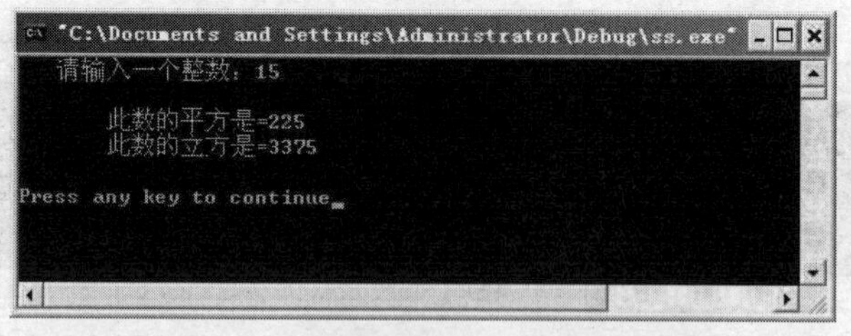

图 2-5 第 2 编程题的正确输出示例

3. 设计一个程序，输入一个三位以上的整数，可以将其十位数数字输出。例如：输入 2345，则输出 4；输入 98765，则输出 6。

4. 设计一个程序，从键盘输入一个三位正整数，要求将该数逆转并输出。例如：输入 256，输出为 652。（算法提示：a=n/100，b=(n−a*100)/10，c=(n−a*100)%10，m=c*100+b*10+a）。

5. 设计一个程序，从键盘上输入一个锐角，计算并输出所给角度的正弦值、余弦值和正切值。

6. 设计一个程序，求各种数据类型的存储长度（字节数），并显示其结果。

第3章 C++控制语句

3.1 《C++高级语言程序设计》习题答案

3.1 答：程序的 3 种基本控制结构是顺序结构、选择结构和循环结构。

3.2 答：选择语句为 if-else switch

循环语为 for while do-while

3.3 答：运行结果为 1 −2

3.4 答：运行结果为 34

3.5 答：运行结果为 2

3.6 （1）答：

i=0 j=8

i=1 j=6

i=2 j=4

i=3 j=2

（2）答：

i=2

i=5

i=8

i=11

i=14

（3）答：a=1,b=0

3.7 参见补充题 3.2。

3.8 答：

```
void main()
{
    int a,b,c,maxval,minval;
    cout<<"请输入三个整数： ";
    cin>>a>>b>>c;
    if(a>b)
    {
        if(b>c){ maxval=a; minval=c;}
```

```
        else if(a>c) { maxval=a; minval=b;}
        else { maxval=c; minval=b;}
    }
    else
    {
        if(a>c) { maxval=b; minval=c;}
        else if(b>c) { maxval=b; minval=a;}
        else{ maxval=c; minval=a;}
    }
    cout<<"从大到小的顺序是:"<<maxval<<" "<<a+b+c-maxval-minval<<" "<<minval<<endl;
    cout<<"从小到大的顺序是:"<<minval<<" "<<a+b+c-maxval-minval<<" "<<maxval<<endl;
    cout<<"最大值:"<<maxval<<"最小值:"<<minval<<endl;
}
```

3.9 参见补充题 3.3。

3.10 参见补充题 3.4。

3.11 参见补充题 3.5。

3.12 答：程序如下。

```
void main()
{
    int num1,num2,num3,num4,num5;           //存放输入的 5 个数
    int max,min;                            //存放最大值、最小值
    int maxIndex=1,minIndex=1;              //记录最大值和最小值的位置
    int temp;                               //用于交换

    cin>>num1>>num2 >>num3 >>num4 >>num5;
    max=num1;
    min=num1;

    //寻找最大值
    if(num2>max){ max=num2; maxIndex=2; }
    if(num3>max){ max=num3; maxIndex=3; }
    if(num4>max){ max=num4; maxIndex=4; }
    if(num5>max){ max=num5; maxIndex=5; }
    //寻找最小值
    if(num2<min){min=num2; minIndex=2; }
    if(num3<min){min=num3; minIndex=3; }
    if(num4<min){min=num4; minIndex=4; }
    if(num5<min){min=num5; minIndex=5; }
    //交换最大值和最小值
    if((maxIndex==1 && minIndex==2) || (maxIndex==2 && minIndex==1)){
        temp=num1;
        num1=num2;
        num2=temp;
    }
    else if((maxIndex==1 && minIndex==3) || (maxIndex==3 && minIndex==1)){
        temp=num1;
        num1=num3;
        num3=temp;
    }
    else if((maxIndex==1 && minIndex==4) || (maxIndex==4 && minIndex==1)){
```

```
        temp=num1;
        num1=num4;
        num4=temp;
    }
    else if((maxIndex==1 && minIndex==5) || (maxIndex==5 && minIndex==1)){
        temp=num1;
        num1=num5;
        num5=temp;
    }
    else if((maxIndex==2 && minIndex==3) || (maxIndex==3 && minIndex==2)){
        temp=num2;
        num2=num3;
        num3=temp;
    }
    else if((maxIndex==2 && minIndex==4) || (maxIndex==4 && minIndex==2)){
        temp=num2;
        num2=num4;
        num4=temp;
    }
    else if((maxIndex==2 && minIndex==5) || (maxIndex==5 && minIndex==2)){
        temp=num2;
        num2=num5;
        num5=temp;
    }
    else if((maxIndex==3 && minIndex==4) || (maxIndex==4 && minIndex==3)){
        temp=num3;
        num3=num4;
        num4=temp;
    }
    else if((maxIndex==3 && minIndex==5) || (maxIndex==5 && minIndex==3)){
        temp=num3;
        num3=num5;
        num5=temp;
    }
    else if((maxIndex==4 && minIndex==5) || (maxIndex==5 && minIndex==4)){
        temp=num4;
        num4=num5;
        num5=temp;
    }

    cout<<num1<<" ";
    cout<<num2<<" ";
    cout<<num3<<" ";
    cout<<num4<<" ";
    cout<<num5<<" ";
    system("pause");
}
```

3.13　答：统计 100～500 之间有多少个数其各位数字之和是 5 的程序如下。

```
void main()
{
    int a,b,c;
    for(int i=100;i<=500;i++)
    {
        a=i%10;                    //获得个位数字
```

```
        b=(i/10)%10;            //获得十位数字
        c=i/100;                //获得百位数字
        if((a+b+c)==5)
            cout<<i<<"  ";
    }
    cout<<endl;
}
```

3.14 参见补充题 3.9。

3.15 答：

（1）用 for 语句

```
void main()
{
    for(int i=9;i>0;i--)
    {
        for(int j=0;j<i;j++)
            cout<<"*";
        cout<<endl;
    }
}
```

（2）用 while 语句

```
void main()
{
    int i=9;
    while(i>0)
    {
        int j=0;
        while(j<i)
        {
            cout<<"*";
            j++;
        }
        cout<<endl;
        i--;
    }
}
```

（3）用 do-while 语句

```
void main()
{
    int i=9;
    do
    {
        int j=0;
        do
        {
            cout<<"*";
            j++;
        }while(j<i);
        cout<<endl;
        i--;
    }while(i>0);
}
```

3.2　编程案例及参考例程

例 3.1　写出下面每一段代码的输出结果。

A)
```
for (i=0,k=1;i<10;i++)
  if (i%5)
    k=i*10;
  else
    cout<<"k:"<<k;
```
B)
```
for (i=0,k=1;i<10;i++){
  if (i%5)
    k=i*10;
    cout<<"k:"<<k;
}
```
C)
```
for (i=0,k=1;i<10;i++){
   if (i%5!=0)
    k=i*10;
}
cout<<"k:"<<k;
```
D)
```
for (i=0,k=1;i<10;i++)
  if (i%5){
    k=i*10;
    cout<<"k:"<<k;
  }
```

分析

本题考核的是 if 语句与循环语句的组合使用。

对于 A 代码，当 i%5==0 时，将输出 k 值，显然每次循环，i 的值增加 1，因此将在 i=0，5 时输出 k 值。

对于 B 代码，输出语句与 if 语句构成顺序结构，因此每次循环都要执行，共输出 10 次 k 值。

对于 C 代码，输出语句与 for 语句构成顺序结构，因此 for 语句全部执行完后，才会输出 k 值。

对于 D 代码，输出语句在 if 语句内，即 i%5! =0 时，输出 k 值，因此将在 i=1，2，3，4，6，7，8，9 时输出 k 值。

答案

A）k:1k:40

B）k:1k:10k:20k:30k:40k:40k:60k:70k:80k:90

C）k:90

D）k:10k:20k:30k:40k:60k:70k:80k:90

例 3.2　编程实现输入一个整数，表示百分制成绩，输出相应的五分制成绩。设 90 分以上为“A”，80～89 分为“B”，70～79 分为“C”，60～69 分为“D”，60 分以下为“E”。

分析

（1）程序首先对输入数字的范围进行判别，然后输出相应的五分制成绩。因此可使用 if 语句进行数字范围的判断。

（2）本程序也可以使用 switch 语句进行编写，将输入的合法成绩（0～100）除以 10，将得到 0～10 共 11 个数字，则 9、10 均为“A”，8 为“B”，7 为“C”，6 分为“D”，0～5 为“E”。

使用 if 语句进行编写的程序。

```
//例 3.2 用五分制来表示百分制
#include <iostream>
using namespace std;
int main()
{
    int score;
    cout << "Please input score (0~100):" << endl;
```

```
    cin >> score ;
    if (score > 100 || score < 0)        //判断输入的百分制成绩是否合法
        cout << "Input illegal!" << endl;
    else if (score >= 90)                //判断 score 是否介于 90～100 之间
        cout << "A" << endl;
    else if (score >= 80)                //判断 score 是否介于 80～89 之间
        cout << "B" << endl;
    else if (score >= 70)                //判断 score 是否介于 70～79 之间
        cout << "C" << endl;
    else if (score >= 60)                //判断 score 是否介于 60～69 之间
        cout << "D" << endl;
    else                                 //score 小于 60
        cout << "E" << endl;
    return 0;
}
```

程序说明

（1）程序中使用 if (score > 100 || score < 0) 来判断输入的分数是否合法，若输入大于 100 的整数或负数均判别为不合法，给出相应的提示。

（2）程序中使用 else if(score >= 90)判断 score 的范围是否介于 90～100 之间，这里的条件(score >= 90 ）不需要写成（ score >= 90 && score <= 100)，因为前一条 if 语句已经将 score > 100 的条件进行了判别，因此，只要执行到 if (score >= 90 ）的语句，score <=100。后续的每一条判别均如此。

使用 switch 语句进行编写的程序。

```
#include <iostream>
using namespace std;
int main()
{
    int score;
    cout << "Please input score (0～100):" << endl;
    cin >> score ;
    if (score > 100 || score < 0)  //判断输入的百分制成绩是否合法
        cout << "Input illegal!" << endl;
    switch (score/10){
    case 10:
    case 9:
        cout << "A" << endl;         //score 介于 90～100 之间
        break;
    case 8:
        cout << "B" << endl;             //score 介于 80～89 之间
        break;
    case 7:
        cout << "C" << endl;         //score 介于 70～79 之间
        break;
    case 6:
        cout << "D" << endl;   //score 介于 60～69 之间
        break;
    default:                         //score 介于 0～59 之间
        cout << "E" << endl;
    }
```

```
    return 0;
}
```

程序说明

（1）switch 语句用于处理根据测试表达式的不同取值，执行不同操作的多选择问题,不能像 if 语句一样直接利用数值的不同范围进行多选择处理，因此程序中使用 switch (score/10)，将 score 的范围判断转换为数值的比较。

（2）switch 语句执行过程是将表达式的值依次与各 case 后面的常量表达式的值相比较。如果与 case 后的某个常量表达式相等，则从该 case 语句开始执行各条语句，直到遇到 break 语句才会跳出 switch 结构。因此，该程序 case 10:语句后面没有 break，若输入的 score 为 100，则从 case 10 开始一直往后执行语句 cout << "A" << endl;遇到 break 后跳出 switch 结构。

例 3.3 编程求 1! + 2! + 3! + 4! +⋯+ 15!。

分析

程序最终实现阶乘的和值，在计算和值之前，需要计算各阶乘的值。每计算出一个阶乘的值，就累加到原来的和值上。而计算 i 的阶乘时，只需要在 i-1 的阶乘基础上乘以 i 即可。

程序

```
//例 3.3  求阶乘的和
#include <iostream>
using namespace std;
void main()
{
    unsigned long sum(0), factorial(1);
    for(int i=1;i<=15;i++)
    {
        //分别计算每个数的阶乘
        factorial*=i;                //得到 i 的阶乘
        sum+=factorial;              //计算阶乘的和
    }
    cout<<sum<<endl;
}
```

例 3.4 编程求解问题。若一只小母羊，从出生起第 3 个年头开始每年生一只母羊，按此规律，第 *n* 年时有多少只母羊？

分析

设第 n-2 年为 f_{n-2} 只，第 n-1 年为 f_{n-1} 只，第 n 年为 f_n 只。显然，第 n-1 年增加了 f_{n-2}-f_{n-1} 只，这些新增加的母羊在第 n 年不能生产，这样第 n-2 年的所有母羊都会在第 n 年生母羊，因此第 n 年新出生的母羊有 f_{n-2} 只，因此第 *n* 年总共有 $f_{n-2}+f_{n-1}$ 只母羊，即 $f_n= f_{n-2}+f_{n-1}$。

在实现时，可设 f1，f2 分别存储 2 年前和 1 年前的数量，则当年的数量 f 为前 2 年总量的和，即 f = f1 + f2。在计算下一年的数量之前，令 f1 = f2, f2=f，然后重复上述过程即可。

程序

```
//例 3.4  母羊问题
#include <iostream>
using namespace std;
void main()
{
    int f1=1, f2=1,f=f1,n;
    cin >> n;
```

```
    for (int i=3;i<=n;i++)
    {
      f=f1+f2;
      f1=f2;
      f2=f;
    }
    if (n<1) cout <<"输入错误"<<endl;
    else cout << "第"<<n<<"年时有"<<f<<"只母羊" << endl;
}
```

程序说明

该程序也可以通过后续章节中介绍的递归函数实现，在这里实现的方式是非递归方式。通常，任意递归函数的功能都可以通过非递归方式实现。

例 3.5 编写程序，实现功能：输出 10～999 中每位数的乘积大于每位数的和的数。

分析

程序首先要提取数的每位数字。对于数 i，其个位数字可以用 i%10 得到，十位数字用 i/10%10 表示，百位数字用 i/100%10 表示，依此类推。本例中，所有数都是 2～3 位，因此需要 3 个变量存储各位上的数字。注意在处理 2 位数时，百位数字为 0，不能参与计算。

程序

```
//例 3.5 输出 10～999 中每位数的乘积大于每位数的和的数
#include <iostream>
using namespace std;
void main()
{
    int a,b,c;
    for(int i=10;i<1000;i++)
    {
       a=i%10;                //获得个位数字
       b=i/10%10;             //获得十位数字
       c=i/100;               //获得百位数字，对于 2 位数，c 为 0，不参与计算比较
       if(!c&&(a*b)>(a+b) || c&&(a*b*c)>(a+b+c))
           cout<<i<<"  ";
    }
    cout<<endl;
}
```

程序说明

（1）程序获得百位上的数字使用语句 c=i/100，也可以使用 c=i/100%10。由于 i 最大为 3 位数，因此 i/100 的值在 0～9 之间，已经是小于 10 的数字了，因此可以不用再对 10 求模。

（2）对于 2 位数，百位数字为 0，因此不能参与运算，所以判别语句的条件为(!c&&(a*b)>(a+b) || c&&(a*b*c)>(a+b+c))，即 c 为 0 时，只判别(a*b)>(a+b)，c 不为 0 时，判别(a*b*c)>(a+b+c)。

例 3.6 分别使用 for、while、do-while 3 种循环语句实现打印下列图形。

```
* * * * * * * * *
  * * * * * * *
    * * * * *
      * * *
        *
```

分析

要实现该图形，一般采用双重循环，外循环控制图形的行数，循环 5 次，每次输出一行，内

循环控制每行输出的内容。显然本例中，内循环可采用两个循环语句，第一个循环先输出若干空格，然后第二个循环再输出若干“*”号。

程序在设计时，需要考虑内循环的循环次数，显示不同层上的图形时，内循环的次数也不同。设打印第 i+1 层的图形（i=0 表示第一层），则需要先打印 i 个空格，然后打印 9–i*2 个“*”号。

程序

（1）用 for 语句

```
//例 3.6  打印图形
#include <iostream>
using namespace std;
void main()
{
  for(int i=0;i<5;i++)
    {
        int j;
        for(j=0;j<i;j++)
           cout<<" ";
        for(j=9-i*2;j>0;j--)
          cout<<"*";
        cout<<endl;
    }
}
```

（2）用 while 语句

```
#include <iostream>
using namespace std;
void main()
{
     int i=0;
     while(i<5)
     {
        int j=0;
        while(j<i)
        {
           cout<<" ";
           j++;
        }
        j=9-i*2;
        while (j>0)
        {
            cout<<"*";
            j--;
        }
        cout<<endl;
        i++;
     }
}
```

（3）用 do-while 语句

```
#include <iostream>
using namespace std;
void main()
{
     int i=0;
```

```
    do
    {
        int j=0;
        if (i) do
        {
            cout<<" ";
            j++;
        }while(j<i);
        j = 9-i*2;
         do
         {
            cout<<"*";
            j--;
         } while (j>0);
         cout<<endl;
         i++;
    }while(i<5);
}
```

程序说明

（1）for、while、do-while 3 种循环语句在实现时均可以相互替代。

（2）使用 for 语句的程序中，for(j=9-i*2;j>0;j--)也可以写成 for(j=0;j<9-i*2;j++)，但这样会造成每次进行比较 j<9-i*2 时，都会先进行算法运算 9-i*2，而每次运算的结果是相同的，这样无疑会增加程序的用时。而程序中的语句仅对 9-i*2 执行一次，可见效率要比后者高。通过这个例子也得到一点启示，我们在编写程序时，也应考虑如何提高程序执行的效率。

（3）使用 do-while 语句时，循环体至少要执行 1 次。而本例中，打印第一行图形无需打印空格，因此在内循环的第一个 do-while 语句前加了 if (i)进行控制。

例 3.7 使用循环语句实现打印国际象棋棋盘图形，如图 3-1 所示。

图 3-1 图际象棋盘

分析

打印该图形需要双重循环，外循环控制打印的行数，内循环控制每行的打印情况。内循环和外循环都需要循环 8 次。奇数行和偶数行显示的白格和黑格刚好错开，程序中需要进行相应的控制，如利用（行号+列号）%2 是否为 0 进行判别。对于白格的显示，可直接打印空格，对于黑格的打印，可直接利用符号编码中的方块元素特殊符号。

程序

```
//例 3.7  打印国际象棋棋盘图形
#include <iostream>
using namespace std;
int main()
{
```

```
    for (int j=0;j<8;j++){
        for (int i=0;i<8;i++)
        {
            if ((i+j)%2) cout << "  ";
            else cout <<"  ";
        }
        cout << endl;
    }
    return 0;
}
```

例 3.8　编写欧几里得算法并进行测试。欧几里得算法即使用辗转相除法求解两个自然数 m 和 n 的最大公约数，假定 m≥n。

分析

欧几里得算法用自然语言描述如下：

（1）输入 m 和 n，设 m≥n；

（2）取得 m 除以 n 的余数 r；

（3）若 r＝0，则 n 为最大公约数，算法结束；否则执行第（4）步；

（4）将 n 放到 m 中，r 放到 n 中；

（5）重复执行第（2）步。

程序

```
//例 3.8  欧几里得算法
#include <iostream>
using namespace std;
int main()
{
    int m1, n1, m, n;
    cin >> m1 >> n1;
    m = m1>=n1?m1:n1;
    n = m1<n1?m1:n1;
    int r = m % n;
    while (r != 0){
        m = n;
        n = r;
        r = m % n;
    }
    cout << n << endl;
    return 0;
}
```

例 3.9　编写一个评分统计程序。共有 8 个评委打分，统计时，去掉一个最高分和一个最低分，其余 6 个分数的平均值即为最后得分。程序最后应显示这个得分。

分析

考虑到还没有学习数组的知识，因此本程序在设计时将 8 个评委打分分别存储到 8 个变量中，然后从 8 个变量中寻找最低分和最高分，并存储到 min 和 max 变量中，这样剩余 6 个分数的总分即为（8 个变量的和值-min-max），平均值由此可以得到。

若使用数组进行编写，则只需要定义一个含有 8 个元素的数组，通过一次循环，将每个评委的打分存储到每个数组元素中。再通过一次循环，得到最低分和最高分对应的下标。下面将采用两种方法进行编程。

不使用数组的程序。

```
//例 3.9  评分统计程序
#include <iostream>
using namespace std;
void main()
{
    int a,b,c,d,e,f,g,h;
    int sum;
    cin>>a>>b>>c>>d>>e>>f>>g>>h;
    int max=a;
    int min=a;
      if(b>=max) max=b;
    if(c>=max) max=c;
    if(d>=max) max=d;
    if(e>=max) max=e;
    if(f>=max) max=f;
    if(g>=max) max=g;
    if(h>=max) max=h;
    if(b<=min) min=b;
    if(c<=min) min=c;
    if(d<=min) min=d;
    if(e<=min) min=e;
    if(f<=min) min=f;
    if(g<=min) min=g;
    if(h<=min) min=h;
    sum=a+b+c+d+e+f+g+h-max-min;
    cout<<sum/6<<endl;
}
```

使用数组的程序。

```
#include <iostream>
using namespace std;
void main()
{
    int score[8], i;
    int sum=0;
    for (i=0;i<8;i++) {
          cin>>score[i];
          sum += score[i];
    }
    int maxId=0;
    int minId=0;
    for (i=1;i<8;i++) {
       if(score[i]> score[maxId] maxId=i;
       else if(score[i]< score[minId] minId=i;
    }
    sum -= score[maxId] + score[minId];
    cout<<sum/6<<endl;
}
```

例 3.10 编程任意输入一个整数，按位翻转输出。例如输入 124，输出 421。

分析

按位翻转通常需要从个位数开始取每个位的数字，取出乘以 10（result*10）推到十位，也就是反转。然后再取十位数字 i，取出后将数字加到原反转后的数值后，即反转后的数值变为了

result*10+i。依此类推，直到所有数字全部取出，最终得到完整的反转后的数值。

程序

```
//例 3.10 任意输入一个整数，按位翻转输出
#include <iostream>
using namespace std;
void main(){
  int i, n, result=0;
  cout<<"请输入任意一个整数：";
  cin>>n;
  cout<<"按位翻转的结果为：";
  while (n!=0){
      i =n % 10;
      result=result*10+i;
      n /= 10;
  }
  cout<<result<<endl;
}
```

例 3.11　编程任意输入一个十进制整数，分别输出其二进制、八进制、十六进制形式，如输入 13，输出 1101, 015, 0xd。

分析

使用 cout 输出一个整数，默认为十进制数，通过 oct 和 hex 进行控制可以分别输出其八进制和十六进制，对于输出二进制数据则需要通过算法实现。

将十进制数转换为二进制数据的算法有多种，这里使用数学上采用的一般方法，如将 13 转换为二进制数据，操作如下。

$13 \div 2 = 6$（商）…… 1（余数）
$6 \div 2 = 3$（商）…… 0（余数）
$3 \div 2 = 1$（商）…… 1（余数）
$1 \div 2 = 0$（商）…… 1（余数）

商为 0，计算结束，将余数自下而上写出，1101，即为 13 的二进制数表示。

算法实现时，每得到一个余数，就放到原来的二进制数前面，构成新的二进制数，在这里可以使用 string 类型的对象来存储二进制数，将字符‘0’或‘1’追加到 string 类型的对象值前面是非常简单的操作。

程序

```
//例 3.11 十进制数转换为二进制数
#include <iostream>
#include <string>
using namespace std;
void main(){
   int i, n, t;
   string result;
   cout<<"请输入任意一个整数：";
   cin>>n;
   t=n;
   while (n!=0){
       i =n % 2;
       result = char('0' + i) + result;
       n /= 2;
```

```
    }
    cout << "二进制的结果为：" << result << endl;
    cout << "八进制的结果为：0" << oct << t << endl;
    cout << "十六进制的结果为：0x" << hex << t << endl;
}
```

程序说明

程序中使用了一重循环，模拟了十进制转换二进制的过程。语句 result = char('0' + i) + result;实现了将余数 i 追加到二进制数前面的操作，i 的值为 0 或 1，因此 char('0' + i)的值为字符‘0’或‘1’。字符+string 类型的对象的返回值还是 string 类型对象，完成了在原对象的前面添加一个字符的功能。

3.3 实 验 题

一、基础题

1. 修改下列程序中的语法错误。

```
#include<iostream>
using namespace std;
void main()
{ int choice=0;
do{
cout<<"请选择下面功能菜单"<<endl;
cout<<"  1. 调用浏览学生信息模块.\n";
cout<<   2. 调用查询学生信息模块.\n";
cout<<"  3. 调用增加学生信息模块.\n";
cout<<"  4. 调用修改学生信息模块.\n";
cout<<" 请输入数字(1～4): \n";
cin>>choice;
if(choice<1||choice>4)
{cout<<"输入错误!重新输入: ";
 coutinue;
}
switch(choice)
{  case '1':cout<<" 执行浏览学生信息程序";
          break;
   case '2':cout<<" 执行查询学生信息程序";
          break;
   case '3':cout<<" 执行增加学生信息程序";
          break;
   case '4':cout<<" 执行修改学生信息程序";
          break;
}
}while(choice<0);
cout<<endl;
cout<<"程序结束! "<<endl;
}
```

2. 在下列程序中填上适当的语句，打印 200 以内所有的质数，并对有注释标记的语句进行功能注释。

```
#include<iostream>
#include<__________>
using namespace std;
void main()
{
int i,j,k,flage;
for(i=2;i<=200;i++)
{flage=1;
 k=sqrt(i);                     //
 for(j=2;j<=k;j+=)
 {if(_____________)             //
{
Flage=0
Break;
}
}
if(flage)                       //
  cout<<i<<" ";
}
}
```

3. 修改下列程序，并输出结果，输出示例如图 3-2 所示。要求：对循环体进行注释。

```
#include<iostream>
using namespace std;
void main()
{
   int i,j;
   j=20;
   for(i=0;i<=5;i++)
   cout<<"i="<<i<<"    "<<"j="<<j<<"    "<<endl;
   j=i+j*3;
   cout<<"i="<<i<<endl;
   cout<<"j="<<j<<endl;
}
```

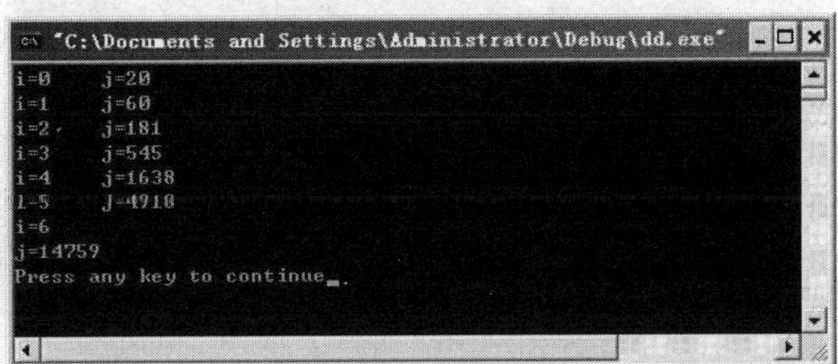

图 3-2　第 3 题的输出示例

4. 修改下列程序，输出结果如图 3-3 所示。并对有注释标记的语句进行功能注释。

```
#include<iostream>
using namespace std;
void main()
{
  int i,j;
  for(i=1;i<=9;i++)       //
  for(j=1;j<=i;j++)       //
```

```
        cout<<j<<"*"<<i<<"="<<j*i<<"  ";
        cout<<endl;                                      //
      }
```

```
"D:\Debug\a.exe"
1*1=1
1*2=2  2*2=4
1*3=3  2*3=6  3*3=9
1*4=4  2*4=8  3*4=12  4*4=16
1*5=5  2*5=10  3*5=15  4*5=20  5*5=25
1*6=6  2*6=12  3*6=18  4*6=24  5*6=30  6*6=36
1*7=7  2*7=14  3*7=21  4*7=28  5*7=35  6*7=42  7*7=49
1*8=8  2*8=16  3*8=24  4*8=32  5*8=40  6*8=48  7*8=56  8*8=64
1*9=9  2*9=18  3*9=27  4*9=36  5*9=45  6*9=54  7*9=63  8*9=72  9*9=81
Press any key to continue
```

图 3-3　第 4 题的输出

5. 在下列程序中填上适当的语句，完成统计售货员一天的销售额和接待顾客的人数，并对有注释标记的语句进行功能注释。输出示例如图 3-4 所示。

```
#include<iostream>
using namespace std;
void main()
{
    char x;
    float sum=0,sum1,m,p=0;
    cout<<"请输入营业员的密码：";
    cin>>x;
    if(x=='1'||x=='2'||x=='3'||x=='4'||x=='5')            //
       do
       { sum1=0;
       cout<<"请分别输入用户购买商品的价格"<<endl;;
       for(int i=1;i<=10000;i++)                          //
       {   cout<<"第"<<i<<"商品价格为：";
           cin>>m;                                        //
           if(____________________)                       //
           break;
            sum1=sum1+m;                                  //
}
cout<<endl;
cout<<"                              请付款为"<<sum1;
cout<<endl;
p++;                                                      //
sum=sum+sum1 ;
 }while(m);
else
    cout<<"请退出收银台，谢谢！" ;
    cout<<"今天商店的营业额为:"<<sum<<endl;
    cout<<"今天接待消费客人共："<<p<<"人"<<endl;
}
```

二、编程题

1. 设计一个程序，验证进入程序密码的正确性。仿真让用户输入 6 位数字的密码，且提供 3 次输入机会，输入正确则显示“欢迎使用财会报表程序”，否则显示“密码错，重新输入!”。连续输入 3 次错误后，则显示“拒绝使用财会报表软件”并结束程序。

图 3-4　第 5 题的示例输出

2. 设计一个程序，求出 100 到 999 以内的所有“水仙花数”。“水仙花数”是指一个三位数，其各位数字的立方和恰好等于该数本身。例如 370=3*3*3+7*7*7+0，在 999 以内共有 4 个水仙花数。

3. 设计一个程序，输入年、月，打印出该年该月的天数。提示：每年的 1 月、3 月、5 月、7 月、8 月、10 月、12 月份有 31 天，4 月、6 月、9 月、11 月份有 30 天，闰年判断方法：如果年号能被 400 整除，则是闰年；如果年号能被 4 整除，而不能被 100 整除，则是闰年；闰年的 2 月份为 29 天，平年为 28 天。

4. 设计一个程序，打印下列 5 阶的实心菱形。提高题：打印出 *n* 阶的实心菱形。

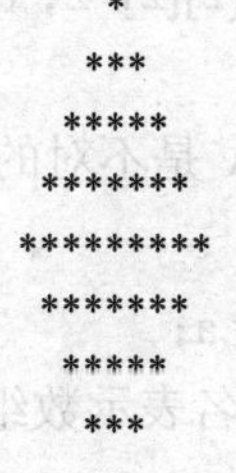

5. 设计一程序，输入一串字符，分别统计出其中英文字母、空格、数字和其他字符的个数并打印统计结果。

6. 编写一个程序，统计文本文件中的字符数。

第4章 数组及其他自定义类型

4.1 《C++高级语言程序设计》习题答案

4.1 答：不可以。

4.2 答：用不同的下标区分同一个数组的不同元素。

4.3 答：当在循环中需要立即用数组的元素进行计算时，数组要先初始化；对于自动局部数组，如果未初始化，其各个元素的值是随机的，不能立即用于计算。

4.4 答：0

4.5 答：A

4.6 答：int table[5][6];

4.7 答：该数组共有 18 个元素，在 32 位处理器环境下，该数组共占 18*2=36 个字节。

4.8 答：char cube[4][10][20];

4.9 答：5 代表行数，10 代表列数。

4.10 答：（1）table [2][2]=2；（2）table [0][1]=1；（3）table [2][3]=91；（4）table [2][4]=8。

4.11 答：C。选项 A 是不对的，因为现在数组 a 是二维数组，和函数中的数组 a 类型不同。

4.12 答：不能写 b = a;

因为 C++语言中数组名表示数组的起始地址，为地址常量，不能用一个常量给另一个常量赋值。

有以下两种实现方式。

调用库函数：memcpy(b, a, sizeof(b));

使用循环结构：

```
for(int k=0; k<10; k++)
{   b[k] = a[k];
}
```

4.13 答：输出结果可解释如下。

ia1 数组的地址

ia1[1]的地址

ia1[1]的地址

执行结果：

```
0012FF58
0012FF5C
0012FF5C
0012FF68
0012FF5C

0012FF2C
0012FF38
0012FF30
0012FF3C
0012FF3C
0012FF30
0012FF30

0012FEB8
0012FEDC
0012FEC4
0012FEBC
0012FEC8
0012FEBC
0012FEBC
```

&ia1[0]+ 4 计算时要加 16
ia1[1]的地址
ia2 数组的地址
ia2 数组第 1 行的地址（共 2 行：第 0 行和第 1 行）
ia2[0]是一维数组地址，加 1 实际是加 4
ia2[0][0]地址加 4，实际要加 16
和上一个相同
加 1 实际是加 4
数组第 0 行第 1 列元素的地址
ia3 数组的地址
加 1 实际是加 36
ia3[0]是二维数组地址，加 1 实际要加 12
ia3[0][0]是一维数组地址，加 1 实际是加 4
&ia3[0][0][0]地址，加 4 就是加 16
加 1 就是加 4
数组第 0 页第 0 行第 1 列元素的地址

4.14　见补充题 4.1。

4.15　见补充题 4.2。

4.16　答：程序如下。

```
#include "stdafx.h"
#include <fstream>
using namespace std;

void main()
{
  int ar[100];
  int k;
  for (k=0; k<100; k++)
  {
       ar[k]= k;
  }
  ofstream ofile("test.dat", ios::binary);
  ofile.write((char*)ar,sizeof(ar));
  ofile.close();
}
```

4.17　答：程序如下。

```
#include "stdafx.h"
#include <fstream>
#include <iostream>
using namespace std;

void main()
{
  int data[100];
  int k;
  ifstream ifile("test.dat", ios::binary);
  ifile.read((char*)data,sizeof(data));
```

```
    ifile.close();
    for (k=0; k<100; k++)
    {
         if (k%10==0)
         {
              cout<<endl;
         }
         cout<<data[k]<<", ";
    }
    cout<<endl;
}
```

4.18　答：程序如下。

```
#define NUM 20                //假设有20位顾客
void main()
{
  int num[NUM];
       total = 0;             //总购买额
       for(int i = 0; i<NUM; i++)
       {
            cout<<"Please enter the customer cost….";
            cin>>num[i];
            total += num[i];
       }
       cout<<"Total cost is "<<total<<"\n";
       cout<<"Average cost is "<<total/NUM<<"\n";
}
```

4.19　答：程序如下。

```
#include "stdafx.h"
#include <iostream>
#include <cstdlib>
#include <ctime>
#include <iomanip>
using namespace std;

int main()
{
  int score[5][10];
  srand((unsigned)time(NULL));

  for (int i=0; i<5; i++)
  {
       for (int j=0; j<10; j++)
       {
            score[i][j] = rand()%101;
            cout<<setw(5)<<score[i][j];
       }
       cout<<endl;
  }

  return 0;
}
```

4.20　参见补充题4.3。

4.21　答：程序如下。

```
#include <iostream>
using namespace std;
void maxScore(int arr[][4], int row, int col);
void lowerScore (int arr[][4], int row, int col);
void averageScore (int arr[][4], int row, int col);

void main()
{
   int array[5][4] = {0, 70, 0, 80, 0, 92, 0, 80, 1, 60, 1, 80, 1, 90, 1, 85, 2,
65, 2, 87, 2, 77, 2, 99, 3, 50, 3, 80, 3, 90, 3, 85, 4, 60, 4, 70, 4, 88, 4, 76}; //
假设给定 5 个学生，4 门课的成绩
   maxScore(array,5,4);            //最高分的学生序号和课程
   lowerScore(array,5,4);          //不及格课程的学生序号及其各门课的全部成绩
   averageScore(array,5,4);        //全部学生各门课程的平均分数
}
void maxScore(int arr[][4], int row, int col)
{
   int index=0,course=0;
   int max=0;
   for (int i=0;i<row;i++)
   for (int j=0;j<col;j++)
   {
       if (max<arr[i][j])
       {
           max= arr[i][j];
           index=i;wures=j;
       }
   }
   cout<<"Maximum score is "<<max<<"\n";
   cout<<"The index is "<<index<<","<<course<<"\n";
}
void lowerScore (int arr[][4], int row, int col)
{
    int low[5]={1,1,1,1,1};
    for (int i=0;i<row;i++)
    {
        for (int j=0;j<col;j++)
        {
        if (arr[i][j]<60)
        {  low[i]=0;
           break;
        }
    }
}
for (int index =0; index <5; index++)
{
    if (low[index]==0)
    {
        cout<<"The index is "<<index+1<<"\n";
        for (int n=0;n<4;n++)
            cout<<"The scores are "<<arr[index][n]<<" ";
        cout<<endl;
    }
}
}
```

```
void averageScore (int arr[][4], int row, int col)
{
    int total=0; //total numbers
    int sum=0;    //sum of score
    total=row*col;
    for (int i=0;i<row;i++)
    {
        for (int j=0;j<col;j++)
            sum+=arr[i][j];
    }
    cout<<"Average score is "<<sum/total<<"\n";
}
```

4.22　答：数组是具有同样类型的值的集合，而组成结构的各个值可以具有不同的数据类型，而每个值都具有独立的名字。

用结构类型定义的数组就叫结构数组。

4.23　答：联合和结构类型的变量虽然都有不同类型的成员，但联合类型的变量系统仅按占空间最大的成员分配空间，几个成员共用同一块内存空间，即在某一时刻只能存放其中一种，而不是几种；而结构类型的变量，系统将为其分配所有成员占用空间的总和大小的空间，即各成员同时存在；所以联合类型变量不能用作函数参数或返回值，而结构变量都可。

4.24　答：BLUE = 102

4.25　答：数值

4.26　答：

（1）inventory[32].price = 12.33f;

（2）strcpy(inventory[11].part_no, “X”);

（3）strcpy(inventory[96].part_no, inventory[62].part_no);

strcpy(inventory[96].desc, inventory[62].desc);

invenroty[97].price = inventory[62].price;

invenroty[97].stockID = inventory[62].stockID;

4.27　参见补充题 4.4。

4.28　参见补充题 4.5。

4.29　答：rand()函数可以生成 0～RAND_MAX（0x7fff）之间的一个随机数，srand()函数为它设置种子。time()函数可以取得系统当前的时间，是一个无符号长整数。

程序通过 100 次实验得出从红、黄、蓝、白、黑五种球中随机抽取一颗红球的概率，以百分数显示。

4.2　编程案例及参考例程

例 4.1　将一个周期（2π）等分为 16 份，定义数组存储正弦和余弦三角函数在一个周期内各离散点的函数值，按一定格式显示到屏幕上，并存储到磁盘文件 test.txt。

分析

（1）计算自变量 x 的正弦和余弦值需要用到库函数 sin(x)和 cos(x)，所以代码需要包含头文件 cmath。

（2）由于要使用文件读写库函数，所以包含头文件 fstream。

（3）存储一个周期内的自变量值用 double 型数组 x[16]，函数值也用 double 型数组 y_sin[16] 和 y_cos[16]来存储。

程序

```
//例 4.1 用数组存储正弦函数一周期内的值
#include <iostream>
#include <cmath>
#include <iomanip>
#include <fstream>
using namespace std;
void main()
{
    const int N = 16;
    double x[N]; //自变量值
    double y_sin[N], y_cos[N]; //函数值
    const double PI2 = 3.14159 * 2;
    double delta = PI2 / N;
    ofstream ofile("test.txt");
    for (int k = 0; k < N; k++)
    {
        x[k] = k * delta;
        y_sin[k] = sin(x[k]);
        y_cos[k] = cos(x[k]);
        cout<<setw(10)<<x[k]<<", "<<setw(10)<<setprecision(4)<<y_sin[k]<<", "
            <<setw(10)<<setprecision(4)<<y_cos[k]<<endl;
        ofile<<setw(10)<<x[k]<<setw(15)<<setprecision(4)<<y_sin[k]
            <<setw(15)<<setprecision(4)<<y_cos[k]<<endl;
    }
    ofile.close();
}
```

例 4.2　读取上题存储的文件 test.txt，定义数组存放读出的数据，并将数据显示到屏幕上。

分析

定义 ifstream 类的对象 ifile，通过该对象读入磁盘文件。

程序

```
//例 4.2 定义数组存放从文件读出的数据
#include <iostream>
#include <cmath>
#include <iomanip>
#include <fstream>
using namespace std;
void main()
{
    ifstream ifile("test.txt");
    const int N = 16;
    double x[N], y_sin[N], y_cos[N];
    for (int k = 0; k < N; k++)
    {
        ifile>>x[k]>>y_sin[k]>>y_cos[k];
        cout<<setw(10)<<x[k]<<", "<<setw(10)<<setprecision(4)<<y_sin[k]<<", "
            <<setw(10)<<setprecision(4)<<y_cos[k]<<endl;
    }
    ifile.close();
}
```

程序说明

本题中，如果从文件中读出的数据直接显示，从节省内存的角度考虑，可以不定义数组，仅定义 3 个 double 类型的变量即可，读者有兴趣，不妨一试。

例 4.3 设有一个含有 10 个整数的数组（34，91，83，56，29，93，56，12，88，72），实现下列函数。

（1）找出数组中最小数及其下标，并在主函数中显示最小数和下标。

（2）找出数组中最小数、次小数及它们的下标，并在主函数中显示这些数据。

分析

（1）寻找最小数需要在数组元素间比较，一般选择第一个元素值为最小数的初始值进行比较。

（2）在数组中寻找最小数及其小标，只需要确定最小数的下标即可。

（3）由于这两个函数分别需要返回找到的最小数及其下标、最小数和次小数及其下标，所以采用引用变量做形式参数比较恰当。

程序

```
//例 4.3 数组中最小数及次最小数
#include <iostream>
#include <iomanip>
using namespace std;
// To find the min number in the array
int min1 (int *a, int num)
{
    int mink = 0;
    for (int k = 1; k < num; k++)
    {
        mink = a[k] < a[mink] ? k : mink;
    }
    return mink;
}
// To find the most and second minimum number in the array
void min2 (int * a, int num , int &mink1, int &mink2)
{
    int mink1 = a[0]<=a[1] ? 0 : 1;
    int mink2 = mink1==0 ? 1: 0;
    for (int k = 2; k < num; k++)
    {
        if (a[k] < a[mink1])
        {
            mink2 = mink1;
            mink1 = k;
        }
        else if (a[k] < a[mink2])
        {
            mink2 = k;
        }
    }
}
void main()
{
    const int N = 10;
    int a[N] = { 34, 91 ,83 ,56 ,29 ,93 ,56 ,12 ,88 ,72 };
    cout<<"The whole array is: "<<endl;
    for (int i = 0; i < N; i++)
    {
```

```
        cout<<setw(3)<<a[i];
    }
    int mink1 = min1(a, N);
    cout<<endl<<"The minimum value of the array is: "<<a[mink]<<endl;
    cout<<"It's index is: "<<mink +1<<endl;
    int mink2;
    min2(a, N ,mink1, mink2);
    cout<<"The minimum value of the array is: "<<a[mink1]<<endl;
    cout<<"It's index is: "<<mink1 +1<<endl;
    cout<<"The second minimum value of the array is: "<<a[mink2]<<endl;
    cout<<"It's index is: "<<mink2 +1<<endl;
}
```

程序说明

代码中采用直接赋值的方法对数组初始化，注意这种方法只能在数组定义的时候使用，不能二次用此方法赋值，字符数组也是如此。

一般情况下，在一个数组中寻找极值，都是以数组中的元素为极值的初始值，以便于和数组中其他元素进行比较。

例 4.4　定义一个结构型变量（包括年、月、日），并给该变量赋值，计算该日在本年中是第几天。编写函数 days()，实现上述计算；主函数将结构体变量的值传递给 days()函数，计算后将天数传回给主函数输出（提示：注意闰年问题）。

分析

（1）该程序主要需要注意的是输入数据的合法性检查以及闰年的判断。

（2）结构体中年、月、日均使用 int 型数据存储即可。

程序

```
//例 4.4 计算一年的某一天是本年的第几天
#include <iostream>
using namespace std;
struct Date
{
    int year;
    int month;
    int day;
};
int days(Date d)
{
    int monthDays[12]={31,28,31,30,31,30,31,31,30,31,30,31};//每个月的天数
    bool leap;
    int days = 0;
    for(int i=1;i<d.month;i++)        //本月之前的天数累积
    {
        days+=monthDays[i-1];
    }
    days+=d.day;                      //本月已过的天数
    if (d.month>2)                    //判断是否是闰年
    {
leap = ((d.year % 4 == 0 && d.year % 100 !=0) || (d.year % 400 == 0));
        if (leap) days=+1;
    }
    return days;
}
void main()
{
```

```
    Date  someday;
    //输入年、月、日
   cout<<"input year,month,day:";
    cin>>someday.year>>someday.month>>someday.day;
    cout<<days(someday)<<endl;
}
```

例 4.5 编写一个记录 30 个学生的姓名、性别、年龄和学号的程序，要求使用结构数组表示学生信息，用 for 循环获得键盘输入数据，数据输入完毕后在屏幕上输出，并存成磁盘文件（.txt 类型）。

分析

（1）本例中需要进行文件读写操作，所以代码中需要加入 fstream 头文件。

（2）结构体定义中姓名和性别使用 char（char*）类型存储，年龄和学号使用整型数据类型表示。

（3）在输出时需要注意数据格式。

程序

```
//例 4.5 记录 30 个学生的信息并存磁盘文件
#include "iostream"
#include "iomanip"
#include "fstream"
using namespace std;
struct Student
{
    char name[20];
    char sex;
    int age;
    int num;
};

void main()
{
    ofstream iFile("student.txt");
    Student  stu[30];
    cout<<"Please  input  the  student's  name,  sex(M  or  F),  age  and  student's
    number:"<<endl;
    iFile << "name" << '\t' << "sex" << '\t' << "age" << '\t' << "number" << endl;
    for(int i = 0; i < 30; i++)
    {
        cout << "No. " << i + 1 << endl;
        cin >> stu[i].name >> stu[i].sex >> stu[i].age >> stu[i].num;
        iFile << stu[i].name << '\t' << stu[i].sex << '\t' << stu[i].age << '\t' <<
        stu[i].num << endl;
    }
    iFile.close();
    cout << "Entering complete! You entered:" << endl;
    cout << "name" << '\t' << "sex" << '\t' << "age" << '\t' << "number" << endl;
    for(int i = 0; i < 3; i++)
     {
     cout << stu[i].name << '\t' << stu[i].sex << '\t' << stu[i].age << '\t' <<
     stu[i].num << endl;
     }
}
```

例 4.6 阅读下面的代码（该代码是实现数组的冒泡排序），然后根据提示进行改进。

```
#include <iostream>
#include <iomanip>
using namespace std;
int main()
```

```
{
    const int arraySize = 10;
    int a[arraySize] = { 2, 6, 4, 8, 10, 12, 89, 68, 45, 37 };
    int i, hold;
    cout<<"Data items in original order\n";
    for (i = 0; i <arraySize; i++)
        cout<<setw(4)<<a[i];
    for (int pass = 0; pass < arraySize - 1; pass++) // passes
        for (i = 0; i < arraySize - 1; i++)
            if (a[i] > a[i + 1])
            {
                hold = a[i];
                a[i] = a[i + 1];
                a[i + 1] = hold;
            }
    cout<<"\nData items in ascending order\n";
    for (i = 0; i < arraySize; i++)
        cout<<setw(4)<<a[i];
    cout<<endl;
    return 0;
}
```

提示：冒泡排序方法在大数组中不适用，通过下列简单修改可以提高冒泡排序方法的性能。

① 第一遍之后，最大数总是数组中编号最大的元素；第二遍之后，次大数总是数组中编号次大的元素等。不用每次都进行 9 次比较，而只要第二遍比较 8 次，第三遍比较 7 次等。

② 数组中的数据可能已经有正确的排序，为什么一定要进行 9 遍比较呢？每遍之后检查是否有所交换。如果没有交换，则数据已经正确排序，程序终止；如果有交换，则至少还要再进行一遍。

分析

（1）减少内层循环次数，可以考虑将内层循环的循环变量范围变成 0～bound，bound 为上轮发生交换的位置。

（2）减少外层循环次数，如果上一轮未发生交换，说明数组已经有序，结束外层循环即可。

程序

```
//例 4.6  冒泡排序的改进
#include <iostream>
#include <iomanip>
using namespace std;
int main()
{
    const int arraySize = 10;
    int a[arraySize] = { 2, 6, 4, 8, 10, 12, 89, 68, 45, 37 };
    int i, hold;
    int  pos, bound;
    cout<<"Data items in original order\n";
    for (i = 0; i <arraySize; i++)
        cout<<setw(4)<<a[i];
   pos = arraySize-1;
    while(pos) // passes
    {
        bound = pos;
        pos = 0;
        for (i = 0; i <bound; i++)
        {
            if (a[i] > a[i + 1])
```

```
                {
                    hold = a[i];
                    a[i] = a[i + 1];
                    a[i + 1] = hold;
                    pos = i;
                }
            }
    }
    cout<<"\nData items in ascending order\n";
    for (i = 0; i < arraySize; i++)
        cout<<setw(4)<<a[i];
    cout<<endl;
    return 0;
}
```

运行结果

```
Data items in original order
   2   6   4   8  10  12  89  68  45  37
Data items in ascending order
   2   4   6   8  10  12  37  45  68  89
```

此时冒泡趟数 pass = 4。

程序说明

排序算法是算法研究中的经典问题，其空间和时间复杂度不尽相同，冒泡排序即是其中的较经典的算法；同是冒泡排序方法，具体实现时需要追求效率更高的程序实现。

例 4.7 编写一个程序，模拟投两个骰子。程序用 rand 函数投第一个骰子，并再次利用 rand 函数投第二个骰子，然后计算两个值的和。说明：由于每个骰子显示 1 到 6 的整数值，因此两个骰子的和为 2 到 12，7 最常见，2 和 12 最不常见。下图显示了 36 种可能的两个骰子的和。程序将投两个骰子 36 000 次，用单下标数组估算每个和出现的次数，用表格形式打印结果并确定是否合理，即有 6 种方式投出 7，因此有六分之一的可能投出 7。

	1	2	3	4	5	6
1	2	3	4	5	6	7
2	3	4	5	6	7	8
3	4	5	6	7	8	9
4	5	6	7	8	9	10
5	6	7	8	9	10	11
6	7	8	9	10	11	12

分析

（1）使用 for 循环实现 36 000 次试验，用长度为 11 的整型数组 result_times 来统计实验结果。

（2）使用库函数 rand()生成的随机数，模拟投骰子动作，需要包含头文件 stdlib.h。

（3）另外需要使用 time()函数，所以需要包含头文件 ctime。

程序

```
//例 4.7  统计投两个骰子结果的分布
#include <iostream>
#include <iomanip>
#include <stdlib.h>
#include <ctime>
using namespace std;
```

```
int main()
{
    const int N = 11;
    const int Dice = 6;              // The possible points from a dice
    const int EXP_TIMES = 36000;     // Experiment times
    int result_times[N] = {0};       // Accumulate the occur times of results,
                                     //the result ranges from 2 to 12
    int add_result;
    int i, j;
    srand((unsigned int) time(NULL));
    for (i = 0; i < EXP_TIMES; i++)
    {
         add_result = rand() % Dice + 1;
         add_result +=(rand() %Dice + 1);
         result_times[ add_result - 2 ]++;
    }
    cout<<"After 36000 times of experiments, the accumulated results are:\n";
    cout<<setw(10)<<"Points"<<setw(10)<<"Times"<<endl;
    for (i = 0; i < N; i++)
         cout<<setw(10)<<i + 2<<setw(10)<<result_times[i]<<endl;
    return 0;
}
```

运行结果

```
After 36 000 times of experiments, the accumulated results are:
    Points      Times
      2          876
      3        1 998
      4        3 081
      5        4 017
      6        5 034
      7        5 897
      8        4 941
      9        4 054
     10        3 056
     11        2 016
     12        1 030
```

结果表明点数为 7 的次数在 6 000 次上下波动，证明了其出现的概率为 6 000/36 000，即 1/6。

程序说明

srand((unsigned int)time(NULL))语句，是给 rand()一个种子值，其中 time（NULL）是取系统的当前时间值，为了每次调用 rand()函数时产生一系列不同的随机数。如果不加此句，则 rand()函数对于同一个程序每次运行生成的随机数都是一样的。

例 4.8 编写一个程序，运行 1000 次投骰子游戏，并回答下列问题。

（a）第一次、第二次……第十二次和第十二次以后赢了几场？

（b）第一次、第二次……第十二次和第十二次以后输了几场？

（c）赢的机会有多少？（投骰子游戏是最公平的游戏之一，为什么？）

（d）投骰子游戏的平均长度是多少？

（e）游戏玩得越久，赢的机会是否越多？

（骰子游戏规则：游戏者投两枚骰子，每个骰子有 6 面，这些面包含 1、2、3、4、5、6 个点。投两枚骰子之后，计算点数之和。如果第一次投时的和为 7 或 11，则游戏者获胜。如果第一次投时的和为 2、3 或 12，则游戏者输，庄家赢。如果第一次投时的和为 4、5、6、8、9 或 10，则这个和成为游戏者的点数，并继续投骰子。如果投出游戏者的点数，则游戏者胜，但是如果在投出的点数之前投出了 7 这个点数，则游戏者输。）

分析

（1）该程序与上例相似，都需要先生成两个 0~6 的随机数。

（2）需要记录每次游戏投掷的次数以及输赢情况，最后统计。

程序

```
//例 4.8 统计投骰子游戏的输赢分布
#include <iostream>
#include <stdlib.h>
#include <ctime>
using namespace std;

int rollDice(void);                              // function prototype
int main()
{
    enum Status{CONTINUE, WON, LOST };          //可能的状态
    int sum, myPoint, N = 1000;
    float roll_times = 0.0;
    int win_num = 0, lose_num = 0;
    Status gameStatus;
    srand (time (NULL));
    for (int i = 0; i < N; i++)
    {
        sum = rollDice();                        // first roll of the dice
        roll_times++;
        switch (sum)
        {
        case 7:
        case 11:
            gameStatus = WON;                    // win on first roll
            break;
            case 2:
        case 3:
        case 12:
            gameStatus = LOST;                   // lose on first roll
            break;
        default :
            gameStatus = CONTINUE;               // remember point
            myPoint = sum;
            //cout<<"Point is "<<myPoint<<endl;
            break;                               // optional
        }
        while (CONTINUE == gameStatus)          //keep rolling
        {
            sum = rollDice();
            roll_times++;
            if (myPoint == sum)
            {
                gameStatus = WON;
            }
            else
            {
                if (sum == 7)
```

```
                {
                    gameStatus = LOST;
                }
            }
        }
        if (i < 12)
        {
            cout<<"No. "<<i + 1<<"  ";
            if (WON == gameStatus)
                cout<<"Player wins"<<endl;
            else
                cout<<"Player loses"<<endl;
        }
        if (WON == gameStatus)
            win_num++;
        else
            lose_num++;
    }
    roll_times /= N;
    cout<<"Win number: "<<win_num<<endl;
    cout<<"Lose number: "<<lose_num<<endl;
    cout<<"Average roll times is: "<<roll_times<<endl;
    return 0;
}
int rollDice(void)
{
    int die1, die2, workSum;
    die1 = 1 + rand() % 6;
    die2 = 1 + rand() % 6;
    workSum = die1 + die2;
    //cout<<"Player rolled"<<die1<<" + "<<die2<<" = "<<workSum<<endl;
    return workSum;
}
```

运行结果

```
No. 1  Player loses
No. 2  Player wins
No. 3  Player loses
No. 4  Player wins
No. 5  Player loses
No. 6  Player wins
No. 7  Player loses
No. 8  Player loses
No. 9  Player wins
No. 10  Player loses
No. 11  Player loses
No. 12  Player loses
Win number: 494
Lose number: 506
Average roll times is: 3.369
```

程序说明

结果证明，大量实验过后，骰子游戏的输赢概率几乎相同，因此这种骰子游戏较为公平。

例 4.9　（航空订票系统）小航空公司购买了一台用于航空订票系统的计算机，要求对新系统编程，对每个航班订座（每班 10 位）。程序显示下列菜单选项：Please type 1 for “smoking ”和 please type 2 for “nonsmoking”。如果输入 1，则程序制定吸烟舱位（座位 1 到 5）；如果输入 2，则程序制定非吸烟舱位（座位 6 到 10）。程序应打印一个登机牌，表示座位号和是否为吸烟舱位。

用一个一维数组表示飞机的座位图。将数组的所有元素初始化为 0，表示所有的座位都是空的。订每个座位时，将数组相应元素设置为 1，表示座位已订。

当然，程序不能再订已订的座位。吸烟舱位已满时，应询问可否订非吸烟舱位；同样，非吸烟舱位已满时，应询问可否订吸烟舱位。如果同意，再响应订座，否则打印消息“Next flight leaves in 3 hours”。

分析

需要注意的是各种情况的完备考虑，不重不漏地分类。

程序

```
//例 4.9 简易航空订票系统
#include <iostream>
#include <ctype.h>
using namespace std;
int main()
{
    const int SEATS = 11;
    int nonSmoking = 1, smoking = 6;
    int plane[ SEATS ] = { 0 }, //数组从第 1 个元素开始为无烟座位，第 6 个开始为吸烟座位。
    int people = 0, choice;
    char response;
    while (people < 10)
    {
        cout << "\nPlease type 1 for \"smoking\"\n"
             << "Please type 2 for \"non-smoking\"\n";
        cin >> choice;
        if (choice == 1)
        {
            if (!plane[ smoking ] && smoking <= 10)
            {
                cout << "Your seat assignment is " << smoking << ' ';
                plane[ smoking++ ] = 1;
                ++people;
            }
            else if (smoking > 10 && nonSmoking <= 5)
            {
                cout << "The smoking section is full.\n"
                     << "Would you like to sit in the non-smoking"
                     << " section (Y or N)? ";
                cin >> response;
                if (toupper(response) == 'Y')
                {
                    cout << "Your seat assignment is " << nonSmoking << ' ';
                    plane[ nonSmoking++ ] = 1;
                    ++people;
                }
                else
                    cout << "Next flight leaves in 3 hours.\n";
            }
            else
                cout << "Next flight leaves in 3 hours.\n";
        }
        else
        {
            if (!plane[ nonSmoking ] && nonSmoking <= 5)
```

```
            {
                cout << "Your seat assignment is " << nonSmoking << '\n';
                plane[ nonSmoking++ ] = 1;
                ++people;
            }
            else if (nonSmoking > 5 && smoking <= 10)
            {
                cout << "The non-smoking section is full.\n"
                    << "Would you like to sit in the smoking"
                    << " section (Y or N)? ";
                cin >> response;
                if (toupper(response) == 'Y')
                {
                    cout << "Your seat assignment is " << smoking << '\n';
                    plane[ smoking++ ] = 1;
                    ++people;
                }
                else
                    cout << "Next flight leaves in 3 hours.\n";
            }
            else
                cout << "Next flight leaves in 3 hours.\n";
        }
    }
    cout << "All seats for this flight are sold." << endl;
    return 0;
}
```

例 4.10　用双下标数组解决下列问题。公司有 4 个销售员（1 到 4），销售 5 种产品（1 到 5）。每天每个销售人员要报告每种产品的销售量，报告中包含：

（a）销售员号

（b）产品号

（c）当日总销售额

这样，每个销售人员每天要送 0 到 5 份报告。假设上个月的这些信息都有，编写一个程序，读取上个月销售情况的信息，并按每个销售人员和每种产品进行汇总。所有汇总存放在双下标数组 sales 中。处理上个月的所有信息后，将结果打印成表格形式，每列表示一个销售员，每行表示一种产品。通过交叉求和求出上个月每个销售人员的总销售额和每种产品的总销售额。表格输出的右边小计行和下边小计列应打印这些信息。

分析

（1）设计销售资料存储在一个 txt 文件中，其中包含日期、销售员号、以及 5 种货品分别的销售记录。

（2）设计存储销售记录的二维数组行列各多一行（列），以存储货品小计和销售员小计。

程序

```
//例 4.10 销售情况汇总
#include <iostream>
#include <fstream>
#include <iomanip>
using namespace std;
void main()
{
    const int Salesman = 4, Products = 5;
    int Sales[ Products + 1 ][ Salesman + 1 ] = { 0 };
```

```
    ifstream ifile("report.txt");
    int date, Salesman_num, sum = 0;
    int p1, p2, p3, p4, p5;
    int i, j;
    while (!ifile.eof())
    {
            ifile>>date>>Salesman_num>>p1>>p2>>p3 >>p4>>p5;
            Sales[ 0 ][ Salesman_num - 1 ] += p1;
            Sales[ 1 ][ Salesman_num - 1 ] += p2;
            Sales[ 2 ][ Salesman_num - 1 ] += p3;
            Sales[ 3 ][ Salesman_num - 1 ] += p4;
            Sales[ 4 ][ Salesman_num - 1 ] += p5;
    }
    cout<<"\t"<<"s1"<<"\t"<<"s2"<<"\t"<<"s3"<<"\t"<<"s4"<<"\t"<<"sum"<<endl;
    for (i = 0; i < Products; i++)
    {
        cout<<"p"<<i + 1;
        for (j = 0; j < Salesman; j++)
        {
            cout<<"\t"<<Sales[ i ][ j ];
            Sales[ i ][ Salesman ] += Sales[ i ][ j ];
            Sales[ Products ][ j ] += Sales[ i ][ j ];
        }
        cout<<"\t"<<Sales[ i ][ Salesman ]<<endl;
    }
    cout<<"sum";
    for (j = 0; j < Salesman; j++)
    {
        cout<<"\t"<<Sales[ Products ][ j ];
        sum += Sales[ Products ][ j ];
    }
    cout<<"\t"<<sum<<endl;
}
```

程序说明

此题需要注意的是交叉求和时内外层循环的顺序不要混乱，还有输出的格式问题。

例 4.11 （Eratosthenes 筛选法）质数是只能被 1 及其本身整除的数。Eratosthenes 筛选法是一种寻找质数的方法，这种方法如下所示。

① 生成一个数组，将所有的元素初始化为 1（真）。下标为质数的数组元素保持 1，所有其他数组元素最终设置为 0。

② 从数组下标 2 开始（下标 1 为质数），每次找到数值为 1 的数组元素时，对数组余下部分循环，将下标为该下标倍数的元素设置为 0。对于数组下标 2，数组中下标为 2 的倍数的所有元素（除 2 本身，如 4，6，8，10 等）都设置为 0；对于数组下标 3，数组中下标为 3 的倍数的所有元素（除 3 本身，如 3，6，9，12，15 等）都设置为 0，依此类推。

这个过程完成之后，如果数组元素还是 1，则下标为质数。这些下标可以打印出来。编写一个程序，用 1 000 个元素的数组确定和打印 1～999 之间的质数，忽略数组中的元素 0。

分析

算法的核心思想是质数只能被 1 和它自身整除，而能够作为其他数的倍数的数一定不是质数，所以将以这个倍数为下标的数组元素置 0；程序中数组元素的值实质上是起标志位的作用。

程序

```
//4.11 Eratosthenes 筛选法求质数
```

```
#include <iostream>
#include <iomanip>
using namespace std;
int main()
{
    const int SIZE = 1000;
    int array[ SIZE ], count = 0;
    for (int k = 0; k < SIZE; k++)
    {
        array[ k ] = 1;
    }
    for (int i = 2; i < SIZE; i++)
    {
        if (array[ i ] == 1)
        {
            for (int j = i; j <= SIZE; ++j)
            {
                if (j % i == 0 && j != i)
                    array[ j ] = 0;
            }
        }
    }
    cout << " prime number (1～999):"<<endl;
    for (int k = 2;  k< SIZE; k++)
    {
        if (array[ k ] == 1)
        {
            cout << setw(4) << k << ",";
            count++;
            if (count%10 == 0)
            {
                cout<<endl;
            }
        }
    }
    cout<<endl;
    cout << "A total of " << count << " prime numbers were found." << endl;
    return 0;
}
```

运行结果

```
prime number (1～999):
  2,   3,   5,  7,  11,  13,  17,  19,  23,  29,
 31,  37,  41,  43,  47,  53,  59,  61,  67,  71,
 73,  79,  83,  89,  97, 101, 103, 107, 109, 113,
 127, 131, 137, 139, 149, 151, 157, 163, 167, 173,
 179, 181, 191, 193, 197, 199, 211, 223, 227, 229,
 233, 239, 241, 251, 257, 263, 269, 271, 277, 281,
 283, 293, 307, 311, 313, 317, 331, 337, 347, 349,
 353, 359, 367, 373, 379, 383, 389, 397, 401, 409,
 419, 421, 431, 433, 439, 443, 449, 457, 461, 463,
 467, 479, 487, 491, 499, 503, 509, 521, 523, 541,
 547, 557, 563, 569, 571, 577, 587, 593, 599, 601,
 607, 613, 617, 619, 631, 641, 643, 647, 653, 659,
 661, 673, 677, 683, 691, 701, 709, 719, 727, 733,
 739, 743, 751, 757, 761, 769, 773, 787, 797, 809,
 811, 821, 823, 827, 829, 839, 853, 857, 859, 863,
 877, 881, 883, 887, 907, 911, 919, 929, 937, 941,
 947, 953, 967, 971, 977, 983, 991, 997,
A total of 168 prime numbers were found.
```

4.3 实 验 题

一、基础题

1. 在下列程序中填上适当的语句，输出示例如图 4-1 所示。

```
#include<iostream>
using namespace std;
void main()
{
 int a[10];
 int i=0;
 for(i=0;i<10;i++)
  cin>>a[i];
 for(i=0;i<10;i++)
   cout<<" 数组地址的范围："<<______<<" 数组元素的值"<<________<<endl;
}
```

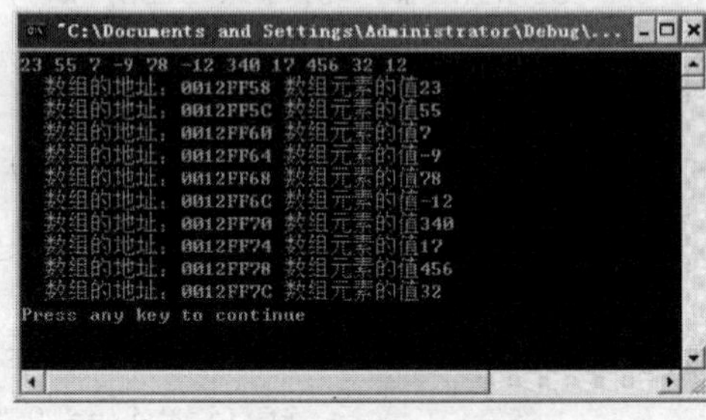

图 4-1　第 1 题的示例输出

2. 在下列程序中填上适当的语句，完成统计字符串长度的功能。

```
#include<iostream>
using namespace std;
void main()
{
 char str[50];
   int i=0;
   cout<<"请输入一个字符串";
   cin>>str;
   while(___________________)
     i++;
   cout<<"字符串长度为"<<i<<endl;
   cout<<"程序结束！";
  }
```

3. 分析下面程序的功能，并对有注释标记的语句进行功能注释。

```
#include<iostream>
using namespace std;
void main()
{
 int a[4][4]={{82,-15,6,8},{1,9,100,3},{4,19,-7,8},{3,-11,10,7}}; //
 int i,j,sum=0;
 for(i=0;i<4;i++)
 {for(j=0;j<4;j++)
  {if(a[i][j]<0) continue;    //
   if(a[i][j]==0) break;      //
   sum+=a[i][j];              //
   }
  }
 cout<<sum<<"  ";             //
}
```

4. 分析下面程序的功能，并对有注释标记的语句进行功能注释。

```
#include<iostream>
using namespace std;
void main()
{
 char str[5][20];                //
```

```
 int i,j;
 cout<<"请输入一个包含 5 个单词的英文句子：";          //
 cin>>str[0]>>str[1]>>str[2]>>str[3]>>str[4];    //
 for(i=0;i<5;i++)
 cout<<"第"<<i<<"个单词："<<str[i]<<endl;          //
 cout<<"程序结束！";
}
```

5. 修改下面程序中的语法错误，使之输出 5 名学生的成绩。

要求：对有注释标记的语句进行功能注释。

```
#include<iostream>
using namespace std;
struct Stud                          //
{
    long no;                         //
    char name[10];
    int lengua;
    int math;
    int english;
}
void main()
{
    struct Stud y[5];                //
    for(int i=1;i<=5;i++);           //
       cin>>y[i].no>>y[i].name>>y[i].lengua>>y[i].math>>y[i].english;
       cout<<" 学号"<<"    "<<"姓名"<<"    "<<"语文"<<"    "<<"数学"<<"    "<<"英语"<<endl;
    for(i=1;i<=5;i++)                //
    cout<<y[i].no<<" "<<y[i].name<<" "<<y[i].lengua<<" "<<y[i].math<<" "<<y[i].english<<endl;
       cout<<"程序结束！"<<endl;
}
```

二、编程题

1. 设计一个程序，从键盘输入 10 个数，找出其中的最大值和最小值。

2. 设计一个程序，将下列 10 个已知的常数按照从小到大的顺序进行排序，并打印排序的结果。

300，46，78，109，21，70，26，290，166，8

3. 设计一个程序，该程序可以输入 5 名学生的学号（117001～117005）以及数学、语文、物理、英语、计算机应用等的成绩。要求输出 5 名学生的成绩单，并输出总分最高的学生的学号和总分。

4. 设计一个程序，使之完成下列功能。

要求：（1）完成矩阵转换，输出转换前和转换后的矩阵；

（2）矩阵转换后，计算主对角线数之和，并输出。

```
1   2   3   4          13  9   5   1
5   6   7   8  ——————► 14  10  6   2
9   10  11  12         15  11  7   3
13  14  15  16         16  12  8   4
```

5. 输入 5 名学生的信息（学号、姓名、五门功课成绩），然后按平均成绩从高分到低分进行排序并输出。要求使用结构体完成，结构类型如下。

```
struct stu{
        long no;          //学号
        char name[9];     //姓名
        int score[5];     //成绩
        float ave;        //平均成绩
 };
```

第5章 函数

5.1 《C++高级语言程序设计》习题答案

5.1 答：函数是具有一定功能又经常使用的相对独立的代码段。

函数的使用是通过函数调用实现的，调用其他函数的函数称为主调函数，被其他函数调用的函数称为被调函数。二者之间是调用和被调用关系，但是一个函数很可能既调用别的函数又被另外的函数调用，这样它可能在某一个调用与被调用关系中充当主调函数，而在另一个调用与被调用关系中充当被调函数。

函数调用时需要指定被调函数的名字和调用函数所需的信息（参数）。

5.2 答：不一定，只要参数个数、次序和类型一致即可。函数原型中可以不写参数名，函数定义和函数调用时，参数名也可以不同。

5.3 答：函数由接口和函数体构成，函数的接口包括函数名、函数类型和形式参数表；函数体用于实现算法。函数体包括变量声明和函数功能实现两类语句；从组成结构看，函数体是由程序的3种基本结构（顺序、选择、循环结构）根据函数功能组合而成的。

5.4 答：一般有值传递、地址传递两种方式。值传递时，实际参数的值传递给形式参数；地址传递时，将实参的地址传递给形参。

5.5 答：return语句使程序的执行流程从被调函数返回主调函数，它有两种形式：

不返回值的形式为return;

返回值的形式为return表达式。

当需要从被调函数返回主调函数时使用return语句；如果被调函数只需要向主调函数返回一个值时，使用return语句最恰当。

5.6 答：C

5.7 答：12334

5.8 答：23,23

最开始a[0]=23，a[1]=42，fun函数的第一个参数以引用变量为形参，参数传递方式为地址传递，在函数fun中进行交换的结果保留在实参a[1]中。

5.9 答：程序如下。

```
#include <iostream>
using  namespace std;
float trans(float n);
```

```
void main()
  {
    float f;
    cout <<"请输入华氏温度:";
    cin >>f;
    cout <<"转换的摄氏温度是: "<< trans(f) <<endl;
  }

float trans(float n)
{
    float c;
    c = (n-32)*5/9;
    return c;
}
```

5.10　答：函数中包含直接或间接自身语句的函数被称为递归函数。

递归函数的要素如下。

① 具有更简单参数的递归调用。

② 停止递归的终止条件（递归终止条件）。

函数可以直接或间接地调用自身，称为递归调用。

5.11　答：程序如下。

```
 #include <iostream>
 using namespace std;
 int  fibonacci (int n)
{
  int a=1, b=1, temp;
  if(n==1 || n==2)
      return 1;
  for(int i=3; i<=n; i++)
  {
  temp=a+b;
  a=b;
  b=temp;
 }
 return b;
}

void main()
{
   int n;
   cout <<"请输入一个正整数:\n";
   cin >>n;
   int f = fibonacci (n);
   cout <<"Fibonacci 数列第"<<n<<"项是: "<<f <<endl;
}
```

5.12　答：

```
#include <iostream>
using  namespace  std;
int fibonacci (int n)
{
  if (n > 2)  return (fibonacci (n-1) + fibonacci (n-2));
  else  return 1;
}

void main()
```

```
{
  int n;
  cout <<"请输入一个正整数:\n";
  cin >>n;
  int f = fibonacci (n);
  cout <<"Fibonacci 数列第"<<n<<"项是: "<<f <<endl;
}
```

5.13 答：函数定义时在最前面加关键字 inline，把函数定义为内联函数，编译时将把函数体嵌入在每一个调用语句处。

特点：① 节省了函数调用时的时空开销；

② 一般把功能简单、规模较小而又频繁使用的函数定义为内联函数。

定义内联函数的关键字是 inline，内联函数中不能包含循环语句、switch 语句。

5.14 答：B

5.15 答：C ++ 允许几个功能类似的函数同名，但这些同名函数的形式参数必须不同，称这些同名函数为重载函数。

通过参数的个数、类型和顺序不同区分不同的重载函数。

5.16 答：带默认值的形式参数应该位于形式参数表的最右端。

因为实参到形参的赋值次序是从左到右。

5.17 答：作用域是标识符在程序中起作用的范围。

C++作用域有：局部(块)作用域，函数作用域，函数原型作用域，文件作用域，类作用域。

5.18 答：标识符在其作用域内，能被访问到的位置称其为可见，不能被访问到的位置称其为不可见。可见性的一般规则如下。

对于两个嵌套的作用域，如果某个标识符在外层中声明，且在内层中没有同一标识符的声明，则该标识符在内层可见；如果在内层作用域内声明了与外层作用域中同名的标识符，则外层作用域的标识符在内层不可见。

5.19 答：全局变量存放在全局数据区，具有静态生存期；静态变量存放在全局数据区，具有静态生存期；函数存放在代码区，具有静态生存期；自动变量（局部变量）存放在栈区，具有局部生存期。

5.20 答：在多文件程序结构中，如果一个文件中的函数需要使用其他文件中定义的全局变量，可以用 extern 关键字声明所要用的全局变量。

关键字 extern 提供了多文件程序结构中不同源文件共享数据的一个途径。

5.21 答：0 10

1 11

2 12

5.22 答案：8 64

5.23 答：头文件用于定义自定义类型、定义常量和声明函数原型。

用#include 预处理命令将头文件嵌入源程序。

5.24 参见补充题 5.1。

5.25 参见补充题 5.2。

5.26 参见补充题 5.16。

5.27 参见补充题 5.17。

5.2　编程案例及参考例程

例 5.1　编写一个函数 convert()，实现功能：将一个字符串按逆序存放，如字符串为"abcd"，其结果为"dcba"；在主函数中调用这个函数（提示：可借助 cin 的特点完成）。

分析

定义递归函数 convert，完成字符串逆序功能。

程序

```
//例 5.1  字符串按逆序存放
#include<iostream>
using namespace std;
void convert(int n);
void main()
{
    int n;
    cout<<"input n:";
    cin>>n;
    convert(n);
    cout<<endl;
}
void convert(int n)
{
    char ch;
    cin>>ch;
    if (n==1)
         cout<<ch;
    else
    {
         convert(n-1);
         cout<<ch;
    }
}
```

程序说明

convert 函数输出的字符是在递归调用之后，而且只有达到递归终止条件时（即达到最后一个字符时），才开始输出正是利用这一点，实现字符串逆序的。

例 5.2　编程：从键盘输入三角形的 3 个边长，计算三角形的面积。计算三角形面积的公式为

$$\Delta=\sqrt{s(s-a)(s-b)(s-c)},\quad s=\frac{1}{2}p=\frac{1}{2}(a+b+c)$$

式中，a、b 和 c 是三角形的边长。

分析

（1）为保证程序运行结果正确，程序中需要检查输入参数的合理性，即 a、b 和 c 必须满足组成三角形三条边的条件：任意两边之和大于第三边；否则，需要重新输入边参数。

（2）求平方根，需要用数学库函数 sqrt，故应包含头文件 cmath。

程序

```
//例 5.2 由三角形的 3 个边长求三角形面积
#include <iostream>
```

```
#include <math.h>
using namespace std;
int TriangleArea (int a, int b, int c);
void main()
{
    float a,b,c,s,area;
    do
    {
       cout<<"input a,b,c: ";
       cin>>a>>b>>c;
    }while(a+b<c || a+c<b || b+c<a)
    cout<<"area:"<< TriangleArea (a,b,c)<<endl;
}
int TriangleArea(int a, int b, int c)
{
    int s, area;
    s=(a+b+c)/2;
    area=sqrt(s*(s-a)*(s-b)*(s-c));
    return area;
}
```

程序说明

为保证程序的顽健性，对输入数据进行检查是编程时必须考虑的环节。

例 5.3 函数 floor 可以将一个值取整为特定小数位。下列语句

y=floor(x*10+.5)/10;

将 x 取整为小数点后面第一位(十分位)。下列语句

y=floor(x*100+.5)/100;

将 x 取整为小数点后面第二位(百分位)。

编写一个程序，定义 4 个函数，用不同方法取整 x。

（a）roundToInteger（number）

（b）roundToTenths（number）

（c）roundToHundredths（number）

（d）roundToThousandths（number）

对读取的每个值，程序应打印原值、该值取整为最接近的整数、该值取整为最接近的十分位、该值取整为最接近的百分位、该值取整为最接近的千分位。

分析

库函数 double floor（double x）返回的浮点数，表示小于等于 x 的最大的整数值。根据题目要求，可以将要处理的浮点数值进行四舍五入后，再调用 floor 函数处理。

程序

```
//例 5.3 用不同方法对实数取整
#include <iostream>
#include "math.h"
using namespace std;
double roundToInteger(double number)
{
    return (int)floor(number+0.5);
}
double roundToTenths(double number)
{
```

```
    return floor(number*10+0.5)/10;
}
double roundToHundredths(double number)
{
    return floor(number*100+0.5)/100;
}
double roundToThousandths(double number)
{
    return floor(number*1000+0.5)/1000;
}
void main()
{
    double num,num0,num1,num2,num3;
    cout<<"请输入要取近似值的数：";
    cin>>num;
    num0=roundToInteger(num);
    num1=roundToTenths(num);
    num2=roundToHundredths(num);
    num3=roundToThousandths(num);
    cout<<"该数是"<<num<<endl;
    cout<<"最接近的整数是"<<num0<<endl;
    cout<<"最接近的十分位数是"<<num1<<endl;
    cout<<"最接近的百分位数是"<<num2<<endl;
    cout<<"最接近的千分位数是"<<num3<<endl;
}
```

运行结果

```
请输入要取近似值的数：3.1415926
该数是 3.14159
最接近的整数是 3
最接近的十分位数是 3.1
最接近的百分位数是 3.14
最接近的千分位数是 3.142
```

程序说明

（1）库函数 floor 的接口形式为

double floor（double *x*）;

返回值表示小于等于 x 的最大整数值的浮点形式。

（2）编程中经常需要对浮点数进行四舍五入的运算，或者将浮点数取整后赋给整型变量，最常用的技巧是将浮点数加 0.5 后取整。

例 5.4　编写函数 integerPower（base,exponent），返回下列代数式的值：

$$\mathrm{base}^{\mathrm{exponent}}$$

例如，integerPower(3,4)=3*3*3*3。假设 exponent 为正的非 0 整数，base 为整数。函数 integerPower 用 for 或 while 控制计算，不要用任何数学库函数。

分析

定义函数 integerPower，该函数通过循环实现 $\mathrm{base}^{\mathrm{exponent}}$。

程序

```
//例 5.4 任意的幂函数
```

```
#include "iostream"
using namespace std;
int integerPower(int, int);
int main()
{
   int exp, base;
   cout<< "Enter base and exponent: ";
   cin>> base >> exp;
   cout<< base << " to the power " << exp << " is: "
        << integerPower(base, exp) <<endl;
   return 0;
}
int integerPower(int b, int e)
{
   int product = 1;
   for (int i = 1; i <= e; ++i)
    product *= b;
   return product;
}
```

程序说明

注意函数 integerPower 中的自动局部变量 product 必须初始化为 1。

例 5.5 编写函数 multiple，确定一对整数中第二个整数是否为第一个整数的倍数。函数取两个整数参数，如果第二个整数是第一个的倍数则返回 true，否则返回 false。在程序中输入一系列整数，并使用该函数。

分析

一个整数 a 是否是另一个整数 b 的倍数，只要用取余运算 a%b 即可，若其值为 0，则是倍数关系，否则不是倍数关系。

程序

```
//例 5.5 确定一对整数中第二个整数是否为第一个整数的倍数
#include "iostream"
using namespace std;
bool multiple(int d1, int d2)
{
    int r;
    if (d1==0)  return false;
    else  return (!(r = d2%d1));
}
void  main()
{
    int d1, d2;
    cout<< "输入两个整数: ";
    cin>> d1 >> d2;
    bool flag = multiple(d1,d2);
    if(flag)
          cout<< d2<< "是" << d1 << "的倍数"<<endl;
    else
         cout<< d2<< "不是" << d1 << "的倍数"<<endl;
}
```

例 5.6 编写一个函数，输入一组整数，一次一个地传入函数 even，用求模运算符确定其是否为偶数。函数取整数参数，并在该数为偶数时返回 true，否则返回 false。

分析

一个整数 a 是否是偶数，只要用取余运算 a%2 即可，若其值为 0，则是偶数，否则不是偶数。

程序

```
//例 5.6 判定一组整数各自是否为偶数
#include "iostream"
using namespace std;
bool IsEven(int num)
{
  return  (!(0 == num % 2));
}
void main()
{
   int k;
   cout<< "输入个整数：";
   cin>> k;
   bool flag = IsEven (k);
   if(flag)
         cout<< k<< "是偶数"<<endl;
   else
         cout<< k<< "不是偶数"<<endl;
   return 0;
}
```

例 5.7 编写完成下列任务的程序段。

（a）计算整数 a 除以整数 b 的商的整数部分。

（b）计算整数 a 除以整数 b 的余数。

（c）用（a）和（b）中的程序段编写一个程序，输入 1 到 32 767 之间的整数，打印成一系列数字，每一对数字之间用两个空格分开。例如，整数 4 562 打印为：

4 5 6 2

分析

（1）（a）和（b）中分别使用求商运算 a/b 和取余运算 a%b。

（2）整数可以拆分，例如 4 562=1 000*4+100*5+10*6+2，调用（a）和（b）的函数即可实现（c）的要求。

程序

```
//例 5.7 拆分整数并打印
#include "iostream"
using namespace std;
inline int integer(int a, int b)
{
    return  a/b;
}
inline int residue(int a, int b)
{
    return a%b;
}
void main()
{
    const short idiv[4] = {10000, 1000, 100, 10};
    short number;
    short res, intg;
    cout<<"input number(1～32767, 0 for end.):";
    cin>>number;
```

```
        while (number !=0)
        {
            for (int k=0; k<4; k++)
            {
                intg = integer(number, idiv[k]);
                res = residue(number, idiv[k]);
                if (intg < 10 && intg > 0)
                {
                    cout<<intg<<"  ";
                    number = res;
                }
            }
            cout<<res<<"  "<<endl;
            cout<<"input number(1～32767, 0 for end.):";
            cin>>number;
        }
    }
```

程序说明

程序中对于求商和求余运算使用内联函数，是为了提高运算速度。另外，这两个函数中都没有对除数是否为 0 进行判断，仅仅是针对本题除数不可能为 0；对于一般情况，为避免异常情况发生，需要判断除数是否为 0。

例 5.8 只能被 1 和自己整除的数称为质数。例如，2、3、5、7 就是质数，而 4、6、8、9 则不是。

（1）编写一个函数，确定参数是否为质数。

（2）用这个函数确定和打印 1 到 10 000 之间的所有质数。要先测试多少个数才能确定找出了所有质数？

（3）最初你可能以为 n/2 是确定找出了所有质数时要测试的数值个数上限，但实际上只要 $\sqrt{n}$ 次即可，为什么？改写程序，用两种方法运行，看看性能提高了多少？

分析

判断整数 n 是否是质数，最朴素的作法是在 2～n-1 之间找出能够整除 n 的整数，使用循环结构和求余运算可以实现；循环 n/2-2+1 次较前者稍好；比较节省时间的作法是循环 $\lfloor \sqrt{n} \rfloor$-2+1 次，只要找出 2～$\lfloor \sqrt{n} \rfloor$ 之间能够整除 n 的整数，则 n 就不是质数。

程序

```
//例 5.8 判定和打印质数
#include "iostream"
#include "cmath"
using namespace std;

bool DecidePrime1(int number) ;
bool DecidePrime2(int number) ;
static unsigned int times1=0;
static unsigned int times2=0;

int main()
{
    int number;
    cout<< "input number: ";
    cin>> number;
    if(DecidePrime1(number))
```

```
        cout<<number<< "是质数"<<endl;
    else
        cout<<number<< "不是质数"<<endl;
    if(DecidePrime2(number))
        cout<<number<< "是质数"<<endl;
    else
        cout<<number<< "不是质数"<<endl;

    cout<< "1 到 10000 之间的所有质数是:"<<endl;
    int counter = 0;
    times1 = 0;
    for (int k=2; k<10000; k++)
    {
        if(DecidePrime1(k))
        {
            cout<<k<<"  ";
            counter++;
            if (counter%10 == 0)
            {
                cout<<endl;
            }
        }
    }
    cout<<endl;
    cout<<"times1: "<<times1<<endl<<endl;

    cout<< "1 到 10000 之间的所有质数是:"<<endl;
    counter = 0;
    times2 = 0;
    for (int k=2; k<10000; k++)
    {
        if(DecidePrime2(k))
        {
            cout<<k<<"  ";
            counter++;
            if (counter%10 == 0)
            {
                cout<<endl;
            }
        }
    }
    cout<<endl;
    cout<<"times2: "<<times2<<endl;
    return 0;
}

//判别质数，测试 number/2 个数。
bool DecidePrime1(int number)
{
    int m = number / 2;
    int i;
    for(i=2;i<=m;i++)  //找出 number 的因数
    {
        times1++;
        if(number%i==0)
            break;
```

```
    }
    if(i>=m+1)                                    //判断 number 是否被小于等于 m 的数整除
        return true;
    else
        return false;
}
                                                  //判别素数，测试 number 平方根个数。
bool DecidePrime2(int number)
{
    int m = (int)sqrt((float)number);
    int i;
    for(i=2; i<=m; i++)                           //找出 number 的因数
    {
        times2++;
        if(number%i==0)
            break;
    }
    if(i>=m+1)                                    //判断 number 是否被小于 m 的数整除
        return true;
    else
        return false;
}
```

程序说明

程序中增加全局变量 times1 和 times2 是为了观察两个函数 DecidePrime1 和 DecidePrime2 进行求余运算的次数，以此比较两个函数的性能，次数少的函数运行速度快。程序执行过程中，对于找 1～10 000 之间质数这样的问题，times1=2 907 639，times2=117 526。对于比较复杂的算法，可以用取系统时间的方法来衡量算法的执行时间长短；也可以分析算法中基本操作的执行次数来分析算法的时间复杂度。

例 5.9 编写一个函数，取整数值并返回将数字反序的数值。例如. 输入 7 631，函数返回 1 367。

分析

将整数反序输出，可以通过对 10 求余运算和除 10 运算，得到最低位、次低位……，直至输出所有位。

程序

```
//例 5.9 将整数反序输出
#include "iostream"
using namespace std;
void Inverse(int number)
{
    while(number != 0)
    {
        cout<<number % 10;
        number /= 10;
    }
    cout<<endl;
}
void main()
{
    int number;
    cout<<"input number:";
    cin>>number;
    Inverse(number);
```

```
}
```

例 5.10　编写一个猜数字游戏的程序，程序随机选择一个 1 到 1 000 的数，然后输入：

I have a number between 1 and 1000.

Can you guess my number?

Please type your first guess.

然后游戏者输入第一个结果。程序响应如下：

1. Excellent! You guessed the number!

   Would you like to play again (y or n)?

2. Too low.　Try again.

3. Too high.　Try again.

如果游戏者猜错，则程序进行循环，直到猜对。程序通过 Too high 或 Too low 消息帮助学生接近正确答案。

分析

程序定义 guessGame 函数完成游戏主要功能，采用随机数生成函数 rand 生成用于猜测的数字，定义函数 isCorrect 判断猜测情况。

程序

```
//例 5.10 猜数字游戏
#include <iostream>
#include <cstdlib>
#include <ctime>
using namespace std;
void guessGame(void);
bool isCorrect(int, int);
int main()
{
    srand((unsigned int)time(0));
    guessGame();
    return 0;
}

void guessGame(void)
{
    int answer, guess;
    char response;
    do {
        answer = 1 + rand() % 1000;
        cout << "I have a number between 1 and 1000.\n"
            << "Can you guess my number?\nPlease type your first guess.\n ";
        cin >> guess;
        while (!isCorrect(guess, answer))
            cin >> guess;
        cout << "\nExcellent! You guessed the number!\n"
            << "Would you like to play again?\nPlease type (y/n)? ";
        cin >> response;
    } while (response == 'y');
}
bool isCorrect(int g, int a)
{
    if (g == a)
        return true;
    if (g < a)
        cout << "Too low. Try again.\n? ";
```

```
    else
        cout << "Too high. Try again.\n? ";
    return false;
}
```

运行结果

```
I have a number between 1 and 1000.
Can you guess my number?
Please type your first guess.  500
Too low. Try again. ? 750
Too low. Try again. ? 875
Too high. Try again.? 812
Too low. Try again. ? 844
Too low. Try again. ? 859
Too low. Try again. ? 867
Too high. Try again. ? 863
Excellent! You guessed the number!
Would you like to play again?
Please type (y/n)?
```

例 5.11 修改 5.10 的程序，计算游戏者已猜过的次数。如果次数值为 10 以下，则打印 "Either you know the secret or you got lucky!"。如果 10 次猜中，则打印 "Ahab! You know the secret!"。如果超过 10 次才猜中，则打印 "You should be able to do better!"。为什么不应超过 10 次呢？

高手怎么在最少的次数内猜中呢?为什么 1 到 1 000 的数字能在 10 次之内猜中呢?

分析

在 5.10 的代码中增加记次数变量 times 记录猜测次数。

程序

```
//例 5.11 记录猜数正确的次数
#include <iostream>
#include <cstdlib>
#include <ctime>
using namespace std;
void guessGame(void);
bool isCorrect(int, int);
int main()
{
    srand(time(0));
    guessGame();
    return 0;
}
void guessGame(void)
{
    int answer, guess;
    char response;
    int times=0;
    do {
        answer = 1 + rand() % 1000;
        cout << "I have a number between 1 and 1000.\n";
        cout << "Can you guess my number?\nPlease type your first guess.\n ";
        cin >> guess;
        times++;
        while (!isCorrect(guess, answer))
        {
            cin >> guess;
            times++;
        }
        cout << "\nExcellent! You guessed the number!\n"<<endl;
```

```
        if(times<10)
            cout<<"Either you know the secret or you got lucky!"<<endl;
        else if(times==10)
            cout<<"Ahab! You know the secret!"<<endl;
        else
            cout<<"You should be able to do better!"<<endl;
        cout<< "Would you like to play again?\nPlease type (y/n)? ";
        cin >> response;
    } while (response == 'y');
}

bool isCorrect(int g, int a)
{
    if (g == a)
        return true;
    if (g < a)
        cout << "Too low. Try again.\n ";
    else
        cout << "Too high. Try again.\n ";
    return false;
}
```

运行结果

```
I have a number between 1 and 1000.
Can you guess my number?
Please type your first guess.  500
Too low. Try again.  750
Too high. Try again.  625
Too high. Try again.  562
Too low. Try again.  591
Too low. Try again.  608
Too high. Try again.  600
Too low. Try again.  604
Too high. Try again.  602
Too high. Try again.  601
Excellent! You guessed the number!
Ahab! You know the secret!
Would you like to play again?
Please type (y/n)?
```

程序说明

本题在猜测数字时可以采用折半法查找法，首先在 1 与 1 000 中猜 500，若高了，则猜 1 与 500 的中点，即 250；反之，若 500 低了，则猜 500 与 1 000 的中点，即 750。以此类推，直到猜对为止。折半查找的时间复杂度是 $\log_2 n$，而 $\log_2 1000 < 10$，所以一般不超过 10 次可以猜对。对折半查找法有兴趣的读者可以参阅《数据结构》相关书籍。

例 5.12 编写一个递归函数 power(base，exponent)调用时返回 $base^{exponent}$，例如，power(3，4) = 3*3*3*3。假设 exponent 是大于或等于 1 的整数值。

提示：递归步骤使用关系式 $base^{exponent} = base \cdot base^{exponent-1}$，并在 exponent 等于 1 时停止递归，因为 $base^1 = base$。

分析

定义递归函数 power（base,exponent），完成指数运算。

程序

```
//例 5.12 定义递归函数，完成指数运算
#include <iostream>
using namespace std;
```

```
int power(int b, int n);
void main()
{
   int b,n;
   cout << "Enter a base and an exponent: ";
   cin>>b>>n;
   cout<<b<<" raised to the " <<n<<" is "<<power(b,n)<< endl;
}
int power(int base, int n)
{
   if(n==1)
       return base;
   else
       return base*power(base,n-1);
}
```

例 5.13 Fibonacci 数列：0，1，1，2，3，5，8，13，21，…以 0 和 1 开头，后面的数是前面相邻两个数之和。（a）编写一个非递归函数 fibonacci(n)，计算第 n 个 Fibonacci 数。（b）确定系统中可以打印的最大 Fibonacci 数。修改程序以使用 double 类型的整数而不是 int 类型，然后重复（b）。

分析

（1）n 等于 1 或者 2 时，对应的项都为 1。设 a 总是存储第 n-2 项，b 总是存储第 n-1 项。从 n=3 开始，使用

temp=a+b; a=b; b=temp;

语句实现 Fibonacci 数列第 n 项的计算。

（2）计算机使用二进制存储数字，当已经计算到系统能存储的最大的 Fibonacci 数时，计算下一项 Fibonacci 数时，二进制的首位由 0 变为 1，即为负数。所以当 Fibonacci 数为负数时的前一项即为系统中能存的最大的 Fibonacci 数。

程序

```
//例 5.13 计算 Fibonacci 数列，确定系统可以打印的最大 Fibonacci 数
#include <iostream>
using namespace std;
int fibonacci (int n)
{
    int a=0, b=1, temp;
    if(n==0)
          return 0;
    else if (n==1)
    {
          return 1;
    }
    for(int i=2; i<=n; i++)
    {
          temp=a+b;
          a=b;
          b=temp;
    }
    return b;
}
void main()
{
    int n,m=1;
    cout <<"请输入一个正整数:";
    cin >>n;
```

```
    int f = fibonacci (n);
    cout <<"Fibonacci 数列第"<<n<<"项是: "<<f <<endl;
    for(int i=0;;i++)
    {
        if(fibonacci(i)>=0)
            m=fibonacci(i);
        else
            break;
    }
    cout<<"系统中可以打印的最大 Fibonacci 数是"<<m<<endl;
}
```

运行结果

```
请输入一个正整数:10
Fibonacci 数列第 10 项是：55
系统中可以打印的最大 Fibonacci 数是 1 836 311 903
```

例 5.14 （图形化递归）可以观察递归的"操作过程"。修改下图的阶乘函数，打印其局部函数和递归调用参数。对每个递归调用，单独在一行显示输出并加一级缩排，尽量使输出更清晰、更有趣、更有意义。这里的目标是设计和实现能让人更容易理解递归的输出格式。

可以在许多其他递归练习和例子中增加这种显示功能。

```
0! =1
1! =1
2! =2
3! =6
4! =24
5! =120
6! =720
7! =5 040
8! =40 320
9! =362 880
10! =3 628 800
```

分析

打印递归调用参数，只需在递归调用时输出当前调用的级数。

程序

```
//例 5.14 显示递归过程
#include <iostream>
#include <iomanip>
using namespace std;
int factorial(int);
void printRecursion(int);
int main()
{
   for (int i = 0; i <= 10; ++i)
      cout << setw(3) << i << "! = " << factorial(i) << endl;
   return 0;
}
int factorial(int number)
```

```
{
   if (number <= 1)
      return 1;
   else {
      printRecursion(number);
      return (number * factorial(number - 1));
   }
}
void printRecursion(int n)
{
   cout << "number =" << setw(n) << n << '\n';
}
```

运行结果

```
  0! = 1
  1! = 1
number = 2
  2! = 2
number =  3
number = 2
  3! = 6
number =   4
number =  3
number = 2
  4! = 24
number =    5
number =   4
number =  3
number = 2
  5! = 120
number =     6
number =    5
number =   4
number =  3
number = 2
  6! = 720
number =      7
number =     6
number =    5
number =   4
number =  3
number = 2
  7! = 5040
number =       8
number =      7
number =     6
number =    5
number =   4
number =  3
number = 2
  8! = 40320
number =        9
number =       8
number =      7
number =     6
number =    5
number =   4
number =  3
number = 2
  9! = 362880
```

```
number =        10
number =       9
number =      8
number =     7
number =    6
number =   5
number =  4
number = 3
number = 2
 10! = 3628800
```

程序说明

（1）当求 n 的阶乘时，若 n<=1，则返回 1；否则要调用前一个数的阶乘，在调用之前输出当前的 n 值，即输出了递归调用参数。

（2）为实现缩排，用 setw(n)函数使递归调用参数右对齐第 n 位，该函数在 iomanip 中声明，故要包含 iomanip 文件。

例 5.15　案例：机会游戏与 enum 简介。

一个最常见的机会游戏是投骰子游戏，游戏规则如下。

游戏者投两枚骰子，每个骰于有 6 面，这些面包含 1、2、3、4、5、6 个点。投两枚骰于之后，计算点数之和。如果第一次投时的和为 7 或 11，则游戏者获胜；如果第一次投时的和为 2、3 或 12，则游戏者输，庄家赢；如果第一次投时的和为 4、5、6、8、9 或 10，则这个和成为游戏者的点数。

要想赢，就要继续投骰子，直到赚到点数。如果投 7 次之后还没有赚到点数，则游戏者输。

分析

第一次扔骰子会有几种不同的结果，需要用 switch…case 语句。

程序

```
//例 5.15 机会游戏
#include "iostream"
#include <cstdlib >
#include <ctime>
using namespace std;
int rollDice(void)
{
    int die1, die2, workSum;
    die1 = 1 + rand() % 6;
    die2 = 1 + rand() % 6;
    workSum = die1 + die2;
    cout << "Player rolled " << die1 <<" + "<< die2 << " = " << workSum << endl;
    return workSum;
}

int main ()
{
    enum status{CONTINUE,WON,LOST};
    int sum, myPoint;
    status gameStatus;
    srand((unsigned int)time(NULL));
    sum = rollDice();                    // first roll of the dice
    switch (sum)
    {
    case 7:
    case 11:                             // win on first roll
```

```
            gameStatus = WON;
            break;
        case 2:
        case 3:
        case 12:                        // lose on first roll
            gameStatus = LOST;
            break;
        default:                        // remember point
            gameStatus = CONTINUE;
            myPoint = sum;
            cout << "point is "<< myPoint << endl;
            break;                      // optional
        }
        int i=0;
        while (gameStatus == CONTINUE)
        {   // keep rolling
            sum = rollDice();
            if (sum == myPoint)         // win by making point
            {
                gameStatus = WON;
                break;
            }
            else
                i++;
            if(i>=7)                    // 投了 7 次，依然没有赚到点数，失败
            {
                gameStatus = LOST;
                break;
            }
        }

        if (gameStatus == WON)
            cout << "Player wins" << endl;
        else
            cout << "Player loses" << endl;
        return 0;
    }
```

运行结果（略）

程序说明

游戏者首先要投两枚骰子，定义 rollDice 函数投骰子、计算并打印点数和。

这个游戏相当复杂。游戏者第一次投两枚骰子时可能输也可能赢，也可能投好几次才会定出输赢。变量 gameStatus 跟踪这个状态，将其声明为 Status 类型。语句

```
enum Status{ CONTIEUE, WON, LOST);
```

生成枚举类型，在上述枚举中，CONTINUE 指定为数值 0，WON 指定为数值 1，LOST 指定为数值 2。

用户自定义类型 Status 的变量只能赋予枚举中声明的 3 个值之一。游戏获胜时，gameStatus 设置为 WON；游戏失败时，gameStatus 设置为 LOST；否则 gameStatus 设置为 CONTINUE，可以再次投骰子。

第一次投骰子之后，如果游戏获胜，则跳过 while 结构体，因为 gameStatus 不等于 CONTINUE。程序进入 if/else 结构，在 gameStatus 等于 WON 时打印“Player wins”，在 gameStatus 等于 LOST 时打印“Player loses”。

第一次投骰子之后，如果游戏没有结束，则 sum 保存在 myPoint 中，由于 gameStatus 等于 CONTINUE，因此执行 while 结构中的程序。每次执行 while 结构中的程序时，调用 rollDice 产生新的 sum。如果 sum 符合 myPoint，则 gameStatus 设置为 WON，while 测试失败，if/else 结构打印"Player wins"，终止执行。否则次数 i 自增 1，当 i>=7 时，则 gameStatus 设置为 LOST，while 测试失败，if/else 结构打印"Player loses"，终止执行。

例 5.16 如果一个数的所有真因子（包括 1，但不包括这个数本身）之和正好等于这个数本身，则称此数为完数。例如：

$$6=1\times2\times3，而 1+2+3=6；$$
$$28=1\times4\times7=1\times2\times14，而 1+2+4+7+14=28$$

如何确定完数？欧几里得发现，只要 2^n-1 是一个素数，则 $m=2^{n-1}(2^n-1)$ 一定是一个完数。编写程序找出最小的 5 个完数。

寻找最小的 5 个完数可以使用 while 循环。根据完数的定义，选 n 的初值为 2，并在循环中逐渐增加 n，依次判断 $m=2^n-1$ 是否是素数。定义计算整数幂的函数 power()计算 2 的幂，定义 DecidePrime()判断 m 是否为素数。用 while 循环在主函数 main()中实现寻找最小的 5 个完数功能。

分析

按照提示中的模块划分来实现程序功能即可。

程序

```
//例 5.16 求完数
#include <iostream>
#include<cmath>
using namespace std;
bool DecidePrime(unsigned int number);
unsigned int power(unsigned int x, unsigned int y);
void main()
{
    unsigned int perfect_number;
    unsigned int num,temp;
    short n(2);
    short counter(0);                    //计数器
    while (counter<5)
    {
        temp=power(2,n);
        num=temp-1;
        if(DecidePrime(num))
        {
            perfect_number=temp/2*num;
            cout<<"n="<<n<<","<<"perfect number="<<perfect_number<<endl;
            counter++;
        }
        n++;
    }
}

//计算指数
unsigned int power(unsigned int x, unsigned int y)
{
    unsigned int mul(1);
```

```
    for(int i=1;i<=y;i++)
    {
        mul*=x;
    }
    return mul;
}

//判别素数
bool DecidePrime(unsigned int number)
{
    unsigned int  i, k;
    k=sqrt(number);
    for(i=2; i<=k; i++)              //找 number 的因数
    {
        if(number%i==0)
            break;
    }
    if(i>=k+1)                       //判断 number 是否被小于 number 的数整除
        return true;
    else
        return false;
}
```

程序说明

函数 power 中需要用循环计算 x 的 y 次幂 mul，由于变量 mul 是自动局部变量，且参与乘法运算，所以在进行循环之前，mul 一定要初始化为 1。

例 5.17　编程：用弦割法求方程 $y=x^3-x^2-1$ 在 x=1.5 附近的根。

提示：设 $f(x)=x^3-x^2-1$，弦割法的算法如下。

（1）选初值 x_0, x_1，计算 $f(x_0)$和 $f(x_1)$，如果 $f(x_0)$和 $f(x_1)$符号相反，则(x_0, x_1)区间内必有一个根。如果 $f(x_0)$和 $f(x_1)$符号相同，则应改变 x_0, x_1，直到 $f(x_0)$和 $f(x_1)$符号相反为止。注意 x_0, x_1 的值不应差太大，以保证(x_0, x_1)区间内只有一个根。

（2）连接$(x_0, f(x_0))$和$(x_1, f(x_1))$两点，形成的弦交 x 轴于点 x，如图 5-1 所示。

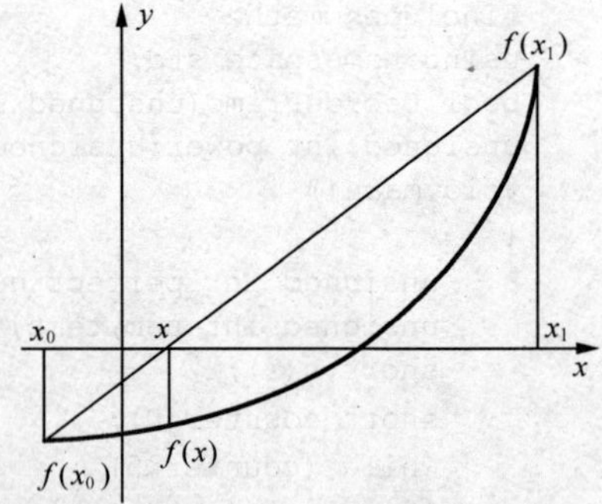

图 5-1　弦割法示意图

x 点坐标由下式求出：

$$x=\frac{x_0 f(x_1)-x_1 f(x_0)}{f(x_1)-f(x_0)}$$

再从 x 求出 $f(x)$。

（3）若 $f(x)$与 $f(x_0)$同符号，则根必在(x, x_1)区间内，此时将 x 作为新的 x_0。如果 $f(x)$与 $f(x_1)$符号相反，则根在(x_0, x)区间内，将 x 作为新的 x_1。

（4）重复步骤（2）和（3），直到$|f(x)|<\varepsilon$为止，ε表示问题的要求精度 10^{-6}。此时认为 $f(x)\approx 0$。

根据算法，分别用下列函数实现相应功能。

（1）函数 function(*x*)计算数学函数 $f(x)=x^3-x^2-1$。

（2）函数 *x*Intersection(*x*0, *x*1)找出弦与 x 轴交点的 x 值。

（3）函数 eqRoot(*x*0, *x*1)计算区间(x_0, x_1)内的根。

执行函数 eqRoot()的过程中调用函数 xIntersection()，而执行函数 xIntersection()的过程中又调用函数 function()。

分析

按照提示步骤设计各个子函数即可。

程序

```
//5.17 用弦割法解方程
#include<iostream>
#include<cmath>
using namespace std;
double function(double);
double xIntersection(double,double);
double eqRoot(double,double);
int main()
{
    double x0,x1,f1,f2,x;
    do
    {
        cout<< "请输入 1.5 附近的两个数 x0 , x1: ";
        cin >> x0 >> x1;
        f1=function(x0);
        f2=function(x1);
    } while(f1*f2 >= 0);
    x = eqRoot(x0,x1);
    cout << "该方程在 1.5 附近的根是: " << x << endl;
    return 0;
}
//定义 f 函数
double function(double x)
{
    double y;
    y = x * x *( x - 1) - 1;
    return y;
}
//求出弦与 x 轴的交点
double xIntersection(double x0,double x1)
{
    double  f0  = function(x0);
    double  f1  = function(x1);
    double  y = (x0 * f1-x1 * f0) / (f1-f0);
    return y;
}
//求近似根
double eqRoot(double x0,double x1)
{
    double x,y,y1,y2;
    y1 = function(x0);
    y2 = function(x1);
    do
    {
        x = xIntersection(x0,x1);
        y = function(x);
        if(y*y1 > 0)
        {
            y1 = y;
```

```
                x0 = x;
            }
            else
            {
                y2 = y;
                x1 = x;
            }
        }while(fabs(y)>= 0.000001);
        return x;
    }
```

运行结果

请输入 1.5 附近的两个数 x0 , x1: 1.4 1.6
该方程在 1.5 附近的根是：1.46557

程序说明

方程的根是 y=f(x)为 0 的点，但程序中 y 为浮点数，判断浮点数是否为 0。一般的作法是指定一个精度，判断该浮点数的绝对值是否小于该精度值，如果小于，则视为 0。

例 5.18 汉诺塔问题。

图 5-2 所示的汉诺塔问题是最著名的经典问题之一。传说远东地区有一座庙，僧人要把盘子（64 个）从第一个柱（A）移到第三个柱（C），这 64 个盘子从上至下逐渐增大。僧人移动盘子的规则是：每次只能移动一个盘子；柱子上任何时候都要保持大盘在下，小盘在上的放置方式；移动过程中，可以借助于第二个柱（B），暂时放置盘子。据传说，僧人们完成这个任务时，世界的末日就来临了。19 世纪法国数学家鲁卡斯指出，完成这个任务，僧人们移动盘子的总次数为 $2^{64}-1$。假设一秒钟移动一个，每天 24 小时不停地移动，需要 5 800 亿年。

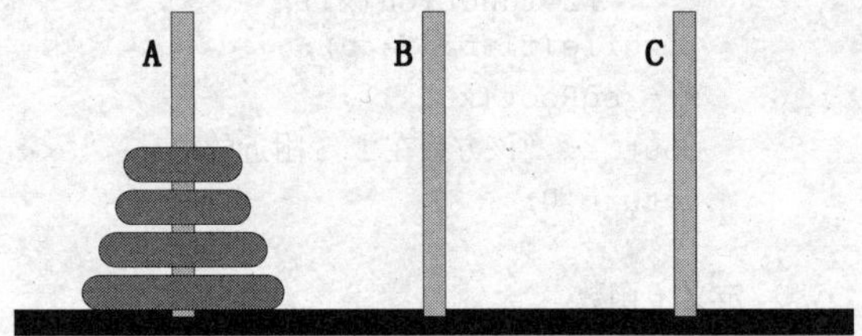

图 5.2　汉诺塔问题示意图

分析

这个问题适合用递归法解决，递归函数为 hanoi ( )。设 A 柱上需要移动的盘子的个数为 n，移动 n 个盘子可以利用递归法降阶为移动（n−1）个盘子，具体步骤如下。

步骤 1：如果 n=1，则盘子直接从 A 柱到 C 柱：A→C，执行步骤 3；否则执行步骤 2。

步骤 2：如果 n>1，则将盘子分成最大的 1 个和其他（n−1）个，先把（n−1）移到 B 柱上，再把最大的盘直接移到 C 柱上，然后把 B 柱上的（n−1）个盘移到 C 柱上。即：

① 将 A 柱上（n−1）个盘子，借助 C 柱，由 A 柱移到 B 柱：hanoi(n−1,A,C,B);

② 将最大的一个盘子由 A 柱移到 C 柱：move(A,C);

③ 再将 B 柱上（n−1）个盘子借助 A 柱移到 C 柱上：hanoi(n−1,B,A,C)。

步骤 3：结束。

其中，函数 move()为直接移动盘子函数。

程序

```
//例 5.18 汉诺塔问题
#include"iostream"
using namespace std;
void move(char x,char z);
void hanoi(int n,char x,char y,char z);
```

```
void main()
{
    int num;
    cout<<"请输入盘子数：";
    cin>>num;
    cout<<"按\"汉诺塔\"的规则，把"<<num
        <<"个盘子从 a 针搬到 c 针的步骤是："<<endl;
    hanoi(num,'A','B','C');
}
void move(char x, char z)
{
    static int i;
    i++;
    cout<<i<<" :  "<<x<<" →"<<z<<endl;
}
void hanoi(int n,char x,char y,char z)
{
    if(n==1)
        move(x,z);
    else {
        hanoi(n-1,x,z,y);
        move(x,z);
        hanoi(n-1,y,x,z);
    }
}
```

运行结果

```
请输入盘子数：3
按"汉诺塔"的规则，把 3 个盘子从 a 针搬到 c 针的步骤是：
1 :  A→C
2 :  A→B
3 :  C→B
4 :  A→C
5 :  B→A
6 :  B→C
7 :  A→C
```

程序说明

（1）程序中，函数 move()中定义的变量 i 是静态局部变量，其初值为 0，每次调用 move 函数之后，该静态变量的值一直保持到其所在的函数下一次被调用时，再次修改它的值。此处正是利用了静态局部变量的这一特点来记录移动盘子的次数的。

（2）程序中递归函数 hanoi 的调用，实现了不断降低盘子数目的递推过程，直到达到递归终止条件（只需移动一个盘子的情况）。

5.3　实　验　题

一、基础题

1. 修改下列程序中的错误，输出结果，输出示例如图 5-1 所示。并对有注释标记的语句进行功能注释。

```
#include<iostream>
using namespace std;
```

```
void f1(int x[ ])
{
    for(int i=1;i<=10;i++)
    {x[i]=2*x[i]+1;
     if(i==6)                          //
    {cout<<endl<<x[i]<<"  ";}
     else
     cout<<x[i]<<"  ";}
    cout<<endl;
}
void main()
{
 int a[10];
 for(int i=1, i<=10, i++)
   cin>>a[i];                          //
 int f1(a);                            //
 }
```

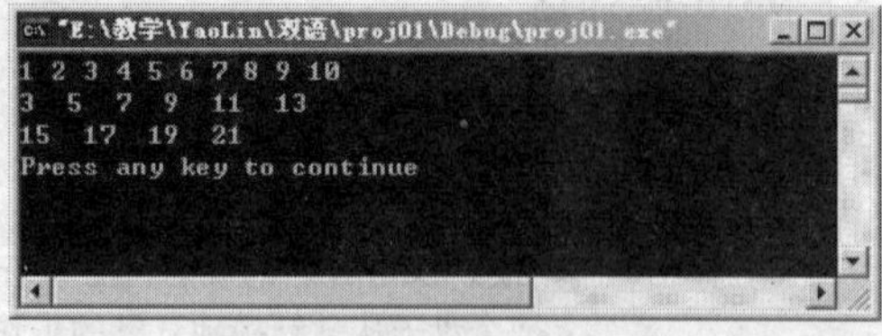

图 5-3　第 1 题的输出示例

2. 修改下列程序的错误，完成求最大数的功能。

```
#include<iostream>
using namespace std;
void main()
{ int a=120,b=300,c=40;
int d,e,f;
d=f1(a,b);e=f1(d,c);
cout<<"a="<<a<<endl;
cout<<"b="<<b<<endl;
cout<<"c="<<c<<endl;
cout<<"三个数中的最大数为:"<<e<<endl;
}

inline int f1(int x,int y);
{
return x>y?x:y;
}
```

3. 分析程序出错的原因并更正，输出正确的结果。要求对有注释标记的语句进行功能注释。

```
#include<iostream>
using namespace std;
int sum(int a,int b)                          //
{
    return a+b;
}

double sum(double x,double y,double z)        //
{
    return x+y+z;
}

float sum(float x,float y)
{
    return x+y;
}
void main()
{
    cout<<"调用函数 sum(int,int)的结果为: "<<sum(13,14)<<endl;                    //
    cout<<"调用函数 sum(double,double,double)的结果为: "<<sum(1.32,1.14,1.018)<<endl;//
    cout<<"调用函数 sum(float,float)的结果为: "<<sum(12.7,34.78)<<endl;           //
```

```
}
```

4．分析下列程序所完成的功能，并标出程序中各个变量的存储类型。

```
#include<iostream>
using namespace std;
int f1(int);
void main()
{
    int x=5;
    static int y;
    y=y+f1(x);
    cout<<"x="<<x<<"  "<<"y="<<y<<endl<<endl;
    y=y+f1(x);
    cout<<"x="<<x<<"  "<<"y="<<y<<endl<<endl;
}
static int x=12;
int f1(int a)
{ static int y=300;
  y=y+a;
  cout<<"x="<<x<<"   "<<"y="<<y<<endl;
  return y;
}
```

5．分析下列程序所完成的功能，并输出正确的结果。

```
#include<iostream>
using namespace std;
void f1(int x)
{int d;
 cout<<"输出该数的逆转数为：";
    do
    {
    d=x%10;
    cout<<d;
    x=x/10;
    }while(x!=0);
cout<<endl;
}
void main()
{
 int n;
 cout<<"输入一个正整数:";
 cin>>n;
 f1(n);
}
```

二、编程题

1．设计一个函数，求 100 以内能被 13 整除的最大数。

2．设计一个可以计算阶乘的函数，由用户输入 n 值，计算出 1！+2！+3！+4+…+n 的值，并打印出来。

3．设计一个函数，完成将一个十进制数转换成二、八、十六进制数。

4．设计一个递归函数，求满足以下条件的最大的 n：

$$1^2+2^2+3^2+\cdots+n^2<1000$$

5．设计一个重载函数 area，用于求出长方形和圆形的面积，其中长方形的长和宽、圆的半径由用户从键盘输入。

6．编写一个程序，将一个文件中所有大写字母转换成小写字母，并存储到另一个文件中。

7．编写一个程序，实现将存放在文件中的学号、姓名、电话等信息读出并显示出来。

第6章 指针和引用

6.1 《C++高级语言程序设计》习题答案

6.1 答：屏幕先显示指针 pva1 的值和指针所指向的整型数："0x0012FF7C 100"（注：每次运行，地址可能不相同）。

然后出现错误信息："应用程序错误"0x004010a0"指令引用的"0xcccccccc"内存。该内存不能为"read"。"

原因：指针 pva2 没有初始化，其中的地址值 0xcccccccc 属于内存中不可以访问的区域。因此，出现运行错误。

6.2 答：程序在编译时出现两个错误，分别在第 6 行和第 7 行。

第 6 行的错误信息是：

"error C2440: 'initializing' : cannot convert from 'int *' to 'float *' Types pointed to are unrelated; conversion requires reinterpret_cast, C-style cast or function-style cast"

第 7 行的错误信息是：

"error C2440: '=' : cannot convert from 'float *' to 'int *' Types pointed to are unrelated; conversion requires reinterpret_cast, C-style cast or function-style cast"

错误性质都是指针类型的不一致和不能自动转换。

此习题说明：不同类型的指针是不能互相赋值的。

6.3 答：程序如下。

```
#include <iostream>
using namespace std;
void main()
{
int va,vb,vc;
int* iptr;
cin>>va>>vb>>vc;
if(va>vb) iptr=&va;
    else iptr=&vb;
if(vc>*iptr) iptr=&vc;
    cout<<"The largest number is "<<*iptr<<endl;
}
```

6.4 答：程序可以通过编译，没有编译错误。但是在运行时会出现运行错误：

"0x00409191 指令引用的 0x0042f040 内存。该内存不能为 written。"

错误是在调用函数 strcpy(s1, s2)时出现的。因为 s1 是用字符串常量来初始化的，不可以通过 copy 来改变常量的内容，也就是不可以 written。

由于程序已经中止，另外一处运行错误就没有显示。实际上在调用函数 strcpy(s1, s4)也会看到类似错误，原因也是相同的。

6.5　答：相应的函数和测试程序如下。

```
#include <iostream>
using namespace std;
float GetAverage(int *p, int n);
void main()
{
  int Array_2D[3][4]={10,20,30,40,50,60,70,80,90,100,110,120},(*pt)[4];
  int Array_1D[]={10,20,30,40,50};
  int j;
  float average;
  pt=Array_2D;
  j=sizeof Array_2D/sizeof **Array_2D; //**a 就是元素 a[0][0]
  average=GetAverage(*Array_2D,j); cout<<"数组 Array_2D 数据的平均值等于:
  "<<average<<endl;
  j=sizeof(Array_1D)/sizeof(*Array_1D);
  average=GetAverage(Array_1D,j);
  cout<<"数组 Array_1D 数据的平均值等于: "<<average<<endl;
}
float GetAverage(int *p, int n)
{
  int sum;
  float average;
  sum=0;
  for(int i=0;i<n;i++)
   sum=sum+*(p+i);
  average=(float)sum/n;
  return average;
}
```

Main 函数中的函数调用：

average=GetAverage(*Array_2D,j);其中的参数还可以有多种写法，如：

(*pt, 12)、(Array_2D[0], 12)、(&Array_2D[0][0], 12)

6.6　答：程序在编译时没有错误。但是，存在内存泄漏问题：申请的堆内存没有释放。

运行时也会出现错误。因为 delete 语句要释放的不是堆内存的地址：pch 中现在是字符串的地址。这样的地址不需要通过 delete 释放，也不可以通过 delete 释放。

6.7　答：程序如下。

```
#include <iostream>
#include<cstring>
using namespace std;
void main()
{
  char* ap="hello";
  char* bp="how are you";
  char *temp;
  temp=ap;
  ap=bp;
```

```
    bp=temp;
    cout<<ap<<endl;
    cout<<bp<<endl;
}
```

6.8 答：程序如下。

```
#include <iostream>
#include <stdlib.h>
using namespace std;
const int NUM=4;
void main()
{
  char *str[NUM]; // 定义一个字符型的指针数组
  int t;
  // 为数组中的每个指针分配内存
  for(t=0; t<NUM; t++)
  {
    if(!(str[t]=new char[28]))
    {
      cout<<"申请动态内存不成功 .\n";
      exit(1);
    }
   //在分配的内存中存放字符串
   if(t!=NUM-1)
      cout<<"输入第"<<t+1<<"句诗: "<<endl;
   else
    cout<<"输入最后一句诗: "<<endl;
     cin>>str[t];
   }
   //输出字符串
   cout<<"输入的诗句是: "<<endl;
   for(t=0; t<NUM; t++) {
      cout<<str[t]<<endl;
      //释放内存
      free(str[t]);}
      }
```

6.9 答：假定字符数组中存放的是字符串，经过函数调用后实现字符串的反序输出。

在实现字符串反序时，不需要将字符串的结束标志\0 改变位置。也就是说，传递给进行反序操作的函数的参数中，数组的长度不需要计入\0。

以下程序中，数组的输出没有通过函数实现。读者可以自己来完成这一项任务。

程序如下。

```
#include <iostream>
using namespace std;
void inv(char *x, int n);
void main()
{
   int i,n;
   char array[] = "abcdefgh";
   n=sizeof(array)/sizeof(*array);
   cout<<"原始数组是:\n";
   for(i=0; i<n-1; i++)
```

```
   cout<<array[i];
 cout<<"\n";
 inv(array, n-1);
 cout<<"按相反次序存放后的数组为:\n";
 for(i=0; i<n-1; i++)
    cout<<array[i];
 cout<<"\n";
 }
 void inv(char *x, int n)
 {
  char *p, *i, *j;
  char t;
  int m = (n-1)/2;
  i = x;
  j = x + n - 1;
  p = x + m;
  for(; i<=p; i++, j--)
  {
   t = *i;
   *i = *j;
   *j = t;
   }
  }
```

6.10 答：程序如下。

```
#include<iostream>
using namespace std;
void Move(int *&a);
void main()
{
     int x[5]={10,20,30,40,50}, *px=x;
     cout<<"调用前的*px="<<*px<<endl;
     Move(px);
     cout<<"调用后的 px";
     if  (px==x)
          cout<<"没有变化， *px 还是"<<*px<<endl;
     else
          cout<<"也向前移动， *px 变为"<<*px<<endl;
}
void Move(int *&a)
{
     a=a+1;
     cout<<"函数中完成了指针移动： *a="<<*a<<endl;
}
```

6.2　编程案例及参考例程

例 6.1　请编写一个用指针作为形参的函数，实现对某数组中的元素进行反序排列，并将其结果回存，放入先前的数组中。

分析

（1）对于序列数据可以用指针或数组来存放。

（2）就此操作而言，数组形参与指针形参是等价的。

程序

```
//例 6.1  用指针做形参进行数组反序排列
#include<stdio.h>
void inverse(long p[],long *e)                    //①
{
    for(; p<e;p++,--e)                            //②
    {
        long t=*p;
        *p=*e;
        *e=t;
    }
}
void main()
{   long s[]={1,2,3,4,5,6,7,8,9};
    const int n=sizeof(s)/sizeof(s[0]);
    int i ;
    inverse(s,&s[n-1]);                           //③
    long *p=&s[0];
    for(i=0;i<n;i++,p++)
        printf("%d;",*p);                         //④
}
```

运行结果

```
9;8;7;6;5;4;3;2;1;
```

程序说明

（1）行尾注释号为①的代码，p 为数组形参，e 为指针形参。

（2）行尾注释号为②的代码，访问指针形式将数组逆序存放，p<e 是指针的关系比较。

（3）行尾注释号为③的代码，在调用点 inverse 函数形参 p,e 获得初始值 p=&s[0],e=s+n-1。

（4）行尾注释号为④的代码，访问指针形式显示数组元素的值。

注意，程序中函数头 sizeof 的计数是以字节为单位的，所以要计算数组的长度，应该用总长度除以每个数组元素的字节数。

例 6.2　请编写一个程序，通过指针的自增运算，实现访问数组元素的目的。

分析

（1）指针可以进行常规的自增（如++，--等）运算。

（2）指针的自增运算，通常和数组的访问密切相关。

程序

```
//例 6.2 指针自增运算的应用
# include<stdio.h>
void main(void)
{  int a[ ]={1,2,3,4};
int  y,  z,*r,  *p=a;
r=p++;
printf("r=%p,a=%p,p=%p\n",r,a,p);                  //①
y=*p++;
printf("a[0]=%d,a[1]=%d,%p\n",*r,y,p);             //②
```

```
z=(*p)++;
printf("a[2]=%d,a[2]=%d,%p\n",z,a[2],p);                    //③
*p++=*r++;
printf("a[2]=%d,a[3]=%d,%p\n",a[2],*p,p);                   //④
}
```

运行结果

```
r=0012FF70,a=0012FF70,p=0012FF74
a[0]=1,a[1]=2,0012FF78
a[2]=3,a[2]=4,0012FF78
a[2]=1,a[3]=4,0012FF7C
```

程序说明

（1）行尾注释号为①的代码，其中*r=&a[0]，p=&a[1]。

（2）行尾注释号为②的代码，其中*y=a[1]，p=&a[2]。

（3）行尾注释号为③的代码，其中*z=a[2]，a[2]+=1。

（4）行尾注释号为④的代码，其中*a[2]=a[1];p=&a[3]。

注意，程序中结果的输出地址，如 0012FF70 等，不同的系统可能输出的结果是不一致的。

例 6.3 请编写一个使用指针作为形参的函数，实现对内存空间中连续 n 个元素的求和运算功能。

分析

（1）内存中同类型的连续元素，可以用指针很方便地访问。

（2）指针和数组名同样都是表示地址，可以灵活使用。

程序

```
//例 6.3 指针做形参对数组求和
#include<stdio.h>
long sum(long *p,int n)                                 //①
 {  long s=0 ;
    for(int i=0;i<n;p++,i++)
        s+=*p;
    return s;
}
void main()
{   long  a[]={1,2,3,4};
    const int n=sizeof(a)/ sizeof(*a);
    long *q=&a[1];
    printf("%d,\n", sum(a,n));                          //②
    printf("%d,\n", sum(q,n-1));                        //③
    printf("%d\n", sum(&a[2],n-2));                     //④
}
```

运行结果

```
10, 9, 7,
```

程序说明

（1）行尾注释号为①的代码，函数定义为一级指针形参，n 动态界定寻址内存空间的大小。

（2）行尾注释号为②的代码，sum(a,n)求区间{1,2,3,4}的和 10。

（3）行尾注释号为③的代码，sum(q,n-1)求区间{2,3,4}的和 9。

（4）行尾注释号为④的代码，sum(&a[2],n-2)求区间{3,4}的和 7。

注意，程序中 sum 函数的 p++指向 long 型数组的下一个元素，*p 得到该位置元素的值，s+=*p 累积地加上这个元素。

例 6.4 请使用指针作为函数的形参，编写一个函数，通过对指针形参来改变其指向的实参变量的值。

分析

（1）本例涉及对指针和引用的使用介绍。

（2）引用同样也可以作为指针的别名。

程序

```
//例 6.4 指针做形参的函数
#include <stdio.h>
typedef long type,*ptype;                        //①
void f(type* x,ptype y){
    *x+=1;
    *y+=2;
}
void main()
{   long a=1,*pa=&a;                             //②
    type b=2,&rb=b;
    long*& qa=pa;
    ptype  pb(&b),&qb=pb;                        //③
    printf("%d,%d\n",*pa,*pb);
    f(pa,qb);                                    //④
    *qa+=1;
    rb+=2;
    f(&a,&b);
    printf("%d,%d\n",a,b);
}
```

运行结果

```
1,2
4,8
```

程序说明

（1）行尾注释号为①的代码，声明 type 是 long 的别名，ptype 是 long*的别名。

（2）行尾注释号为②的代码，定义 a 为 long 型变量，pa 为 long*型指针，指向 a。

（3）行尾注释号为③的代码，定义指针 pb 初始化&b，声明引用 qb 为指针 pb 的别名。

（4）行尾注释号为④的代码，函数调用 f（pa,qb）；相当于*pa+=1；*pb+=2;。

注意，程序中&符号在不同位置的作用，有的是取地址，有的是引用说明。

例 6.5 请用指针与数组相结合的方法，从二维数组中查找第一个出现的负数，并将其所在的行列位置打印出来。

分析

（1）本例需要首先为每个指针成员分配堆内存。

（2）对于跳转情况的处理，可以采用 goto 语句。

程序

```
//例 6.5 从二维数组中查找第一个出现的负数
# include<iostream.h>
```

```
void main()
{   const int n=3,m=2;                                   //①
    int  d[n][m];                                        //②
    cout<<"input "<<n*m<<" integers:";
    int j; int i;
    for(i=0;i<n;i++)
      for(j=0;j<m;j++)
        cin>>d[i][j];
    for(i=0;i<n;i++)
       for(j=0;j<m;j++)
          if(*(*(d+i)+j)<0)                              //③
          goto  found;                                   //④
    cout<<"not found!"<<endl;
goto  end;
found:  cout<<"d["<<i<<"]["<<j<<"]="<<d[i][j]<<endl;
end:;
}
```

程序说明

（1）行尾注释号为①的代码，n,m 作为数组下标，此处必须用 const 定义。

（2）行尾注释号为②的代码，定义二维数组。

（3）行尾注释号为③的代码，采用指针的间接引用来取得数组的值。

（4）行尾注释号为④的代码，采用 goto 语句直接跳出循环。

注意，程序中 goto 语句的使用，要谨慎，一般情况下，最好少用甚至不用，本例只是为了演示 goto 语句的使用情况。

例 6.6 请编写一个程序，实现对指向二维数组的指针与二维数组之间的灵活转换与应用。

分析

（1）本例对指针与数组之间的关系做进一步分析。

（2）通过指针可以简化重复的寻址计算。

程序

```
//例 6.6 指向二维数组的指针的应用
#include<iostream.h>
void f(float (*q)[4],int m)
{
    for (int k=0;k<m;k++)
    { float*  p=q[k];
     for(int j=0;j<4;j++)                               //①
      cout<<p[j]<<"," ;
    }
}
void main(void)
{
    float d[ ][4]={0,1,2,3,4,5,6,7};                    //②
    int const M=sizeof(d)/sizeof(*d);
    f(d,M);                                             //③
    f(d+1,M-1);                                         //④
}
```

运行结果

```
0,1,2,3,4,5,6,7, 4,5,6,7,
```

程序说明

（1）行尾注释号为①的代码，通过指针简化了重复的寻址计算。

（2）行尾注释号为②的代码，定义浮点型二维数组 d[2][4]。

（3）行尾注释号为③的代码，实参 d 初始化指针形参 q，f(d,M)访问内存区间{0,1,2,3,4,5,6,7}。

（4）行尾注释号为④的代码，d+1 初始化指针形参 q，f(d+1,M-1)访问内存区间{4,5,6,7}。

注意，程序中函数 void f(float (*q)[4],int m)中的数组指针形参，可以等价地改为 void f(float q[][4],int m)二维数组形参形式。

例 6.7 请编写一个函数，利用 void*指针的编程特点，实现强制将 void*型指针转换为 char*型指针的功能。

分析

（1）本例首先分析 void*指针灵活的编程特点。

（2）练习强制将 void*型指针转换为 char*型指针。

程序

```
//例 6.7 void*指针的应用
#include <iostream.h>
void* memset(void* pv, int c,size_t n)                   //①
{   char * pt= (char *)pv ;                              //②
    for(unsigned int k=0;k<n;k++)     *pt++=(char)c;
    return pv;                                           //③
}
void main()
{  char str[] = "123456789abcd";
   cout << str << "  ";
   char* result = (char*)memset(str, '8', 9);            //④
   cout << result << endl;
}
```

运行结果

```
123456789abcd    888888888abcd
```

程序说明

（1）行尾注释号为①的代码，入口指针 pv 指向实参携带的具体类型的地址。

（2）行尾注释号为②的代码，(char *)pv 表示强制将 void*型指针转换为 char*型指针。

（3）行尾注释号为③的代码，返回入口指针 pv 得到的实参的地址。

（4）行尾注释号为④的代码，赋值语句对应 void*型的地址被强制地转换为 char*型的指针 result。

注意，程序中 main()函数调用通过虚实结合，将对应 char*型的地址 str 隐含地转换为 void*型的指针。

例 6.8 动态申请一个一维数组，要求输入为偶数时，采用 new 运算符分配空间，否则采用 malloc 函数分配空间。

分析

（1）之前一维数组的申请中，数组的下标值是预先给定的。

（2）本例需要实现在程序运行中给定数组下标，动态申请数组。

程序

```
//例6.8 new的应用
#include<stdio.h>
#include<malloc.h>
void main(void)
{   int m;
    scanf("%d",&m);                              //①
    int * a,k;
    if (m%2)   a= new int[m];
    else     a=(int*)malloc(m*sizeof(int));      //②
    for(k=0;k<m;k++)
           a[k]=k;
    int *p= a;                                   //③
    for (k=0;k<m;k++,p++)
         printf("a[%d]=%d  ",k,*p);
    if (m%2)   delete [ ] a;
    else       free(a);                          //④
}
```

假设动态输入数据为4，程序运行结果为

a[0]=0 a[1]=1 a[2]=2 a[3]=3

程序说明

（1）行尾注释号为①的代码，数组的维数m动态实时输入。

（2）行尾注释号为②的代码，m为偶数时，用new在堆空间定义int a[m]；m为奇数时，采用malloc来分配空间。

（3）行尾注释号为③的代码，设置另一个指针p遍历访问堆空间。

（4）行尾注释号为④的代码，delete释放new分配的空间，free释放malloc分配的空间。

注意，程序中涉及采用new和malloc分配空间后，要注意程序结束时，采用与之配对的delete和free来回收空间。

6.3 实 验 题

一、基础题

1．分析下列程序，然后根据运行结果补充和修改一些语句，使之输出如图6-1所示的结果。

```
#include<iostream>
using namespace std;
void main()
{
    int a=20,b=40,c=60,temp;
    int &x=a,&y=b,&z=c;
    int *p1,*p2,*p3;
    p1=&a;
    p2=&b;
    p3=&c;
    temp=*p1;*p1=*p3;*p3=temp;
```

```
    cout<<endl;
    cout<<"一、用指向变量的指针形式输出该变量的地址："<<endl;
    cout<<"                                   "<<endl;
    cout<<"      (1) 变量 a 的地址为："<<&a<<endl;
    cout<<"      (2) 变量 b 的地址为："<<&b<<endl;
    cout<<"      (3) 变量 c 的地址为："<<&c<<endl;
    cout<<endl<<endl;
    cout<<"二、用变量的别名输出该变量的值："<<endl;
    cout<<"                                          "<<endl;

    cout<<" (1) 变量 a 的值为："<<a<<       <<"a 的别名的值为："<<endl;
    cout<<" (1) 变量 a 的值为："<<a<<       <<"b 的别名的值为："<<endl;
    cout<<" (1) 变量 a 的值为："<<a<<       <<"c 的别名的值为："<<endl;
     }
```

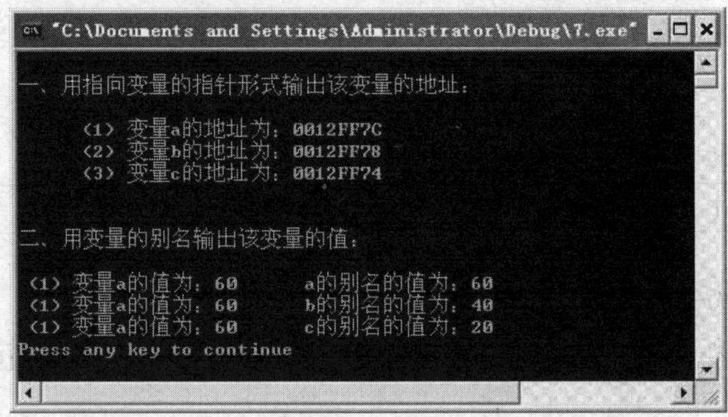

图 6-1 编程题 1 的输出示例

2. 在下列程序中填上适当的语句，完成输出最大值和最小值的功能。

```
#include<iostream>
 using namespace std;
 void comp(int a[])
 {
    int max=0,min=0;
    for(int i=0;i<10;i++){
     ________________________;
     ________________________;
     ________________________;
     ________________________;
     }
     cout<<"最大值为："<<max<<endl;
     cout<<"最小值为："<<min<<endl;
 }

void main()
{
     int a[10],*p;
     p=a;
     for(int i=0;i<10;i++)
```

```
        cin>>a[i];
    comp(p);
}
```

3. 在下列程序中填上适当的语句，完成统计字符个数的功能。

```
#include<iostream>
using namespace std;
void main()
{
    int count=0;
    char *p=new char[]="This is a sapphire pen.";
    while(________________)
    {
      if(*p=='s')
          count++;
        ____________________;
    }
    cout<<count<<endl;
}
```

4. 分析下列程序的运行结果，并对带注释标记的行进行功能注释。

```
#include<iostream>
using namespace std;
void main()
{   int s=0;                                                    //
    int a[3][4]={{1,2,3,4},{5,6,7,8},{9,10,11,12}};             //
    int *p=&a[0][0];                                            //
    cout<<&a[0][0]<<"     "<<a<<"      "<<a[0]<<endl;           //
    cout<<&a[1][0]<<"     "<<a+1<<"      "<<a[1]<<endl;         //
    cout<<&a[2][0]<<"     "<<a+2<<"      "<<a[2]<<endl;         //
    cout<<"-------------------------------------"<<endl;
    for(int i=0;i<12;i++)
     {cout<<&p[i]<<"  ";s++;                                    //
      if(s%4==0)cout<<endl;                                     //
     }
    cout<<"-------------------------------------"<<endl;
     s=0;
     for(i=0;i<12;i++)
     {s++;
     cout<<p[i]<<"          ";                                  //
      if(s%4==0) cout<<endl;                                    //
     }
}
```

5. 上机调试下列程序，掌握二维数组的数组名、数组首地址、二维数组和指针等的异同。

```
#include<iostream>
using namespace std;
void main()
{
int a[2][3]={11,22,33,44,55,66};
int (*p)[3],*q;
cout<<" 二维数组的内容："<<endl;
for(int i=0;i<=1;i++)
```

```
{for(int j=0;j<=2;j++)
  cout<<"a["<<i<<"]"<<"["<<j<<"]="<<a[i][j]<<"   ";
cout<<endl;}
cout<<endl;
cout<<" 二维数组的地址: "<<endl;
for(i=0;i<=1;i++)
{for(int j=0;j<=2;j++)
  cout<<"&a["<<i<<"]"<<"["<<j<<"]="<<&a[i][j]<<"   ";
cout<<endl;}
cout<<endl;
cout<<" 二维数组的首地址: "<<endl;
cout<<"&a[0][0]="<<&a[0][0]<<"  "<<"a="<<a<<"  "<<"&a="<<&a<<"  "<<"a[0]="<<a[0]<<"
"<<"&a[0]="<<&a[0]<<endl;
cout<<endl;
p=a;
cout<<" 二维数组的行地址: "<<endl;
cout<<"p[0]"<<p[0]<<"    "<<"&p[0]="<<&p[0]<<endl;
cout<<"a[0]="<<a[0]<<"   "<<"&a[0]="<<&a[0]<<endl;

cout<<"p[1]="<<p[1]<<"  "<<"p[1]+1="<<p[1]+1<<endl;

cout<<" 二维数组的行地址: "<<endl;
cout<<"p="<<p<<"     "<<"&p:"<<&p<<"     "<<"p[0]="<<p[0]<<"     "<<"p[1]="<<p[1]<<"
"<<p[2]<<endl;
cout<<"a[0]="<<a[0]<<"  "<<"&a[0]="<<&a[0]<<endl;
cout<<"&p[0]:"<<&p[0]<<endl;
cout<<"&p[0][0]:"<<&p[0][0]<<"    "<<&p[0][1]<<"    "<<&p[1][0]<<endl;
cout<<"p[0][0]:"<<p[0][0]<<"  "<<p[1][0]<<endl;
p=&a[0];
cout<<"p:"<<p<<endl;
cout<<"&p:"<<&p<<endl;
cout<<"p[0]:"<<p[0]<<endl;
cout<<"&p[0]:"<<&p[0]<<endl;
cout<<"&p[0][0]:"<<&p[0][0]<<endl;
cout<<"p[0][0]:"<<p[0][0]<<endl;
q=a[0];
cout<<"q::"<<&q<<endl;
cout<<"&q:"<<&q<<endl;
cout<<"&q[0]:"<<&q[0]<<endl;
cout<<"q[0]:"<<q[0]<<endl;
}
```

二、编程题

1. 已知一个数组 a[10]，并在其中保存了下列数据：

6、12、34、56、78、89、90、409、800、2300

要求：（1）从键盘上任意输入一个整数，并将该数插入到数组的合适位置（用指针完成）。

（2）打印出插入前和插入后的数组内容。

2. 用字符指针数组将给定的多个字符串（可以是任意 5 个国家的名字）进行排序并输出。输出示例如图 6-2 所示。

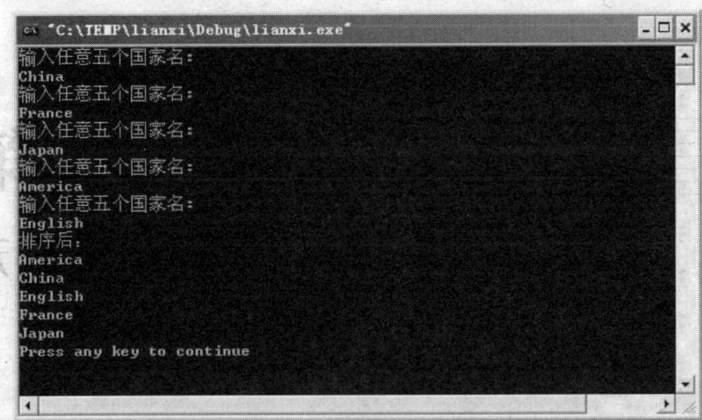

图 6-2　编程题 2 的示例输出

3. 已知有 3 名学生及 5 门课程的成绩，要求根据输入的编号和课程号输出该学生此门课程的成绩（用数组指针完成）。

第7章 类和对象

7.1 《C++高级语言程序设计》习题答案

7.1　答：构造函数是类的一个特殊的成员函数，它负责实现对象的创建和初始化工作。构造函数在对象被创建的时候由系统自动调用执行。

7.2　答：没有。

7.3　答：当对象消失时，系统自动调用析构函数来释放对象所占的内存空间。

7.4　答：

```
Test::Test(int count)
{;
}
```

7.5　答：复制构造函数就是函数的形参是类的对象的引用的构造函数，其作用是使用一个已经存在的对象（由复制构造函数的参数指定的对象）去初始化一个新的同类的对象。复制构造函数与原来的构造函数实现了函数的重载。

通过等于号复制对象（两个对象都已经存在）时，系统会自动调用重载的赋值运算符，进行对象复制。

复制构造函数在创建对象时调用，因为此时对象还不存在，如果需要申请堆空间，只需要申请新的空间，而不需要释放空间。赋值运算符在对象已存在的条件下调用，如果需要申请堆空间，需要先释放原对象占用的空间，然后申请新的空间。

7.6　答：能。

7.7　答：一个类表示现实生活中的一类事物，是抽象的；对象是一类事物中的一个具体的个体，即对象是类的一个具体的实例。类和对象的关系相当于普遍与特殊的关系。在C++中，类是一个自定义的数据类型，对象是该数据类型的一个变量。

7.8　答：是。

7.9　答：复制构造函数在以下3种情况下都会被调用。

（1）用类的一个对象去初始化该类的另一个对象时。

（2）如果函数的形参是类的对象，调用函数中进行形参和实参结合时。

（3）如果函数的返回值是类的对象，函数执行完成返回调用者时。

7.10　答：在类声明时，采用static关键字来声明的数据成员叫静态数据成员；它的特点是：每个类只有一个拷贝，由该类的所有对象共同维护和使用，从而实现了同一类的不同对象之间的数据共享。

7.11　答：友元函数是在类声明中由关键字 friend 修饰的非成员函数。在类的声明中可以由关键字 friend 声明另一个类为本类的友元，这时称为友元类。友员关系不传递。

7.12　答：可以。

7.13　答：this 指针指出了成员函数当前所操作的数据所属的对象。

7.14　答：两个错误如下。

（1）类定义结束时，没有写分号“;”。

（2）语句 p.x+=5;和 p.y+= 6 直接使用了类的私有成员。应该改为

```
p.Set(p.xOffset()+5,p.yOffset()+6);
```

7.15　答：结果为

```
Starting1…
Default constructor called.
Default constructor called.
Default constructor called.
Ending1…
Starting2…
Constructor a=1,b=2
Constructor a=3,b=4
Constructor a=5,b=6
Ending2…
Destructor called. a=5,b=6
Destructor called. a=3,b=4
Destructor called. a=1,b=2
Destructor called. a=5,b=6
Destructor called. a=3,b=4
Destructor called. a=1,b=2
```

先构造数组 a，再构造数组 b。析构顺序与构造顺序相反，先析构数组 b，再析构数组 a。

7.16　答：

（1）该程序中调用包含在 string.h 中的 strlen、strcpy、strcat 函数。

（2）有函数重载，构造函数重载了。

（3）Setc()函数的功能是给字符串中的第 index 个字符设置值 newchar。

（4）Getc()函数的功能是取字符串中的第 index 个字符的值。

（5）Append()函数的功能是把函数参数指定的字符串追加到本字符串的后面。

（6）不可以。

（7）该程序中有 2 处使用了 new 运算符。

（8）运行结果如下。

```
empty.
a string.
9
a stping
i
thisa string.
```

7.17　参见补充题 7.1

7.18　参见补充题 7.3

7.19　参见补充题 7.11

7.20　参见补充题 7.12

7.21　参见补充题 7.12

7.22 参见补充题 7.6。但静态数据成员和静态成员函数名称和习题中不同。

7.23 答：C++的运算符扩展到自定义类型和类类型的领域中，使用运算符重载可以使 C++代码更直观、更易懂，函数调用更方便、更简洁。

7.24 参见补充题 7.13。

7.25 答：程序可以运行。但运行结束时会出现内存错误。因为 Name 所指的内存被释放了 2 次。

7.2 编程案例及参考例程

例 7.1 声明一个 Triangle 类，这个类将直角三角形的底边长度和高作为私有成员，类中包含设置这些值的构造函数。两个成员函数：hypot()返回直角三角形斜边的长度，area()返回三角形的面积，并编写主函数测试所实现的类。

分析

对一般的数学运算，使用 double 类型即能满足精度的需要，而不用考虑溢出的问题。用到的主要算法：直角三角形的斜边的长的平方等于两条直角边的平方和。

程序

```
//例 7.1 直角三角形类的定义及测试
#include <math.h>
#include <iostream>
using namespace std;
class Triangle
{
public:
    Triangle( double bt=0,double hg=0): bottom(bt), high(hg) {}
    double hypot(){ return sqrt( bottom*bottom+high*high ); }
    double area() { return 0.5*bottom*high; }
private:
    double bottom;
    double high;
};
int  main(){
    Triangle ang( 3,4 );
    cout<<"直角三角形的斜边长: "<<ang.hypot()<< endl;  //输出 5
    cout<<"直角三角形的面积为: "<<ang.area()<<endl;    //输出 6
    return 0;
}
```

运行结果

```
直角三角形的斜边长：5
直角三角形的面积为：6
```

例 7.2 设计一个学生类，定义一个学生类对象，跟踪运行，理解类和对象的区别，查看内存中的变化。

分析

设计一个类的工作类似于对一个现实中的对象进行建模。类背后蕴含的基本思想是数据抽象与封装。

数据抽象是一种把接口和实现分离的编程技术。类设计者必须关心类是如何实现的。使用类的人不必了解类的实现细节，他仅需了解类型的接口。

封装是一项将低层次的元素组合起来形成新的、高层次实体的技术。函数是封装的一种形式。函数所执行的细节行为被封装在函数本身这个更大的实体中。被封装的元素隐藏了它们的实现细节，而类是比函数更高级的封装的实体。

以现实生活中的学生为例，对一个学生的身份建模时，要抽象出其最基本的特征。与一个学生的身份相联系的现实需求有：给其设置一个编号即学号，设置或修改其专业，为其建立一个学生的基本档案等。这些操作设计中，涉及学生的属性有：学号、姓名、年龄、性别、专业。

因此，此处设置以下成员函数。

getInfo()：获取学生的基本信息

setInfo()：设置学生的基本信息

modifyProfession ()：修改学生的专业信息

对应的属性为：

```
ID, name, age, sex, profession
```

声明类的时候仅定义了一个数据类型，没有为它分配存储空间，只有在定义对象（object）时，才根据类的描述为对象分配存储空间。对象是在其类模板的基础上建立起来的，很像根据建筑图纸来建楼，同样的图纸可用来建许多楼房，而每栋楼房是一个对象。应该注意，类定义了对象是什么，但它本身不是一个对象。在程序中只能用类定义的一个实例对象，但可以有几个对象作为该类的实例。

程序

```
//例 7.2 学生类的定义与测试
//头文件 student.h  类的定义
#include <string>
#include <iostream>
class student{
student(){;}   //定义一个不带参数的默认构造函数，注意格式
void getInfo(){
    std::cout << "student’s Info:" << name << id << age << sex << profession << std::endl;
    }
bool setInfo(std::string na,unsigned id, unsigned ag, std::string se, std::string pr){
    this->name=na;
    this->id=id
    this->age=ag;
    this->seg=se;
    this->profession=pr;
    return true;
    }
bool modifyProfess(std::string pro){
    this->profession=pro;
    return true;
    }
private:
    std::string name;
    unsigned id;
    unsigned age;
    std::string sex;
```

```
    std::string profession;
};  //类定义必须以 ";" 结束

//主程序 student.cpp
#include "student.h"
using namespace std;
int main(){
    student a;                  //定义一个学生对象，在栈中给它分配存储空间
    student *p=new student;     //定义一个学生对象，在堆中给它分配存储空间
    p->setInfo("zhaoming",105111,20,"man","communication engineering");
    a.setInfo( "liming",105115,20,"man","communication engineering" );
    a.getInfo();                //输出
    a. modifyProfess( "computer science" );
    a.getInfo();                //输出
    p->getInfo();               //输出
    return 0;
}
```

运行结果

```
3 次输出为
liming 105115 20 man communication  engineering
liming 105115 20 man computer  science
zhaoming 105111 20 man communication  engineering
```

程序说明

程序运行，首先找 main 函数里的第一条语句开始执行，遇到对象定义，给对象分配存储空间，并自动调用构造函数做初始化（跟踪运行可以看到），顺序执行后面的程序语句，直到 main 函数结束。如果跟踪运行，可以看到，通过对象或对象指针调用成员函数，则执行成员函数的语句，成员函数结束后，返回 main 函数，继续执行下一条语句。

this 指针指向当前对象，因为我们总是通过对象调用公有成员函数，公有成员函数可能再调用其他成员函数。在成员函数的实现代码中，this 指针也可以省略不写。

例 7.3 声明一个类 Circle，包含数据成员 Radius（半径）和计算周长和面积的成员函数，并构造 Circle 的对象，测试类的作用域。

分析

每一个类都定义了自己的新作用域和唯一的类型。在类的声明体内声明的类成员，将成员名引入类的作用域。两个不同的类具有不同的类作用域。对类的成员定义时，如果在类的定义体之外，则必须在成员名前指定成员出自哪个类，从而在定义成员时即为在该类的作用域中进行。一个类的任何成员函数都能访问同一类的任何其他成员。

面向对象的一个特征即数据封装。在类作用域外，对一个类的数据成员或函数成员的访问受公有属性、函数的控制，从而避免了使用者对私有对象的访问与修改，起到保护数据对象的作用。一般来讲，设计类的时候，把体现类的属性的数据成员作为私有成员或保护成员，而对其值的修改、访问需要通过公有函数实现。在模块化程序设计中，类是重要的模块，所以，任何一个类至少要有一个公有函数，否则该类就无法与其他代码发生调用关系。

程序

```
//例 7.3  定义 Circle 类对象，并测试类的作用域
#include <iostream>
```

```
using namespace std;
class Circle
{
public:
     Circle(double rd=0): radio(rd) {}
     double get_circle(){ return 2*get_pi_radio(); }
     double get_eara(){ return radio*get_pi_radio(); }
protected:
//定义在该范围的成员，不能被类的用户访问，就像private；但可以被该类的派生类访问
     double pi;
     double get_pi_radio(){ return pi*radio; }
private:
     double radio;
};
double Circle::pi=3.1415926;

int main()
{
     Circle c1(4), c2(5);
     cout<<c1.get_circle()<<endl;            //输出周长 : 25.1327
     ///cout<<c1.get_pi_radion()<<endl;  //报错
     ///cout<<c2.pi<<endl;                   //报错
     cout<<c2.get_eara()<<endl;            //输出面积 : 78.5398
     return 0;
}
```

程序说明

程序中会报错的语句已经在语句开始位置加了注释符。报错的原因是：在类的外部只能通过对象访问公有成员，不能访问私有成员和保护成员。

例 7.4 假定一个类名为 Test，它带有一个名为 count 的 int 参数，说明怎样声明一个构造函数。测试程序要包含对象及对象数组。

分析

对一个用户定义的类，至少有一个与之对应的同名的构造函数。构造函数用于初始化对象的数据成员，系统会自动调用。如果设计的类没有写任何构造函数，系统就会自动生成一个不带任何参数的默认构造函数；如果设计的类带有构造函数，系统就不会再为类生成默认构造函数了。一般构造函数可以有各种参数形式，一个类可以有多个构造函数，前提是参数的个数或者类型不同，构成函数重载。

题目要求，Test 类的构造函数带有一个参数，这很简单。但是，因为类有构造函数，系统就不会再为类生成默认构造函数了，而使用对象数组需要一个无参构造函数，有两个解决办法，方法一：给参数一个默认值；方法二：另定义一个不带参数的构造函数，两个构造函数构成重载。两种方法选其一，不能同时使用，请读者自己思考原因。

程序

```
//例 7.4 同时测试对象及对象数组
//test.h 头文件，类的定义
class Test{
public:
     Test( void ) {}   //不带任何参数的默认构造函数
     Test( int count ) { val=count ;}
```

```
        int getValue( ) { return val; }
        void setValue(int v) { val=v ; }
    private:
        int val;
    };
    //main.cpp
    #include "test.h"                     //包含对应类的头文件，使用其中的类
    #include <iostream>
    using namespace std;
    void main( ){
        Test a[5];                        //调用无参数的构造函数
        Test b(2);                        //调用带 int 参数的构造函数
        cout<< a[0].getValue() << endl;   //该输出结果为运行环境给出的默认值。随运行环境而改变。
        cout<< b.getValue() << endl;      //输出 2
        a[0].setValue( 5 );
        cout<< a[0].getValue() << endl;   //输出 5
    }
```

程序说明

本程序进行了构造函数重载，在定义对象时，系统会根据对象需求自动寻找相匹配的构造函数。使用对象数组时的初始化，必须调用无参构造函数，或带默认参数值的构造函数。

例 7.5 声明员工类，员工信息包括：工作证号 id，姓名 name，年龄 age，工资 salary，参与的工作项目 project。如果工作项目 project 定义为字符指针 char*类型，如何实现构造函数、析构函数、复制构造函数、赋值运算符重载？

分析

定义一个对象的时候要给它分配存储空间，在对该对象的使用结束后，就需要调用析构函数来释放分配给它的资源。如果类中没有定义对应的析构函数，则编译环境会自动生成一个，但不做任何事情。

如果类的数据成员需要在构造函数中为它分配堆存储空间，则需要为该类定义一个析构函数，释放堆空间。一般来讲，这种情况下还需要为类定义复制构造函数，并重载赋值运算符。

程序

```
    //例 7.5 员工类的定义与测试
    //employ.h 头文件，类的定义
    #include <string>
    #include <string.h>
    #include <iostream>
    class employ{
    public:
    typedef unsigned long Ulong;              //使用 typedef 定义别名来简化代码量
    employ(){                                 //无参构造函数
        name(""); id(0); age(0); salary(0);project(0);
    }
    employ(std::string nam, Ulong eId, unsigned age, float sal,char* proj){
        name(nam);id(eId);age(age);salary(sal) ;
        project=new char[strlen(proj)+1];     //先申请空间
        strcpy(project, proj);                //再复制字符串内容
    }
    ~employ(){                                //析构函数
```

```
    if( project )
        delete project;
}
//const 修饰符表示被修饰对象的数据值不能改变
employ( const employ& one){     //复制构造函数
    this->name=one.name;
    this->id=one.id;
    this->salary=one.salary;
    this->project=new char[ strlen(one.project)+1 ];
    strcpy(this->project, one.project);
}
employ& operator=(const employ& one){
    if( this!=&one ){              //只在不同对象之间进行赋值操作
        this->name=one.name;
        this->id=one.id;
        this->salary=one.salary;
        if(this->project) delete[] this->project;
        this->project=new char[ strlen(one.project)+1 ];
        strcpy(this->project, one.project);
    }
    return *this;                  //必须返回*this
}
void printInfo(){
    std::cout<< "name: "<<name<<";Id: "<<id<<";age: "<<age<<";salary: "<<salary<<";
project: "<<project<<std::endl;
}
//重载 printInfo 函数
void printInfo( char*  item){
    switch( item ){
        case "name":
            std::cout<<name<<std::endl;
            break;
        case "Id":
            std::cout<<id<<std::endl;
            break;
        case  "salary":
            std::cout<<salary<<std::endl;
            break;
        default:
            printInfo();           //调用之前定义的printInfo()
            break;
    }
}
private:
    std::string name;
    Ulong id;
    unsigned age;
    float salary;
    char *project;                 //参与的项目名称
};
//main,cpp 测试程序
#include "employ.h"
using namespace std;
```

```
void main(){
    employ b;                //调用无参构造函数
    employ a("liming",101105,24,8000,"C++");
    employ c(a);             //调用复制构造函数
    a.printInfo();           //输出下列信息: "liming",101105,24,8000,C++
    c.printInfo();           //输出与上相同
    c.printInfo("Id");       //调用带 char* 参数的 printInfo, 输出 101105
    b.printInfo();           //输出信息: 空格,0,0,0,
    b=a;                     //调用赋值运算符
    b.printInfo();           //输出下列信息: "liming",101105,24,8000,C++
}
```

程序说明

复制构造函数与赋值运算符之间有以下关系。

（1）复制构造函数在创建对象时调用，因为此时对象还不存在，只需要申请新的空间，而不需要释放空间。

（2）赋值运算符在对象已存在的条件下调用，因此需要先释放原对象占用的空间，然后申请新的空间。

例 7.6 设计一个 Pen 类，拥有静态数据成员，记录 Pen 的数目，以及静态成员函数。编写程序测试这个类，体会静态数据成员和静态成员函数的用法。

分析

类的静态数据成员（Static Data Members）是由该类的所有对象共同维护和使用的数据成员，每个类只有一个副本，它是类的数据成员的一种特例，采用 static 关键字来声明，用来实现同一类的不同对象之间的数据共享。注意：静态数据成员要在类的外部进行初始化。

静态成员函数（Static Member Function）就是使用 static 关键字声明函数成员。同静态数据成员一样，静态成员函数也属于整个类，由同一个类的所有对象共同维护，为这些对象所共享。可以通过类名或对象调用。注意：static 函数没有 this 指针，不可调用类中的非静态成员。

程序

```
//例 7.6 静态数据成员和静态成员函数的使用
//pen.h 头文件: 用于声明 Pen 类
#include <string>
class Pen{
public:
    Pen(std::string type,float pri,long st){
        type(tp); price(pri); stock(st);
        TotalStock = TotalStock + stock;
    }
    ~Pen(){TotalStock = TotalStock - stock;}
    void printInfo();
    void static  printTotalStock();      //静态函数成员的声明
private:
    std::string type;
    float price;
    long stock;
    static long TotalStock;              //静态数据成员的声明
```

```
};
//pen.cpp : 用于定义 Pen 类的具体方法
#include "pen.h"
#include <iostream>
using  namespace std;
Pen::TotalStock=0;          //静态数据成员在类外定义（即分配空间和初始化），static 可省略不写
void Pen::printInfo(){
     cout<<type<<price<<stock<<TotalStock<<endl;
}
void Pen:: printTotalStock(long st){
     cout<<"TotalStock:"<<TotalStock<<endl;
}
//main.cpp 主程序
#include "pen.h"  //包含对应类的头文件，使用其中的类
void main(){
         Pen::printTotalStock( );    //通过类名调用静态成员函数
         Pen pencil( "pencil",1.0,100);
         Pen bush("bush",5.0,50);
         pencil.printInfn() ;        //输出内容：pencil 1.0 100 100
         bush.printInfo();           //输出内容： bush 5.0 50  150
         Pen::printTotalStock( );    //通过类名调用静态成员函数
}
```

运行结果

```
TotalStock:0
pencil 1.0 100 100
bush 5.0 50  150
TotalStock:150
```

程序说明

一般来讲，通过静态成员函数访问静态数据成员。

例 7.7 定义教师类和学生类，教师可以修改学生成绩，用一个成员函数来实现，该函数必须定义成学生类的友元吗？

分析

友元（Friend）是可以访问类的私有成员和保护成员的特定的外部函数或类。

通过友元的方式，一个普通函数或者类的成员函数或者类可以访问封装于某个类中的私有数据，这相当于给类的封装开了一个小小的孔，通过它可以看到类内部的私有数据。从这个角度来讲，友元是对数据隐藏和封装的破坏。但是考虑到数据共享的必要性，为了提高程序的效率，很多情况下这种小的代价也是必要的，关键是掌握好度。

程序

```
//例 7.7 友元的使用
//head.h 定义两个类：teacher，student
#pragma once
#include <string>
#include <iostream>
class student; //注意，在 teacher 类需使用 student 对象，故需先声明
class teacher
{
public:
    teacher(std::string str=std::string(), std::string num=std::string())
```

```
        : name(str), id(num){};
    ~teacher(){;}
    void monitor_score( student& a, float tgt_sce );    //修改学生成绩，需要声明为student的友元
    void change_score( student& a, float tgt_sce );     //如果不是student的友元如何修改学生成绩
    void print_info()
    {
        std::cout<<"teacher's name: "<<name<<"\tID: "<<id<<std::endl;
    }
private:
    std::string name;
    std::string id;
};

class student
{
public:
    //声明teacher类的一个方法为友元
    friend void teacher::monitor_score( student& a, float tgt_sce );
    student(std::string nm=std::string(), float se=0.0)
        :name(nm), score(se) {}
    student( const student& cp ) //copy constructor function
    {
        this->name=cp.name;
        this->score=cp.score;
    }
    student& operator=( const student& cp )
    {
        if( this!=&cp )
        {
            this->name=cp.name;
            this->score=cp.score;
        }
        return *this;
    }
    ~student(){}
    std::string get_name() const {   return name;   } //use const to avoid user modify score
    void print_info()
    {
        std::cout<<"student's name: "<<name<<"\tscore:"<<score<<std::endl;
    }
private:
    std::string name;
    float score;
};
//teacher.cpp 定义teacher类的两个方法
void teacher::monitor_score( student &a, float tgt_sce )
{
    a.score=tgt_sce;  //直接给student类实例赋值
}

void teacher::change_score( student& a, float tgt_sce)
{
```

```
    //std::string name_a=a.get_name();
    //student b=student( name_a,tgt_sce );
    //a=b;
    //以下代码即上面 3 行注释代码的简写
    a=student( a.get_name(),tgt_sce );
}
//main.cpp  主函数，测试 teacher 类中方法对 student 类中数据能否正常修改
#include "head.h"
void main()
{
    student a("liming",98), b("wanghua",78.5);
    teacher t("Miss Li","10010");
    a.print_info();          //输出: student's name:  liming score:98
    b.print_info();          //输出: student's name:  wanghua    score:78.5
    t.print_info();          //输出: student's name:  Miss Li    ID:10010
    t.monitor_score( a,95 );  //修改分值
    a.print_info();          //输出: student's name:  liming score:95
    t.change_score( b,89.5 ); //修改分值
    b.print_info();          //输出: student's name:  wanghua    score:89.5
}
```

例 7.8 可不可以把类的成员定义为常量？举例说明。

分析

C++中的常量修饰符为 const。凡是由 const 修饰的数据成员为常数据成员，表示只能在初始化时为该成员赋值，之后不可重新被赋值。所以在构造函数中必须给常数据成员初始化为一个确定的值。

类的成员函数也可以定义为常成员函数，在类的外部通过常对象只能访问常成员函数，这种应用不常见，常对象更多的时候是用于做函数参数传递。常成员函数不能更新对象的数据成员，也不能调用该类中的非常成员函数，但可以和普通成员函数构成重载。

程序

```
//例 7.8 常对象、常数据成员、常成员函数
//book.h : 定义一个图书类
#include <string>
class book{
public:
    //带默认形参的构造函数
book( std::string  tit="unknow", std::string id="unknow",float pri=0,float dc=1):
    title(tit),isbn(id),price(pri) //初始化列表，常成员的初始化必须写在初始化列表中
        { discount=dc;}
    void setDiscount( float dc ){ this->discount=dc;  }
    float getDiscount( ) { return this->discount;  }
    float getTitle( ) { return this->title;  }
    float getISBN( ) { return this->isbn;  }
    float getPrice( ) { return this->price;  }
    void printInfo() const{ //常成员函数，函数体内只能读取数据成员的值
        cout<<"Title: "<<title<<", ISBN: " <<isbn<<", Price: " <<price*discount<<endl;
    }
private:
    const std::string  title;
```

```
    const std::string  isbn;
    const float price;
    float discount;
};
//main.cpp : 主程序
#include  "book.h"
#include  <iostream>
using namsspace std;
void main(){
    book  history( "Ming Dynasty those things", "UW200712120001",50);
    history.setDiscount(0.95);
    cout<< history.getTitle();
    cout <<", the ISBN is "<<history.getISBN();
    cout<<", sales $"<< history.getPrice()*history.getDiscount() << endl;
    book const  program( "C++ Programing", "UW201202010123",30,0.8);
    ///program.setDiscount(0.9);//报错
    cout<<program.printInfo()<<endl;
}
```

运行结果

```
Ming Dynasty those things, the ISBN is UW200712120001, sales $47.5
Title: C++ Programing, ISBN: UW201202010123, Price: 24
```

程序说明

常数据成员必须在初始化时赋值，以后不能更改，所以不要使用默认参数值。常数据成员的初始化必须写在初始化列表中。简单地给普通成员赋值也可以写在初始化列表中。

常成员函数一般是为了常对象的访问专门定义的，常对象的所有数据成员的值不能被修改，所以不能调用普通的成员函数，也因此常成员函数代码只能读取数据成员的值而不能修改其值。

例 7.9 某函数实现的功能是：比较两个学生的成绩，把成绩好的学生的姓名和成绩输出。如果通过值将对象传递给函数，就会创建对象副本。函数返回时是否销毁该副本？对象的引用做函数参数，情况又会怎样？

分析

通过值将对象传递给函数，就会创建对象副本，即重新在系统给该函数分配的内存中声明一个区间并将传递过来的值放置到其中。而函数返回后，系统分配给它的资源会全部被收回。故该对象副本也被销毁。

不适宜使用复制副本方法的情况如下。

（1）需要在函数中修改实参的值。

（2）对象的结构过于庞大，复制对象付出的成本高昂。

（3）对象不能进行正常复制。

而使用对象的引用做参数时，在实际调用函数过程中该实参直接关联到传递的对象本身，并没有进行新的资源分配等工作。该实参即原传递对象本身。任何对其进行的操作都回影响到原传递对象。因此使用引用形参基本能解决以上 3 种问题。

程序

```
//例 7.9 比较两个学生结构体中的成绩，输出成绩好的学生的信息
#include <string>
#include <iostream>
using namespace std;
//定义一个结构体 structure，其与 class 的区别是结构体中的所有属性默认为 public
```

```
struct _student
{
    string name;
    string id;
    float score;
    //constructor function for _student
    _student(string ne, string dd, float se): name(ne), id(dd), score(se) {}
    //在结构体定义体内部中使用结构体的实例时，需在前加 struct 修饰符
    _student& operator=( const struct _student& st )
    {
        if( this!=&st )
        {
            this->name=st.name;
            this->id=st.id;
            this->score=st.score;
        }
        return *this;
    }
    friend ostream& operator<<( ostream& out,const struct _student& st);
};
ostream& operator<<( ostream& out,const struct _student& st)
{
    out<<"["<<st.name<<" | "<<st.score<<"] ";
    return out;
}

 _student a("liping","B101",89), b("xiaoqi","B102",100);

_student select_optimize( const _student& m1, const _student m2)
{
    cout<<"reference data:  "<<m1<<"  memery position( stack ): : "<<&m1<<endl;
    cout<<"unreference   : "<<m2<<"  memery position( stack ): : "<<&m2<<endl;
    return m1.score>m2.score? m1:m2;
}

void main()
{
    //注意以下所有的 memery position 的值随机器而变化
    cout<<"source data a:   "<<a<<"  memery position( stack ): : "<<&a<<endl;
    //输出：source data a: [liping | 89]  memery position(stack): 0041D1B8
    cout<<"source data b:   "<<b<<"  memery position( stack ): : "<<&b<<endl;
    //输出：source data b: [xiaoqi |100]  memery position(stack): 0041D170
    _student max=select_optimize( a,b );
    //程序输出 select_optimize 中内容如下
    //reference data: [liping | 89]  memery postion(stack):0041DB8
    //unreference data:[xiaoqi | 100]  memery postion(stack):0012FDAC
    cout<<"max_score data:  "<<max<<"  memery position( stack ) :  "<<&max<<endl;
    }
    //输出：max_score data: [xiaoqi | 100]  memery position(stack): 0012FED8
```

程序说明

程序先定义了结构体 _student。之后，定义了两个全局的 _student 结构体对象 a, b 在主函数 main() 中，依次输入 a,b 的值与其在内存中的地址。

之后，在 select_optimize()函数中，分别打印按引用传递的参数 m1 和按值传递的参数 m2 的值和内存中的地址。从输出接口可以看出，在 memery position 的值上，a 对应的值与 reference data 的一定相等，而 b 对应的值与 unreference data 的一定不同 。为什么？而函数的返回值 max 实际为 a,m2 中分值较大者 m2 的副本（即值传递，重新生成了一个_student 对象存放原 m2 的数据），故其 memery postion 与 m2 的不等。

程序中重载了运算符“<<”，以便直接输出学生结构体。

例 7.10 设计并实现一个简单的字符串处理的类 TString。

分析

标准 C++语言的数据类型没有字符串类型，只能使用字符数组或字符指针处理字符串，为了使用的方便，可以用类自己定义一个字符串类型。虽然各种集成开发环境提供了字符串类库，但是有时为了程序的可移植性，并不使用开发环境提供的类库，而是自己开发一套工具型的类库。

简单的字符串类设计为：用字符指针存储字符串，并用一个整数保存字符串的字符个数；对字符串进行操作的函数可以有：在字符串末尾再添加一些字符，在字符串中查找某个字符，把字符串中某个字符替换为新的字符，等等。

在进行程序设计时，一个类即可看做一个最小的模块，在设计时可以将该类的定义作为一个单独的文件存放，将类的方法实现作为另一个文件存放，将调用该类的程序单独用一个文件，构成多文件系统。这对于可读性、可维护性、重用性都有益处。

在大多数例子中，main 函数中的代码仅仅是测试类的设计和实现的正确性，在实际大型工程项目中，如何使用类要根据实际需求决定，不一定要调用类中所有的函数，类的某个函数在该工程项目中没有被调用，可能在另一个工程项目中会被使用，所以，设计类的时候要尽量考虑周全，读者可以在示例代码的基础上补充。

程序

```
//例 7.10 简单的字符串处理的类 TString
//TString.h  头文件，类的声明
#include <iostream>
using namespace std;
class TString
{public:
      TString()
      {    Length=0;
           Buffer=0;
      }
      TString(const char *str);
      void Setc(int index, char newchar);
      char Getc(int index) const;
      int GetLength() const {return Length;}
      void Print() const
      {    if(Buffer==NULL)
                  cout<<"empty"<<endl;
           else
                  cout<<Buffer<<endl;
      }
      void Append(const char * Tail);
```

```
    ~TString(){delete [] Buffer;}
private:
    int Length;
    char *Buffer;
};
//TString.cpp类的实现代码
#include "TString.h"
#include <string.h>
TString::TString(const char *str)
{      Length=strlen(str);
    Buffer=new char[Length+1];
    strcpy(Buffer,str);
}
void TString::Setc(int index, char newchar)
{   if(index>0 && index<=Length)
        Buffer[index-1]=newchar;
}
char TString::Getc(int index) const
{      if(index>0 && index<=Length)
            return Buffer[index-1];
    else
            return 0;
}
void TString::Append(const char *Tail)
{      char *tmp;
    Length+=strlen(Tail);
    tmp=new char[Length+1];
    strcpy(tmp,Buffer);
    strcat(tmp,Tail);
    delete[] Buffer;
    Buffer=tmp;
}
//main710.cpp 测试程序
#include "TString.h"//只要包含类的声明就知道了类的接口信息，不需要知道类的实现
void main()
{   TString s0, s1("a string.");
    s0.Print();
    s1.Print();
    cout<<s1.GetLength()<<endl;
    s1.Setc(5,'p');
    s1.Print();
    cout<<s1.Getc(6)<<endl;
    TString s2("this is ");
    s2.Append("a string.");
    s2.Print();
}
```

程序说明

该程序使用了 string.h 中的 strlen ,strcpy, strcat 函数。

size_t strlen(char* str): 计算 char 型字符串的长度，以'\0'为结束符。返回长度。

char* strcpy(char* dst,const char* src): 复制字符串 src 到字符串 dst，以'\0'为结束符。返回 dst 指针。

char* strcat(char* str1, const char* str2): 函数将字符串 str2 连接到 str1 的末端，并返回指针 str1。

该程序中构造函数实现了重载。函数重载即名字相同、用法有差异的一组函数的集合。重载的类型有以下几种。

（a）函数的形参表不同。形参表差异包括：不同类型，引用和指针有无 const 修饰符。

（b）对类对象，有相同形参的非常量成员函数与常量成员函数可以构成重载。

注意

返回类型不同并不构成重载。

Setc()函数的功能为：对非空的对象成员 buffer，将合法的（注意合法的判断准则）索引号处的字符替换为给定字符。

Getc()函数的功能为：对非空的对象成员 buffer，获取对应合法的索引号的字符；否则返回 0。

Append()函数的功能为：将目标字符串串接到对象成员 buffer 的末尾，并修改字符串 buffer 的长度（注意 strcpy 时，长度为字符串实际的长度再加 1，以腾出空间存放结尾标志'\0'）。

函数 Print()中不用 if 语句，只写下面一条语句，

```
cout<<Buffer<<endl;
```

也是可以的。当 Buffer 为 NULL 时输出空行。

例 7.11 创建一个集合类 Set，集合中任何两个元素都不相同。集合支持以下运算：①增加元素到集合中；②从集合中删除元素；③计算集合的并集；④计算集合的差集。

分析

从类 Set 要求提供的操作可知，至少需要一些成员函数：

```
bool addItem(const itemType& elem )
itemType delItem(const itemType&elem )
Set unionSet(const Set&a, const Set& b)：返回一个新的集合类 Set
Set diffSet(const Set&a, const Set& b)
```

而从对这个操作的要求来看，会经常发生比较集合类元素的操作，为了使代码简化、可重用性强，提炼出一个用于比较的成员函数 bool cmpItem(const itemType& elem1, const itemType& elem2)。

集合类 Set 至少需要有以下数据成员：

一个存放集合类元素的队列，命名为 items。

另外，当前集合类元素的个数的信息也很有必要保存，故存放一个长度信息，定义为 long length。

假设集合的元素只支持 int 类型。

程序

```
//例 7.11 集合类 Set 的定义及测试
//Set.h 集合类的声明及部分函数的实现
#pragma once
#include <string>
#include <iostream>
#include <string.h>
const unsigned SIZE=100;
class Set
{
public:
    //重载输出运算符，声明为友元
    friend std::ostream& operator<<(std::ostream& out, const Set& s);
```

```
    //定义类型别名
    typedef char* ItemType;
    typedef char Atom;
    //声明并定义默认构造函数
    //注意：在类内部定义的函数默认为内联（inline）函数
    Set(unsigned sz=SIZE,unsigned l=0): length(l),size(sz){
        initItems( items );                //调用初始化指针的函数
    }
    Set(const Set& s);                     //声明复制构造函数
    Set& operator=(const Set& s);          //声明重载赋值运算符
    ~Set(){                                //声明并定义析构函数
        delItems();
        delete[] items;
    }
    bool addItem(ItemType e);              //声明添加成员的函数成员
    bool delItem(ItemType e);              //声明删除成员的函数成员
    Set unionSet(const Set& a);            //声明求 Set 对象间并集的函数成员
    Set diffSet(const Set& a);             //声明求 Set 对象间差集的函数成员
private:
    /* 声明并定义用于重写 Set 对象的 items 的一个指针值（即一个数据原子）的功能函数。因为仅仅提供
给 Set 类使用，故声明为 private 类型。以下同理。*/
    bool rewriteItems(ItemType& dst,const ItemType src){
        if(dst)  delete[] dst;
        size_t sz=strlen( src );
        dst=new Atom[sz+1];
        if( dst ){
            strcpy(dst,src);
            return true;
        }
        else
            return false;
    }
    //声明并定义删除 Set 类对象的所有数据的功能函数
    void delItems(){
        for(unsigned i=0; i<length; ++i)
            delete []items[i];
        //delete []items;
    }
    //声明并定义初始化 Set 类数据指针的功能函数
    bool initItems(ItemType* &dst){
        dst=new ItemType[this->size+1];
        for(size_t i=0; i<this->size+1; ++i)
            dst[i]=0;
//      memset( dst,0,sizeof(ItemType)*(this->size) );
        if(dst) return true;
        else return false;
    }
    //声明并定义增加 Set 类容量的功能函数
    bool reSizeItems(unsigned s=SIZE){
        ItemType* tmp;
        this->size=1.5*(this->length>s ? this->length:s);
```

```
        if( initItems(tmp) ){
            unsigned i=0;
            while(i<length && rewriteItems(tmp[i],items[i])) ++i;
          delItems();
          delete[] this->items;
          this->items=tmp;
          return true;
        }
        return false;
    }
    ItemType* items;
    unsigned length;
    unsigned size;
} ;
//Set.cpp: 定义 Set 类的方法或 Set 类的友元函数
#include "Set.h"
using namespace std;
Set::Set(const Set& s)
{
    length=s.length;
    size=s.size;
    initItems(items);
    unsigned i=0;
    while(i<length)
    {
        rewriteItems( items[i],s.items[i] );
        ++i;
    }
}
Set& Set::operator=(const Set& s)
{
    if(this != &s ){
        //只有在原 Set 中有数据时才进行删除
        if(this->length)
            delItems();
        if(this->size<s.size){
                size=s.size;
                initItems(items);
        }
        length=s.length;
        unsigned i=0;
        while(i<length)
            rewriteItems(items[i],s.items[i++]);
    }
    return *this;
}
bool Set::addItem(const Set::ItemType e)
{
    unsigned i=0;
    while( i<length ){
        if(strcmp(e,items[i])==0)
            return true;
        ++i;
    }
    if( size==length )
```

```
        reSizeItems();
    rewriteItems(items[length],e);
    ++length;
    return true;
}
bool Set::delItem(const Set::ItemType e)
{
    unsigned i=0;
    while( i<length ){
        if( strcmp(e,items[i])==0 ) break;
        ++i;
    }
    if(i!=length){
        --length;
        delete[] items[i];
        //
        for(unsigned j=i+1;j<=length;++j){
            items[j-1]=items[j];
        }
        items[length]=0;
    }
    return true;
}
Set Set::unionSet(const Set& a)
{
    size_t max_sz=a.size>size? a.size:size;
    Set c(max_sz);  //调用带形参的默认构造函数仅对size赋值，其他使用默认形参
    for(size_t i=0; i<length; ++i){
        rewriteItems( c.items[i],items[i] );
        ++c.length;
    }
    //插入a中有而*this中没有的元素
    for(size_t i=0; i<a.length; ++i){
        bool fg_new=false;
        for(size_t j=0; j<length; ++j)
            if(strcmp(a.items[i],items[j])!=0)
                fg_new=true;
        if(fg_new)
            c.addItem(a.items[i]);
    }
    return c;
}
Set Set::diffSet(const Set& a)
{
    Set c(a.size);
    size_t k=0;
    //插入*this中有而a中没有的元素
    for(size_t i=0; i<length; ++i){
        bool fg_new=true;
        for(size_t j=0; j<a.length; ++j)
            if(strcmp(a.items[j],items[i])==0)
                fg_new=false;
        if(fg_new){
```

```
                rewriteItems(c.items[k++],items[i]);
                ++c.length;
            }
        }
        return c;
    }
    ostream& operator<<(ostream& out, const Set& s)
    {
        out<<"length: "<<s.length<<"\t";
        for(size_t i=0; i<s.length; ++i)
        {
            out<<s.items[i]<<"\t";
        }
        out<<endl;
        return out;
    }
    //main.cpp: 调用 Set 类, 生成 Set 类对象, 并测试 Set 类的方法
    #include "Set.h"
    #include <iostream>
    using namespace std;
    int main()
    {
        Set a;                        //调用默认参数的构造函数全部使用默认值
        Set b(10);                    //调用带形参的默认构造函数仅对 sz 赋值, 其他使用默认形参
        a.addItem( "china" );
        a.addItem( "BUPT" );
        a.addItem( "SIC" );
        a.addItem( "CE" );
        b.addItem( "china" );
        b.addItem( "homework" );
        b.addItem( "BJ" );
        cout<<a<<endl;                //输出: length:4  china  BUPT  SIC  CE
        cout<<b<<endl;                //输出: length:3  china  homework  beijing
        b.delItem( "home" );
        cout<<b<<endl;                //输出: length: 3  china  homework  BJ
        b.delItem( "homework" );
        cout<<b<<endl;                //输出: length: 2  china  BJ
        Set t=b;
        cout<<t<<endl;                //输出: length: 2  china  BJ
        //求 Set 对象 a 与 b 的并集
        Set c( a.unionSet(b) );
        cout<<c<<endl;                //输出: length: 5  china BUPT  SIC CE BJ
        //求 Set 对象 a 与 b 的差集
        Set d=a.diffSet(b);
        cout<<d<<endl;                //输出: length: 3  BUPT  SIC  CE
        return 0;
    }
```

例 7.12 设计一个用于人事管理的 People（人员）组合类。人员属性为 number（编号）、sex（性别）、birthday（出生日期）、name（姓名）等。其中“出生日期”定义为一个“日期”类内嵌对象。用成员函数实现对人员信息的录入和显示。要求具有构造函数、析构函数、复制构造函数、内联成员函数、带默认形式参数值的成员函数。编写主函数对人员数组进行管理，测试人员类的

各种功能。构成完整的多文件程序。

分析

由题可知，需要人员类对象与出生日期类对象。

从降低数据重复性减少内存的使用等角度考虑，可将人员类中性别作为指针成员，每个对象使用指针指向自己对应的性别属性值。

程序

```
//7.12 People类的定义及测试
//Data.h 头文件 Data类的定义
#pragma once
#include <iostream>
class Data
{
public:
    Data( int y=1900,int m=1,int d=1): year(y), month(m), day(d) {}
    Data(const Data& d){  //在类的定义中实现的方法，默认为内联函数
        year=d.year;
        month=d.month;
        day=d.day;
    }
    Data& operator=(const Data& d)
    {
    if(this!=&d){
             year=d.year;
                month=d.month;
             day=d.day;
    }
    return *this;
    }
    friend std::ostream& operator<<(std::ostream& out, const Data& d);
    friend bool operator==(const Data& da, const Data& db){
            return da.year==db.year && da.month==db.month && da.day==db.day;
    }
    friend bool operator!=(const Data& da, const Data& db){
            return !(da==db);
    }
private:
    unsigned year;
    unsigned month;
    unsigned day;
};
inline std::ostream& operator<<(std::ostream& out, const Data& d)
{
    out<<" "<<d.year<<":"<<d.month<<":"<<d.day;
    return out;
};
//People.h 头文件 人员类的声明及部分函数的定义
 #pragma once  //声明People.h头文件仅被包含一次
 #include "Data.h"  //使用Data类
 #include <string>

 class People
 {
```

```
public:
    friend std::ostream& operator<<(std::ostream& out, const People& p);
    People(const std::string& na="", const std::string& id="", const std::string&
sx=boy,const Data& d=Data()): name(na),ID(id),birthday(d){
        if( sx==girl ) sex=&girl;
        else if(sx==boy)sex=&boy;
        else sex=0;
    }
    People(const People& p){
        name=p.name;
        ID=p.ID;
        sex=p.sex;
        birthday=p.birthday;
    }
    People& operator=(const People& p);
    ~People(){
        if( sex ) sex=0;   //将指针的值复位为空，避免悬垂指针
    }
    Data getBirth(){ return birthday; }
    void modyInfo(const std::string& name,const std::string& id,const std::string&
sex=std::string(),const Data& da=Data());
private:
    std::string name;
    std::string ID;
    std::string* sex;
    Data birthday;
    static std::string boy;          //定义为静态类型，用于全部类成员共享
    static std::string girl;
};
inline People& People::operator=(const People& p)
{
    if(this!=&p){
        name=p.name;
        ID=p.ID;
        sex=p.sex;
        birthday=p.birthday;
    }
    return *this;
}
//people.cpp: 定义people中的成员函数和友元重载运算符
#include "people.h"
using namespace std;
string People::boy="boy";      //静态成员的定义和初始化
string People::girl="girl";    //静态成员的定义和初始化
void People::modyInfo(const string& na,const string& id,const string& sx,const Data& da)
{
    name=na;
    ID=id;
    if(sx.length())
    {
            if( sx==girl ) sex=&girl;
            else         sex=&boy;
    }
    if( da!=Data() )
        birthday=da;
```

```
}
ostream& operator<<(ostream& out, const People& p)
{
    out<<"Name:"<<p.name<<" ID:"<<p.ID<<" sex:"<<*p.sex<<" birthday:"<<p.birthday;
    return out;
}
//main.cpp  主程序
#include "people.h"              //间接包含 Data.h 文件
using namespace std;
int main()
{
    P[0]modylnfo People p[2];("zhangsan","001","boy",Data(1988,8,8));
    P[1]modylnfo("lihua","002","girl",Data(1992,02,02));
    People p3=p[1];
    p3.modyInfo("wangming","003");
    cout<<p[0]<<endl;            //输出 Name:zhangsan ID:001 sex:boy birthday: 1988:8:8
    cout<<p[1].getBirth()<<endl; //调用 Data 类的输出友元函数运算  输出: 1992:2:2
    cout<<p3<<endl;              //输出 Name:wangming ID:003 sex:girl birthday: 1992:2:2
    return 0;
}
```

例 7.13 定义复数类，支持各种算术运算。

分析

由数学知识可知，复数可分为实部和虚部，故在类中需要两个 double 型数据成员。如果要支持各种数学计算，类的成员就不应该是函数形式，而应该对加（+）、减（-）、乘（*）及除（/）、输出（<<）运算符、是否相等（==）运算符进行重载。运算符重载的实质就是函数重载，但是这是与其他数据类型的运算符进行重载。运算符重载可以定义为类的成员，也可以定义为类的友元，但是有一些特殊的运算符必须用友元的形式，比如插入运算符（<<）和提取运算符（>>）。

程序

```
//例 7.13 复数类的定义及测试
// complex.h: 头文件复数类的声明
#pragma once
#include <iostream>
class Complex
{
public:
    friend Complex operator+(const Complex& a,const Complex& b);
    friend Complex operator-(const Complex& a,const Complex& b);
    friend Complex operator*(const Complex& a,const Complex& b);
    friend Complex operator/(const Complex& a,const Complex& b);
    friend bool operator==(const Complex& a,const Complex& b);
    friend bool operator!=(const Complex& a,const Complex& b);
    friend std::ostream& operator<<( std::ostream& out, const Complex& cp);
    Complex(double r=0,double i=0): real( r ), imag(i){}
    Complex& operator=(const Complex& x){
        if(this!=&x){
            real=x.real;
            imag=x.imag;
        }
        return *this;
    }
```

```
        Complex(const Complex& x){
            *this=x;
        }
        Complex& operator+=(const Complex& a){
            real+=a.real;
            imag+=a.imag;
            return *this;
        }
    private:
        double real;
        double imag;
    };
    //complex.cpp : 实现complex类的方法
    #include "complex.h"
    using namespace std;
    Complex operator+(const Complex& a,const Complex& b)
    {
            Complex c(a);
            c+=b;//使用+=运算符实现+运算符
            return c;
    }
    Complex operator-(const Complex& a,const Complex& b)
    {
            Complex c(a.real-b.real,a.imag-b.imag);
            return c;
    }

    Complex operator*(const Complex& a,const Complex& b)
    {
            Complex c(a.real*b.real-a.imag*b.imag,a.real*b.imag+b.real*a.imag);
            return c;
    }

    Complex operator/(const Complex& a,const Complex& b)
    {
            double nom=b.real*b.real+b.imag*b.imag;
            double rl=(a.real*b.real+a.imag*b.imag)/nom;
            double ig=(a.imag*b.real-a.real*b.imag)/nom;
            return Complex(rl,ig);
    }

    bool operator==(const Complex& a,const Complex& b)
    {
        return a.real==b.real && a.imag==b.imag;
    }

    bool operator!=(const Complex& a,const Complex& b)
    {
        return !(a==b);  //使用==重载实现!=重载
    }
    ostream& operator<<( ostream& out, const Complex& cp)
    {
        out<<"( "<<cp.real<<"+"<<cp.imag<<"i )";
        return out;
```

```
}
//main.cpp  测试程序
#include "complex.h"
using namespace std;
int main()
{
    Complex a(1,2), b(3,4);
    Complex c(a+b);
    cout<<a<<b<<c<<endl;        //输出 ( 1+2i )( 3+4i )( 4+6i )
    cout<<c-b<<endl;            //输出 ( 1+2i )
    cout<<a/b<<endl;            //输出 ( 0.44+0.08i )
    cout<<c*a<<endl;            //输出 ( -8+14i )
    cout<< ((c-b)==a) <<endl;   //输出 1
    cout<< (a==b) <<endl;       //输出 0
    return 0;
}
```

例 7.14　为 TString 类增加运算符重载：加（+）、加等于（+=）、输出（<<）运算符、赋值（=）运算符、是否相等（==）运算符。

分析

由例 7.13 中的运算符重载规则可知，TString 类需增加以下接口和友元。

```
String operator=(const String& s);
String operator+=(const String& s);
friend String operator+(const String& a, const String& b);
friend ostream& operator<<(ostream& out, const String& s);
friend bool operator==( const String& a, const String& b);
friend bool operator!=( const String& a, const String& b);
```

程序

```
//例 7.14 为 TString 类增加运算符重载
//String.h : 头文件 String 类的声明及部分函数实现
#ifndef _STRING  //头文件宏，判断头文件是否已经被项目包含
#define _STRING  //头文件宏，用于设置 String.h 头文件仅被整个项目包含一次
#include <iostream>
#include <string.h>
class String
{
public:
    String operator=(const String& s){
            if(this!=&s){
                    Length=s.Length;
                    if( Buffer ) delete[] Buffer;
                    Buffer=new char[Length+1];
                    strcpy( Buffer,s.Buffer );
            }
            return *this;
    }
    String& operator+=(const String& s);
    friend String operator+(const String& a, const String& b);
    friend std::ostream& operator<<(std::ostream& out, const String& s);
    friend bool operator==( const String& a, const String& b);
    friend bool operator!=( const String& a, const String& b);
```

```
    String(){
            Length=0;
            Buffer=0;
    }
    String(const char* ps){
            Length=strlen(ps);
            Buffer=new char[Length+1];
            strcpy( Buffer,ps );
    }
    String(const String& s){
            Length=s.Length;
            Buffer=new char[Length+1];
            strcpy( Buffer,s.Buffer );
    }
    ~String(){delete [] Buffer;}
private:
    int Length;
    char *Buffer;
};
#endif

//String.cpp : 实现String类的方法成员
#include "String.h"
using namespace std;
String& String::operator+=(const String& s)
{
    Length+=s.Length;
    char* tmp=new char[Length+1];
    strcpy(tmp,Buffer);
    strcat(tmp,s.Buffer);
    delete[] Buffer;
    Buffer=tmp;
    return *this;
}
String operator+(const String& a, const String& b)
{
    String c(a);
    c+=b;
    return c;
}

ostream& operator<<(ostream& out, const String& s)
{
    out<<s.Buffer;
    return out;
}
bool operator==( const String& a, const String& b)
{
    return strcmp( a.Buffer,b.Buffer );
}
bool operator!=( const String& a, const String& b)
{
    return !(a==b);
}
//main.cpp : 主程序，调用String.h中定义的String类
```

```
#include "String.h"
using namespace std;
int main()
{
    String a("copy_test"), b("_char");
    String c(a);
    cout<<a<<"\t"<<b<<"\t"<<c<<endl;    //输出 copy_test   _char  copy_test
    c+=b;
    cout<<c<<endl;                      //输出 copy_test_char
    cout<<(a+b)<<endl;                  //输出 copy_test_char
    cout<<(a==b)<<endl;                 //输出 1，注意 bool 变量非 0 即为真

    return 0;
}
```

7.3 实　验　题

一、基础题

1. 标出下列程序中的错误

```
class CSample
{int a=2.5;    (A)
 CSample();    (B)
 public:
CSample(int val);  (C)
 ~CSample(); };   (D)
```

2. 在下列程序的填空中填上适当的语句，完成立方体体积的计算，并按图 7-1 的样式输出结果。要求如下。

（1）对有注释标记的语句进行功能注释。

（2）建立一个头文件和测试类文件，上机调试并输出下列结果。

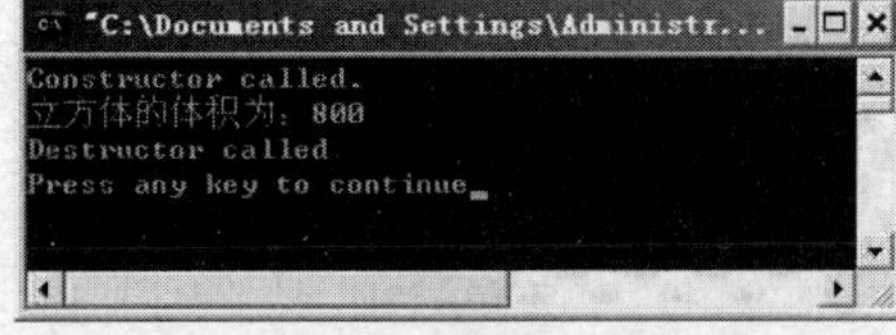

图 7-1　第 2 题的输出示例

程序

```
#include <iostream>
using namespace std;
class cube
{
public:
   cube();          //
   ~cube();         //
   int volume();    //
private:
   int height,width,depth;   //
};
cube::cube()
{  ________________;
   ________________;
   ________________;
   cout<<"Constructor called."<<endl;
}
```

```
cube::~cube()
{
    ____________________;
}
int cube::volume()
{
    return height*width*depth;
}

void main()
{
    cube cubeone;    //
    cout<<"立方体的体积为: "<<cubeone.volume()<<endl;
}
```

3. 修改下列程序中的错误，并说明调用构造函数和析构函数的次序和次数。

```
#include <iostream>
using namespace std;
class CCounter
{
        int value;
    public:
        CCountr()
        {
            cout << "CCounter Constructor1" << endl;
            value = 0;
        }
        CCountr(int val)
        {
            cout << "CCounter Constructor2" << endl;
            value = val;
        }
        ~CCounter() { cout << "CCounter Destructor" << endl; }
    };
    class CExample
    {
        int value;
    public:
         CCounter car;
        CExample()
        {
            cout << "CExample Constructor1" << endl;
            value = 0;
        }
        CExample(int val)
        {
            cout << "CExample Constructor1" << endl;
            value = val;
        }
        ~CExample() { cout << "CExample Destructor" << endl; }
        void Display() { cout << "value=" << value << endl; }
    };
    void main()
    {
        CExample obj(350);
```

```
        obj.Display();
    }
```

4. 上机调试下列程序，说明出错的原因，并提交正确的程序。输出结果如图 7-2 所示。

```
#include <iostream>
using namespace std;
class Point
{
    protected:
    int x;
    public:
    int Getx(){return x;}
    int Y;
    void init(){x=a;Y=b;}
    int Gety(){return Y;}
    void Setx(int a){x=a;}
    void Sety(int b){Y=b;}
};

void main()
{
    Point A,B;
    A.init(25, 27);
    B.init(29,31);
    cout<<"A.x="<<A.Getx<<endl;
    cout<<"B.x="<<B.Getx()<<endl;
    cout<<"A.Y="<<A.Y<<endl;
    cout<<"A.y="<<A.Gety()<<endl;
    cout<<"B.y="<<B.Y<<endl;
    cout<<"B.y="<<B.Gety()<<endl;
}
```

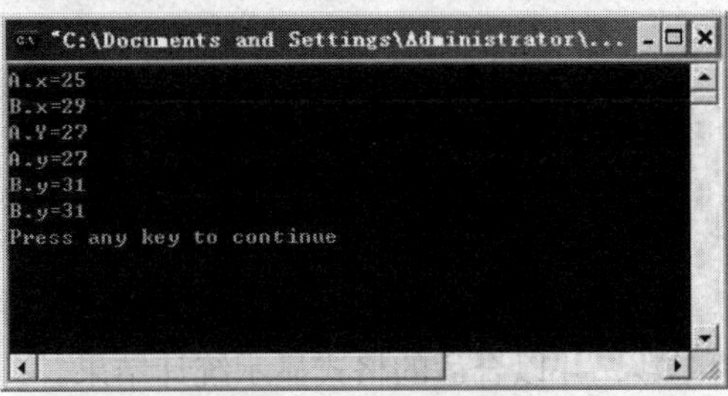

图 7-2　第 4 题的输出显示

5. 阅读以下程序，写出下列程序的运行结果，并对带注释标记语句进行功能注释。

```
#include <iostream>
using namespace std;
class base
    {
    private:
        int i;
        static int k;            //
    public:
        base () { i=0; k++; }    //
        void Display();
    };
    void base::Display()
    {
        k=k+10;
        i++;
        cout << "i=" << i<< ",k=" << k << endl;
    }
    int base::k=0;               //
    void main()
    {
        base a,b;
        a.Display();
        b.Display();
```

}

运行结果为

____

____

二、编程题

1. 设计一个类用于对整数进行判别，并根据判断的结果分别统计所判断过的正整数和负整数的个数，并以合适的格式显示统计结果。

2. 编写一个程序，定义一个类，此类包括 4 个私有数据成员：colorcast（彩电价格）、fridge（冰箱价格）、washer（洗衣机价格）以及 total（当天总收入）。彩电目前的价格是 4 200 元/每台、冰箱目前的价格是 2 800 元/每台、洗衣机的价格 1 500 元/每台。要求实现输入彩电、冰箱、洗衣机当天所卖出的数量，本程序将计算出百货商店家电部当天的总营业额。

3. 编写一个程序，定义一个汽车类（car），其中包括车型、颜色、车门数、座位数和轴距等属性，包括 chage_parameters()和 disp_parameters()等函数。disp_ parameters()显示车型、颜色、车门数、座位数和轴距属性，函数 change_parameters ()改变对象的车型、颜色、车门数、座位数和轴距属性，实现并测试这个类。

4. 编写一个程序，使其可实现输入 5 个学生的学号、姓名、性别和年龄，并按年龄从大到小进行排序输出。

5. 设计一个模拟银行 ATM 柜台机的程序，包括存款、取款和查询余额 3 种功能。

提示

在存款、取款时都需要检查账号和密码，可以直接引用其成员函数来检查，如果是合法客户，返回 true，然后执行增加存款或减少存款的程序。

6. 有一个学生类，包括学号、姓名和成绩，设计一个友员函数，比较学生成绩的高低，并求出最高分和最低分。

第8章 继承与派生

8.1 《C++高级语言程序设计》习题答案

8.1 答：派生类继承了除基类的构造函数和析构函数外的其他成员。

8.2 答：不能。

8.3 答：保护成员。

8.4 答：派生类通过系统调用基类的构造函数，可以将参数传递给基类的构造函数。

8.5 答：是基类的构造函数负责初始化派生类对象的基类部分。

8.6 答：构造函数的调用次序是：基类构造函数、内嵌对象的构造函数、派生类的构造函数。析构函数的调用次序与此相反。

8.7 （1）运行结果：

（1,2）

5,6

（6,9）

（2）运行结果：

（1,2）

（6,9）

5,6

（6,9）

（3）运行结果：

{13,22,30,40}

8.8 定义一个 Shape 基类，在此基础上派生出 Rectangle 和 Circle 类，二者都有 GetArea()函数计算对象的面积。使用 Rectangle 类创建一个派生类 Square，并应用相应类的对象测试。

答案

```
#include<iostream>
using namespace std;
class Shape
{
public:
Shape(){}
~Shape(){}
```

```
virtual float GetArea() const {return -1;}
};
class Circle :public Shape
{
public:
Circle(float r) :radius(r){}
~Circle(){};
float GetArea(){return 3.14f*radius*radius;}
private:
float radius;
};
class Rectangle :public Shape
{
public:
Rectangle(float len, float width):m_len(len), m_width(width){}
~Rectangle(){}
float GetArea(){return m_len*m_width;}
float GetLength(){return m_len;}
float GetWidth(){return m_width;}
private:
float m_len,m_width;
};
class Square: public Rectangle
{
public:
Square(float len);
~Square(){}
};
Square::Square(float len):Rectangle(len,len)
{}
int main()
{
Shape *sp;
sp=new Circle(5);
cout<<"The area of the circle is"<<sp->GetArea()<<endl;
delete sp;
sp=new Rectangle(4,6);
cout<<"The area of the rectangle is"<<sp->GetArea()<<endl;
delete sp;
sp=new Square(5);
cout<<"The area of the Square is"<<sp->GetArea()<<endl;
delete sp;
return 0;
}
```

8.9 定义一个 Document 类，包含成员变量 name。从 Document 派生出 Book 类，增加 PageCount 成员变量。

答案

```
#include<iostream>
#include<cstring>
using namespace std;
class Document
{
public:
Document(){}
```

```
Document(char *name);
char *Name;
void PrintName();
};
Document::Document(char *name)
{
Name=new char[strlen(name)+1];
strcpy(Name,name);
}
void Document::PrintName()
{
cout<<Name<<endl;
}
class Book: public Document
{
public:
Book(char name[],int pagecount );
void PrintName();
private:
int PageCount;
};
Book::Book(char *name, int pagecount):Document(name)
{
PageCount=pagecount;
}
void Book::PrintName()
{
cout<<"Name of book:";
Document::PrintName();
}
int main()
{
Document a("Document1");
Book b("Book1",100) ;
b.PrintName();
return 0;
}
```

8.10　定义基类 Base，有两个公有成员函数 fun1()、fun2()，私有派生出 Derived 类，如果想在 Derived 类的对象中使用基类函数 fun1()，应如何设计？

答案

```
class Base
{
public:
int fn1() const {return 1;}
int fn2() const {return 2;}
};
class Derived: private Base
{
public:
int fn1(){return Base::fn1();}
int fn2(){return Base::fn2();}
};
int main()
{
```

```
Derived a;
a.fn1();
return 0;
}
```

8.11 定义 Object 类，有 Weight 属性及相应的操作函数，由此派生出 box 类，增加 Height 和 Width 属性及相应的操作函数，声明一个 box 对象，观察构造函数与析构函数的调用顺序。

答案

```
#include <iostream>
using namespace std;
class object
{
private:
int Weight;
public:
object()
{
cout<<"construct object of class object"<<endl;
Weight=0;
}
int GetWeight(){return Weight;}
void SetWeight(int n){Weight=n;}
~object()
{
cout<<"deconstruct object of class object"<<endl;
}
};
clss box: public object
{
private:
int Height, Width;
public:
box()
{
cout<<"construct object of class box"<<endl;
Height=Width=0;
}
int GetHeight(){ return Height;}
void SetHeight(int n){ Height=n; }
int GetWidth(){return Width;}
void SetWidth(int n){Width=n;}
~box()
{
cout<<"deconstruct object of class box"<<endl;
}
};
int main()
{
box a;
return 0;
}
```

8.12 定义一个基类 BassClass，从它派生出类 DerivedClass。BassClass 有成员函数 fn1()、fn2()，DerivedClass 也有成员函数 fn1()、fn2()。在主程序中定义一个 DerivedClass 的对象，分别用 DerivedClass 的对象以及 BassClass 和 DerivedClass 的指针来调用 fn1()、fn2()，观察运行结果。

答案

```
#include <iostream>
using namespace std;
class BaseClass
{
public:
void fn1();
void fn2();
};
void BaseClass::fn1()
{
cout<<"call fn1() of BaseClass "<<endl;
}
void BaseClass::fn2()
{
cout<<"call fn2() of BaseClass "<<endl;
}
class DerivedClass: public BaseClass
{
public:
void fn1();
void fn2();
};
void DerivedClass::fn1()
{
cout<<"call fn1() of DerivedClass "<<endl;
}
void DerivedClass::fn2()
{
cout<<"call fn2() of DerivedClass "<<endl;
}
int main()
{
DerivedClass aDerivedClass;
DerivedClass *pDerivedClass=&aDerivedClass;
BaseClass *pBaseClass=&aDerivedClass;
aDerivedClass.fn1();
aDerivedClass.fn2();
pBaseClass->fn1();
pBaseClass->fn2();
pDerivedClass->fn1();
pDerivedClass->fn2();
return 0;
}
```

8.2 编程案例及参考例程

例 8.1 基类 CPolygon 具有两个私有数据成员 side1 和 side2，通过函数 set_values 对这两条边赋值，通过函数 get_values 来显示边长。

有两个派生类 CRectangle 和 CRight_Angle_Triangle。为了更好的显示信息，派生类中重新定义函数 get_values 来显示信息，但是在具体显示边的长度时还是调用基类的 get_values 函数。

通过 main 函数来测试这些类的定义是否正确。

分析

（1）这是一个最简单的继承—派生的题目，主要体会派生类如何继承基类的成员。

（2）将 side1 和 side2 定义为基类的私有数据成员，以及 set_values 和 get_values 两个公有函数。

（3）在派生类的 get_values 函数中，是不是可以直接通过函数名 get_values 调用基类的同名函数？如果不能，又该如何处理？

程序

```
//例 8.1 基本的继承和派生程序
#include <iostream>
#include <string>
using namespace std;
class CPolygon {
  private:
    int side1, side2;
  public:
    void set_values (int a, int b)
      { side1=a; side2=b;}
    void get_values()
    { cout<<"side1="<<side1<<"  side2="<<side2<<endl;
    }
};

class CRectangle: public CPolygon {
  public:
    void get_values()
    { cout<<"长方形的边长是:";
     CPolygon::get_values();
    }
};

class CRight_Angle_Triangle: public CPolygon {
  public:
     void get_values()
     { cout<<"直角三角形的直角边是:";
      CPolygon::get_values();
     }
};

int main () {
   CRectangle rect;
   CRight_Angle_Triangle trgl;
   rect.set_values (4,5);
   trgl.set_values (4,5);
   rect.get_values();
   trgl.get_values();
   return 0;
}
```

运行结果

```
长方形的边长是：side1=4  side2=5
直角三角形的直角边是：side1=4  side2=5
```

程序说明

（1）一般来说，派生类中调用基类公有函数时，只要直接使用它的函数名就可以。但是在派生类的 get_values 函数中就不能直接调用基类的 get_values 函数。因为，在派生类的函数中，首先可见的是本类的函数。为了解决这个问题，可以使用

基类名::函数名

的方式来调用。具体来说就是通过

```
CPolygon::get_values();
```

来调用基类的 get_values 函数。

（2）在 main 函数中定义了 CRectangle 类的对象 rect 和 CRight_Angle_Triangle 类的对象 trgl，通过它们调用类的成员函数来完成对于类定义的测试。

注意，使用运算符“::”不要误输入为全角符号“：：”，那将带来编译错误。

例 8.2　如果在例 8.1 的程序中，将语句“CPolygon::get_values();”误写为“get_values();”，则程序在编译和运行中会出现什么问题？

解：程序在编译的时候没有问题，既没有编译错误，也没有警告。因为编译程序认为“get_values();”语句就是要调用派生类自己的 get_values 函数，是一种递归的函数调用，原理上来说是没有问题的。

但是，程序在执行的时候会出现问题。由于是按递归调用来执行，但是又不存在结束递归调用的条件，就成为“无条件”的递归调用：一旦开始，调用就不会结束，直到系统资源消耗殆尽。

在控制台窗口中看到的现象是：不停地显示“长方形的边长是：长方形的边长是：长方形的边长是……”。

例 8.3　在例 8.1 的两个派生类中增加 area 函数来计算具体多边形的面积。派生类的 get_values 函数，也要显示面积。

通过 main 函数来测试这些类的定义是否正确。

分析

（1）这个题目要解决如何在派生类中使用基类的私有数据成员。

（2）不管是什么类型的继承，派生类中都不能直接使用基类的私有数据成员。只有通过基类的公有函数，才可以间接地使用基类私有数据成员。

（3）具体来说，在基类中要增加两个获取两个边长的函数 value_1 和 value_2，派生类中调用这两个函数获取边长，再进行面积的计算。

程序

```
//例 8.3 派生类中使用基类私有数据成员
#include <iostream>
#include <string>
using namespace std;
class CPolygon {
  private:
    double side1, side2;
  public:
    void set_values (double a, double b)
      { side1=a; side2=b;}
    double value_1()
    {return side1; }
    double value_2()
    {return side2; }
    void get_values()
```

```
    { cout<<"side1="<<side1<<"  side2="<<side2<<endl;
    }
};
class CRectangle: public CPolygon {
  public:
    double area ()
    {  return value_1()*value_2();
    }
    void get_values()
    { cout<<"长方形的边长是:";
      CPolygon::get_values();
      cout<<"长方形的面积是:"<<area()<<endl;
    }
};
class CRight_Angle_Triangle: public CPolygon {
  public:
    double area ()
    { return  (value_1() * value_2()/ 2);
    }
    void get_values()
    { cout<<"直角三角形的直角边是:";
      CPolygon::get_values();
      cout<<"直角三角形的面积是:"<<area()<<endl;
    }
};

int main () {
   CRectangle rect;
   CRight_Angle_Triangle trgl;
   rect.set_values (4,5);
   trgl.set_values (4,5);
   rect.get_values();
   trgl.get_values();
   return 0;
}
```

运行结果

```
长方形的边长是：side1=4   side2=5
长方形的面积是：20
直角三角形的直角边是：side1=4   side2=5
直角三角形的面积是：10
```

程序说明

（1）在派生类的 area 函数中，通过语句“return value_1()*value_2();”计算矩形的面积。语句中调用了基类的 value_1 和 value_2 函数。注意，在调用时不要忘记写“()”。

（2）在派生类中使用基类的私有数据成员时会发生，为了便于在派生类中使用基类的私有数据成员，可以将这些数据成员在基类中定义为 protected 类型，而不是 private 类型。下一个题目来练习这种变化。

例 8.4 将例 8.3 的两个基类私有数据成员定义为 protected 类型，重新定义派生类计算面积的 area 函数。

通过 main 函数来测试这些类的定义是否正确。

分析

（1）基类的 protected 类型的数据，在 public 继承时，它们在派生类中使用时仍然是 protected 类型，就可以在派生类中直接使用。

（2）在这种情况下，基类的两个函数 value_1 和 value_2 就不再需要，可以从基类的定义中删除。

程序

```
//例 8.4 派生类中使用基类 protected 数据成员
#include <iostream>
#include <string>
using namespace std;
class CPolygon {
  protected:
    double side1, side2;
  public:
    void set_values (double a, double b)
      { side1=a; side2=b;}
    void get_values()
    { cout<<"side1="<<side1<<"  side2="<<side2<<endl;
    }
};

class CRectangle: public CPolygon {
  public:
    double area ()
    {  return side1 * side2;
    }
    void get_values()
    { cout<<"长方形的边长是:";
      CPolygon::get_values();
      cout<<"长方形的面积是:"<<area()<<endl;
    }
};

class CRight_Angle_Triangle: public CPolygon {
  public:
    double area ()
    { return side1 * side2 / 2;
    }
    void get_values()
    { cout<<"直角三角形的直角边是:";
      CPolygon::get_values();
      cout<<"直角三角形的面积是:"<<area()<<endl;
    }
};

int main () {
  CRectangle rect;
  CRight_Angle_Triangle trgl;
  rect.set_values (4,5);
```

```
    trgl.set_values (4,5);
    rect.get_values();
    trgl.get_values();
    return 0;
}
```

运行结果

长方形的边长是：side1=4 side2=5
长方形的面积是：20
直角三角形的直角边是：side1=4 side2=5
直角三角形的面积是：10

程序说明

（1）由于 side1 和 side2 在基类中已经定义为 protected 类型，在派生类中就可以直接使用这两个数据成员。

（2）计算矩形面积就可以直接用语句 side1 * side2。计算直角三角形面积也可以直接使用 side1 * side2 / 2。

（3）将基类数据成员定义为 protected 类型，在使用时会方便不少。

例 8.5 对于例 8.3 基类定义的私有数据成员，还可以通过友元函数的方式来使用。要求将派生类中计算面积的函数重新定义为友元函数，派生类对象通过调用这些友元函数来计算和显示面积。对于显示数据的要求不变。

分析

（1）通过这个题目可以比较一下（和例 8.4 比较）在派生类中用什么方法使用基类私有成员更为方便。

（2）友元函数就是普通的函数，它不是类的成员，所以不能使用相同的函数名。对于 CRectangle 类，函数名设为 rectangle_area；对于 CRight_Angle_Triangle 类，函数名设为 triangle_area。

（3）在例 8.4 中，计算面积的函数 area 都是在派生类中定义，在派生类中使用。但是，计算面积的友元函数，因为要使用基类的私有数据，它们就要在基类中声明，如：

friend double rectangle_area(CPolygon &p);

注意参数表中的参数是 CPolygon 类的引用。

（4）一般的书中都会说“友元函数是不能继承的”，通过这个题目可以体会到这句话的具体含义。

（5）友元函数的定义放在哪里都可以，不一定要放在 CPolygon 类定义的下面。

程序

```
//例 8.5 用友元函数使用基类私有数据成员
#include <iostream>
#include <string>
using namespace std;
class CPolygon {
  private:
    double side1, side2;
  public:
    void set_values (double a, double b)
      { side1=a; side2=b;}
    friend double rectangle_area(CPolygon &p);
    friend double triangle_area(CPolygon &p);
    void get_values()
```

```
        { cout<<"side1="<<side1<<"  side2="<<side2<<endl;
        }
};
double rectangle_area(CPolygon &p)
{return p.side1*p.side2;
}
double triangle_area(CPolygon &p)
{return p.side1*p.side2/2;
}

class CRectangle: public CPolygon {
  public:
    void get_values()
    { cout<<"长方形的边长是:";
      CPolygon::get_values();
      cout<<"长方形的面积是:"<<rectangle_area(*this)<<endl;
    }
};

class CRight_Angle_Triangle: public CPolygon {
  public:
    void get_values()
    { cout<<"直角三角形的直角边是:";
      CPolygon::get_values();
      cout<<"直角三角形的面积是:"<<triangle_area(*this)<<endl;
    }
};

int main () {
  CRectangle rect;
  CRight_Angle_Triangle trgl;
  rect.set_values (4,5);
  trgl.set_values (4,5);
  rect.get_values();
  trgl.get_values();
  return 0;
}
```

程序运行结果和题 8.4 相同。

程序说明

（1）在 CRectangle 类具体用友元函数计算面积是用语句“rectangle_area(*this)”，这里的*this 实际是 CRectangle 类的对象，但是它可以赋值给 CPolygon 类的对象。这个知识点应该是在多态性那一章，现在提前使用了。

（2）从这个题目的结果看，用友元函数使用基类私有成员需要注意的地方还不少。编程时比较容易出错。

例 8.6　重新对例 8.3 进行编程。要求编写构造函数，通过构造函数来创建对象，并对 side1 和 side2 赋初值。对于显示数据的要求不变。

分析

（1）基类的构造函数要对基类的私有数据成员赋初值。

（2）由于派生类没有增加新的数据成员，派生类构造函数就没有数据初始化的任务。

（3）在这种情况下，派生类的构造函数只是用来向基类构造函数传递参数，不需要进行任何实质的操作。

（4）基类中的 set_values 函数已经不再需要。

程序

```
//例 8.6 继承和派生中的构造函数(1)
#include <iostream>
#include <string>
using namespace std;
class CPolygon {
  private:
    double side1, side2;
  public:
    CPolygon(double ,double );
    double value_1()
    {return side1; }
    double value_2()
    {return side2; }
void get_values()
    { cout<<"side1="<<side1<<"  side2="<<side2<<endl;
    }
};
CPolygon::CPolygon(double a,double b)
    { side1=a;
      side2=b;
    }

class CRectangle: public CPolygon {
  public:
    CRectangle(double,double);
     double area ()
     { return (value_1() * value_2()); }
     void get_values()
     { cout<<"长方形的边长是:";
     CPolygon::get_values();
      cout<<"长方形的面积是:"<<area()<<endl;
     }
  };
CRectangle::CRectangle(double a,double b):CPolygon(a,b)
{}
class CRight_Angle_Triangle: public CPolygon {
  public:
    CRight_Angle_Triangle(double,double);
    double area ()
      { return (value_1() * value_2()/ 2); }
    void get_values()
    { cout<<"直角三角形的直角边是:";
      CPolygon::get_values();
      cout<<"直角三角形的面积是:"<<area()<<endl;
    }
  };
CRight_Angle_Triangle::CRight_Angle_Triangle(double a,double b):CPolygon(a,b)
```

```
{}

int main () {
   CRectangle rect(4,5);
   CRight_Angle_Triangle trgl(4,5);
   rect.get_values();
   trgl.get_values();
   return 0;
}
```

程序运行结果和例 8.3 完全相同。

程序说明

（1）在这个程序中，两个派生类的构造函数都是没有任何语句的空函数。如果认为空函数没有什么作用就不写了，也就是把这两个构造函数都删除掉，那是很大的错误。

（2）程序在编译“CRectangle rect(4,5);”语句时，要寻找 CRectangle 类的带有两个参数的构造函数，如果找不到，就是错误。给出的编译错误将是“'CRectangle::CRectangle' : function does not take 2 parameters”。这里的“function”指的就是系统提供的默认构造函数。默认构造函数是没有参数的，所以它“does not take 2 parameters”，就是错误的原因。

例 8.7　重新对例 8.4 进行编程。要求编写构造函数，通过构造函数来创建对象，并对 side1 和 side2 赋初值。对于显示数据的要求不变。

分析

（1）这个题目完全可以采用题 8.6 的方法进行编程。

（2）由于基类中的数据成员定义为 protected 类型，使得派生类的构造函数也可以对它们赋初值。编程的方法又可以发生变化。现在，我们采用这种方法，看看结果有什么不同。

（3）由于基类数据成员的初始化在派生类构造函数中完成，这个题目的基类构造函数就不需要做任何操作。这样的构造函数是不是要写呢？答案是可以不写。

（4）基类中的 set_values 函数已经不再需要。

程序

```
//例 8.7 继承和派生中的构造函数(2)
#include <iostream>
#include <string>
using namespace std;
class CPolygon {
  protected:
    double side1, side2;
  public:
      void get_values()
      { cout<<"side1="<<side1<<"  side2="<<side2<<endl;
      }
};

class CRectangle: public CPolygon {
  public:
    CRectangle(double,double);
    double area ()
    {  return side1 * side2;
     }
    void get_values()
    { cout<<"长方形的边长是:";
```

```
            CPolygon::get_values();
            cout<<"长方形的面积是:"<<area()<<endl;
        }
    };
    CRectangle::CRectangle(double a,double b)
    { side1 = a;
      side2 = b;
    }
    class CRight_Angle_Triangle: public CPolygon {
      public:
        CRight_Angle_Triangle(double,double);
        double area ()
        { return side1 * side2 / 2;
         }
         void get_values()
         { cout<<"直角三角形的直角边是:";
           CPolygon::get_values();
           cout<<"直角三角形的面积是:"<<area()<<endl;
         }
    };
    CRight_Angle_Triangle::CRight_Angle_Triangle(double a,double b)
    { side1 = a;
      side2 = b;
    }

    int main () {
       CRectangle rect(4,5);
       CRight_Angle_Triangle trgl(4,5);
       rect.get_values();
       trgl.get_values();
       return 0;
    }
```

程序运行结果和例 8.4 完全相同。

程序说明

（1）在这个程序中，两个派生类的构造函数的头部都没有“:”，也就是都没有向基类构造函数传递参数。这在一般的书籍中很少看到。但是，程序确实是编译通过，运行正确。

（2）这个程序中没有写基类构造函数，使用的就是系统提供的默认构造函数。这个函数本身也是空函数。现在是可以省略不写的。

例 8.8 在例 8.1 的类的结构中，增加一个派生类 CTriangle，用来表示一般的三角形。采用两种方式来构造对象：一种是调用无参构造函数，通过 set 函数对数据成员赋值；另一种是调用有参构造函数，在构造函数中对数据成员赋初值。创建对象后，仍然要显示对象的各条边长和面积。

分析

（1）这个题目是类的继承的应用中经常发生的事情：根据需要，增加新的派生类。

（2）对于一般的三角形，需要用三条边来描述。因此，在 CTriangle 类中要增加一个数据成员：side3。计算面积的函数 area 也要按一般三角形的面积公式来进行计算。在这个公式中要使用开平方函数 sqrt，在程序开始时，要将<cmath>头文件包含进来。

（3）这个题目的重点，还是构造函数的选择和使用。

（4）4 个有参构造函数的头部是：

```
CPolygon::CPolygon(double a,double b)
CRectangle::CRectangle(double a,double b):CPolygon(a,b)
CRight_Angle_Triangle::CRight_Angle_Triangle(double a,double b):CPolygon(a,b)
CTriangle::CTriangle(double a,double b,double c):CPolygon(a,b)
```

其中有两个函数是空函数。

（5）4 个无参构造函数的原型是：

```
CPolygon( );
CRectangle( );
CRight_Angle_Triangle( );
CTriangle( );
```

四个函数都是空函数。

程序

```
//例 8.8 继承和派生中的构造函数（3）
#include <iostream>
#include <string>
#include <cmath>
using namespace std;
class CPolygon {                              //基类 CPolygon 的定义
  private:
    double side1, side2;
  public:
    CPolygon(double ,double );
    CPolygon( );
    void set_values (double a, double b)
     { side1=a; side2=b;}
    void get_values()
    { cout<<"side1="<<side1<<"  side2="<<side2;
    }
  };
CPolygon::CPolygon(double a,double b)   //基类构造函数
    { side1=a;
      side2=b;
    }
CPolygon::CPolygon( )                         //基类无参构造函数
    { }

class CRectangle: public CPolygon {      //派生类 CRectangle 的定义
  public:
    CRectangle(double,double);
    CRectangle( )                             //无参构造函数
      { }
    double area ()
     { return (side1 * side2); }
    void get_values()
    { cout<<"长方形的边长是:";
      CPolygon::get_values();
      cout<<endl;
      cout<<"长方形的面积是:"<<area()<<endl;
    }
 };
CRectangle::CRectangle(double a,double b):CPolygon(a,b)  //构造函数
```

```
{}

class CRight_Angle_Triangle: public CPolygon {   //CRight_Angle_Triangle类
  public:
   CRight_Angle_Triangle(double,double);
   CRight_Angle_Triangle( )                        //无参构造函数
     { }
   double area ()
    { return (side1 * side2/ 2); }
   void get_values()
   { cout<<"直角三角形的直角边是:";
     CPolygon::get_values();
     cout<<endl;
     cout<<"直角三角形的面积是:"<<area()<<endl;
   }
  };
CRight_Angle_Triangle::CRight_Angle_Triangle(double a,double b):CPolygon(a,b)
{}

class CTriangle: public CPolygon {                //CTriangle类的定义
  private:
   double side3;
  public:
   CTriangle(double,double,double);
   CTriangle( )
     { }
   void set_values (double a,double b,double c)
   { CPolygon::set_values(a,b);
          side3=c;
   }
   double area ()
   {  double s=(side1+side2+side3)/2;
      return (sqrt(s*(s-side1)*(s-side2)*(s-side3)));
   }
   void get_values()
   { cout<<"三角形的三条边是:";
     CPolygon::get_values();
     cout<<"  side3="<<side3;
     cout<<endl;
     cout<<"三角形的面积是:"<<area()<<endl;
   }
  };
CTriangle::CTriangle(double a,double b,double c):CPolygon(a,b)
{side3=c;}

int main () {
  CRectangle rect;                                 //调用无参构造函数
  rect.set_values (4.0,5.0);
  CRight_Angle_Triangle r_trgl;                    //调用无参构造函数
  r_trgl.set_values (4.0,5.0);
  CTriangle trgl;                                  //调用无参构造函数
  trgl.set_values (3.0,4.0,5.0);
```

```
    rect.get_values();                          //显示信息
    r_trgl.get_values();
    trgl.get_values();
    CRectangle rect_1(4.0,5.0);                 //调用有参构造函数
    CRight_Angle_Triangle r_trgl_1(4.0,5.0);    //调用有参构造函数
    CTriangle trgl_1(3.0,4.0,5.0);              //调用有参构造函数
    rect_1.get_values();                        //显示信息
    r_trgl_1.get_values();
    trgl_1.get_values();
    return 0;
}
```

运行结果

```
长方形的边长是：side1=4   side2=5
长方形的面积是：20
直角三角形的直角边是：side1=4   side2=5
直角三角形的面积是：10
三角形的三条边是：side1=3   side2=4   side3=5
三角形的面积是：6
长方形的边长是：side1=4   side2=5
长方形的面积是：20
直角三角形的直角边是：side1=4   side2=5
直角三角形的面积是：10
三角形的三条边是：side1=3   side2=4   side3=5
三角形的面积是：6
```

程序说明

（1）这个程序中，采用两种派生类—基类构造函数的调用方式：

有参派生类构造函数→调用有参基类构造函数→执行派生类构造函数语句；

无参派生类构造函数→调用无参基类构造函数。

（2）派生类构造函数是可以重载的，基类构造函数也是可以重载的。

（3）这个程序最可能出现的错误就是没有写基类或者某个派生类的无参构造函数，以为无参构造函数会由系统提供，不需要编写。不论缺少哪个无参构造函数，在编译后都会给出类似的编译错误："no appropriate default constructor available"。

例 8.9 定义一个基类 CStudent，它只有一个公有函数 Set，用来将一个字符串赋值给一个指针 variable。定义一个派生类 CName，用来设置学生的姓名和地址，有两个函数 SetName 和 SetAddress，两个私有数据成员 myName 和 myAddress，都是字符指针。通过基类的 Set 函数来设置地址和姓名。再定义 CName 的一个派生类 CStudentRecord，用来设置学生的成绩，如语文、数学、物理、化学、英语的成绩。要求在 CStudentRecord 类中不可以使用基类的 Set 函数，防止在输入成绩的时候非法地修改学生姓名。

定义和编写各个类，在 main 函数中进行测试。

分析

（1）这个题目要使用私有继承，也就是要将 CName 类定义为 CStudent 类的私有继承。

（2）由于是私有继承，CStudent 类中的公有函数 Set 在派生类中的访问属性就是 private，它

在 CName 类中可以使用，用来设置学生姓名和地址。

（3）在 CStudentRecord 派生类中，Set 函数就不能使用了，就可以防止在 CStudentRecord 类中修改学生姓名和地址。

（4）还要注意一点是：Set 函数的原型应该是

```
void Set(char*& variable, char* value);
```

其中 value 是输入的字符串，variable 是要赋值的字符指针。

程序

```
//例 8.9 私有继承的使用
#include <iostream>
#include <string>
using namespace std;

class CStudent
{public:
        void Set(char*& variable, char* value)
        {       variable = new char[strlen(value)+1];
                strcpy(variable,value);
        }
};

class CName: private CStudent
{public:
        CName(void)  { myName = 0; }
        ~CName(void) { delete[] myName; }

        void SetName(char* n)
        { Set(myName,n); }
        void SetAddress(char* c)
        { Set(myAddress,c); }
        void Print(void)
        { cout << "姓名:"<<myName << endl;
          cout << "地址:"<<myAddress<<endl;}
private:
        char* myName, *myAddress;
};

class CStudentRecord: public CName
{public:
      void SetRecord( )
      {cout<<"输入成绩: "<<endl;
       cout<<"语文 数学 物理 化学 英语"<<endl;
       for(int i=0; i<5; i++)
          {cin>>myRecord[i];
          }
     }
       void Print(void)
        { cout<<endl;
          CName::Print();
          cout << "语文 数学 物理 化学 英语"<<endl;
         for(int i=0; i<5; i++)
         {cout<<" "<<myRecord[i]<<" ";}
```

```
        cout<<endl;
        }
private:
        double myRecord[5];
};
int main(void)
{       CStudentRecord c;
        c.SetName("张达仁");
        c.SetAddress("西土城路 10 号");
        c.SetRecord();
        c.Print();
        return 0;
}
```

运行结果

```
输入成绩:
语文 数学 物理 化学 英语
91   92   93   94   95
姓名:张达仁
地址:西土城路 10 号
语文 数学 物理 化学 英语
91   92   93   94   95
```

程序说明

（1）如果在 CStudentRecord 类中使用 Set 函数，编译时会出现错误“'Set' not accessible because 'CName' uses 'private' to inherit from 'CStudent'”。

（2）如果将 Set 函数的参数 void Set(char*& variable, char* value)改为 void Set(char* variable, char* value)，编译的时候没有错误，但是会在运行的时候出现运行错误，会弹出“应用程序错误”提示框，如图 8-1 所示。

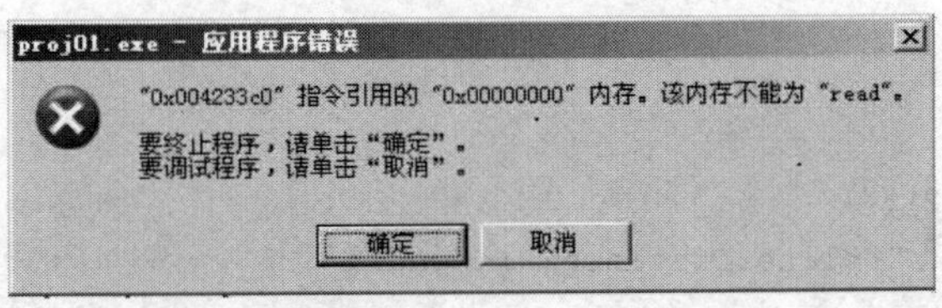

图 8-1 “应用程序错误”提示框

（3）输入学生成绩可以采用其他方法。例如，可以先输入课程名称，再输入成绩，也可以自己指定课程的数目等。

例 8.10 定义一个基类 CPoint，数据 x 和 y 表示点的位置。为了方便，可以定义为 protected 类型。用构造函数来创建新对象。派生类 Cline 表示一条线，一个点从基类继承，另一个点由内嵌对象来定义。请定义这个派生类的构造函数。派生类还有一个 Distance 函数，用来计算两点之间的距离，也就是线的长度。

定义和编写各个类，在 main 函数中进行测试。

分析

（1）这个题目的派生类包含内嵌对象。派生类构造函数既要初始化基类的数据成员，也要初始化内嵌对象。

（2）计算两点之间的距离需要知道两个点的坐标。如果内嵌对象是 p，注意不能用 p.x 和 p.y 来获取这个点的坐标。因为，即使数据 x 和 y 是 protected 类型的，也不能通过对象来访问。

（3）所以，基类中还要有 getx 和 gety 函数，来返回点的坐标 x 和 y。

程序

```
//例 8.10  派生类包含内嵌对象
#include <iostream>
#include <cmath>
using namespace std;
class CPoint
{protected:
   double x;
   double y;
 public:
     CPoint(double a,double b)
     { x=a;
       y=b;
     }
     double getx(){return x;}
     double gety(){return y;}
};
class CLine:public CPoint
{protected:
     CPoint p;
 public:
     CLine(double a, double b, double c, double d)
      :CPoint(a,b),p(c,d)
     { }
     double Distance( )
     { double px=p.getx();
       double py=p.gety();
       return sqrt((x-px)*(x-px)+(y-py)*(y-py));
     }
};
void main()
{
CLine line(1,2,5,2);
cout<<"两点间距离是: "<<line.Distance( )<<endl;
}
```

运行结果

```
两点间距离是: 4
```

程序说明

（1）在上面的程序中，基类的 x 和 y 数据还是不能定义为 private，否则，在 Distance 函数中就不能直接使用它们。当然，也可以通过 getx 和 gety 函数来读取。

（2）派生类构造函数是个空函数，因为没有新的数据需要初始化。

例 8.11 在例 8.10 的程序中，增加析构函数的定义。在构造函数和析构函数中都增加输出函数被调用的信息。观察在程序执行时，基类、派生类构造函数、析构函数调用的顺序。

分析

（1）为了观察构造函数、析构函数的调用过程，经常会使用在函数中输出信息的方法。不仅教材中会使用，学习时也可以使用。

（2）由于增加的语句很简单，新的程序就不再给出。

运行结果

```
base class constructor called 1 2
base class constructor called 5 2
derived class constructor called 1 2
两点间距离是：4
derived class destructor called
base class destructor called 5 2
base class destructor called 1 2
```

程序说明

运行结果说明，先调用基类构造函数，构造派生类的基类成分；再调用内嵌对象的构造函数（现在还是基类构造函数）构造内嵌对象；最后执行派生类构造函数的语句。

执行析构函数的顺序刚好相反。

例 8.12 定义一个 MyFather 类，用数据成员 EyeColor 表示眼睛颜色，FamSaving 表示家庭存款。函数 ShowEyeColor 显示眼睛颜色，FamilySaving 显示存款数。再定义一个 MyMother 类，也用数据 EyeColor 和函数 ShowEyeColor 来显示母亲的眼睛颜色。再定义一个 MySister 类，是 MyFather 和 MyMother 的多继承。也用数据 EyeColor 和函数 ShowEyeColor 来显示妹妹眼睛颜色。还有一个数据 MonAllowance 表示零用钱，函数 ShowSisAllownace 显示她的零用钱。

定义这些类，在 main 函数中定义一个 MySister 类的对象，调用所有函数进行测试。

分析

（1）这是一个简单的多继承题目，目的是真实地体会一下多继承中的二义性。

（2）二义性将体现在两个方面。其一是在 MySister 类的 ShowEyeColor 函数中要用到继承得到的数据 EyeColor，而 MySister 类中继承了两个这样的变量，会出现二义性，需要进行处理。其二是表现在 MySister 类对象调用 ShowEyeColor 来显示父亲、母亲和自己眼睛颜色的时候。因为函数名是一样的，如何区分是显示父亲的眼睛颜色还是母亲的眼睛颜色？这也是二义性的表现，也需要处理一下。

程序

```
//例 8.12 多继承中二义性的处理
#include <iostream>
using namespace std;
class MyFather
{protected:
        char* EyeColor;
        double FamSaving;
  public:
        MyFather(){}
        ~MyFather(){}
        char* ShowEyeColor()
              {return EyeColor = "Brown";}
        long double FamilySaving()
              {return FamSaving = 100000L;}
};

class MyMother
{ protected:
        char* EyeColor;
  public:
        MyMother(){}
        ~MyMother(){}
```

```
        char* ShowEyeColor()
            {return EyeColor = "Blue";}
};

class MySister:public MyFather,public MyMother
{ float MonAllowance;
  public:
        MySister(){}
        ~MySister(){}
        char* ShowEyeColor()
        {return MyMother::EyeColor = "Black";}
        float ShowSisAllownace()
            {return MonAllowance = 1000.00;}
};

int main()
{       MySister Sis;
        cout<<"Father's eye: "<<Sis.MyFather::ShowEyeColor()<<endl;
        cout<<"Mother's eye: "<<Sis.MyMother::ShowEyeColor()<<endl;
        cout<<"Sister's eye: "<<Sis.ShowEyeColor()<<endl;
        cout<<"Our family saving: USD"<<Sis.FamilySaving()<<endl;
        cout<<" Sister's monthly allowances: USD"<<Sis.ShowSisAllownace()<<endl;
        return 0;
}
```

运行结果

```
Father's eye: Brown
Mother's eye: Blue
Sister's eye: Black
Our family saving: USD100000
Sister's monthly allowances: USD1000
```

程序说明

（1）基本的解决办法就是使用运算符“::”来表明后面所引用的数据或函数是从哪一个类继承下来的。

（2）在 MySister 类的 ShowEyeColor 函数中，用 MyMother::EyeColor 来表示所用的 EyeColor 是从 MyMother 类继承得来的。其实，换用 MyFather::EyeColor 也是可以的，两者效果相同。

（3）在调用 ShowEyeColor 函数时分别用了 3 种表示：Sis.MyFather::ShowEyeColor()显示父亲眼睛的颜色，Sis.MyMother::ShowEyeColor()显示母亲眼睛的颜色，Sis.ShowEyeColor()显示对象本身眼睛的颜色。

（4）多继承时的二义性问题不难解决。

例 8.13 基类 Person 有一个私有数据 char *pName，表示人的姓名。构造函数要对人的姓名赋值。公有函数 printName 显示姓名。派生类 Assistant 增加一个数据：monthlyPay，表示每月工资，函数 pringPay 显示工资数。Person 的另一个派生类 Postgraduate 也增加一个数据 credit，表示已有的学分。这两个派生类再共同派生一个类 On_job_postgraduate，表示在职研究生，它不定义新的数据成员。

定义这些类，在 main 函数中定义一个 On_job_postgraduate 类的对象，显示它的姓名，月薪和已获得的学分。

分析

（1）这是一个典型的钻石型继承，几乎不可避免地存在二义性。

（2）二义性具体体现在，On_job_postgraduate 类的对象要调用基类的 printName 时，因为继承了两个这样的函数，不知道该用哪个，出现二义性。

（3）解决方法还是使用“::”运算符。

程序

```
//例 8.13 典型的钻石型继承的二义性
#include <iostream.h>
#include <string.h>
class Person{
public:
   Person(char* pN);
   Person(Person& p);
   ~Person();
   void printName()
   {cout<<"姓名:"<<pName<<endl; }
protected:
   char* pName;
};
Person::Person(char* pN)
{ cout <<"Constructing " <<pN <<endl;
   pName=new char[strlen(pN)+1];
   if(pName!=0)
    strcpy(pName,pN);
}
Person::~Person()
{ cout <<"Destructing " <<pName <<endl;
   pName[0]='\0';
   delete pName;
}
class Assistant:public Person
{public:
   Assistant(char *ch, double pay);
   void printPay()
   { cout<<"月薪="<<monthlyPay<<endl; }
private:
    double monthlyPay;
};
Assistant::Assistant(char *ch, double pay)
:Person(ch)
{monthlyPay = pay;}

class Postgraduate:public Person
{public:
   Postgraduate(char *ch, int hour)
    :Person(ch)
   {credit = hour;}
   void printCredit()
   {cout<<"已有学分="<<credit<<endl; }
private:
    int credit;
};
class On_job_postgraduate:public Assistant, public Postgraduate
{public:
 On_job_postgraduate(char *ch,double pay, int hour)
   :Assistant(ch,pay),Postgraduate(ch,hour)
 {}
```

```
};
int main()
{ On_job_postgraduate stu1("LiWen",3000,20);
  stu1.Assistant::printName();   //不这样写，就会有二义性
  stu1.printPay();
  stu1.printCredit();
  return 0;
}
```

运行结果

```
Constructing LiWen
Constructing LiWen
姓名：LiWen
月薪=3000
已有学分=20
Destructing LiWen
Destructing LiWen
```

程序说明

（1）从运行结果看基类 Person 的构造函数调用了两次，这就是产生二义性的根源。

（2）由于基类构造函数中使用了 new，所以要定义析构函数。析构函数也被调用了两次。

（3）如果不采取措施，main 函数中通过对象调用 printName 函数时一定会有二义性的错误。因为 On_job_postgraduate 类从两个基类中都继承了这个函数。

（4）解决办法很简单，只要指出所调用的 pringName 函数是从哪个类继承的就可以。程序中写的是 Assistant::printName()，如果写 Postgraduate::printName()也一样可以。

（5）最好的解决办法是采用虚基类，见下一题。

例 8.14 采用虚基类来解决例 8.15 的二义性问题。

说明

采用虚基类，原来的程序只有两处（实际是 3 个地方）要修改。

（1）中间两个派生类的定义要采用虚基类。

```
class Assistant:virtual public Person
class Postgraduate:virtual public Person
```

（2）On_job_postgraduate 类构造函数的构造初始化表中要增加对基类 Person 的参数传递。

```
On_job_postgraduate(char *ch,double pay, int hour)
   :Person(ch),Assistant(ch,pay),Postgraduate(ch,hour)
```

（3）当然，在 main 函数中就可以直接调用 printName 函数了。

```
stu1.printName();
```

（4）还可以注意到，程序执行结果表明：基类 Person 的构造函数只调用了一次。所以就不可能会有二义性了。

读者可以自行修改和运行程序，验证是否正确。

例 8.15 定义一个 Point 类，用数据成员 x 和 y 表示点的坐标。定义构造函数、setX、setY、gstX、getY 函数，用来设置和返回 xy 的值。函数 print 显示点的坐标。定义派生类 Circle，用数据成员 radius 表示半径。函数 setRadius 和 getRadius 设置和返回 radius 的值。getArea 函数计算面积。

定义这些类，在 main 函数中定义一个 Circle 类的对象，显示圆心坐标、半径和圆面积。

分析

（1）这是一个基本的继承派生题目，为下一题做准备。

（2）派生类构造函数要为基类构造函数传递参数。

程序

```
//例 8.15 基本的继承派生问题
#include <iostream>
using namespace std;
class Point {
public:
    Point( int = 0, int = 0 );
    void setX( int xValue )
     { x = xValue; }
    int getX() const
    { return x;  }
    void setY( int yValue )
    { y = yValue; }
    int getY() const
    { return y;  }
    void print() const
     {  cout << '[' << getX() << ", " << getY() << ']'<<endl;}
private:
    int x;
    int y;
}; //end class Point
Point::Point( int xValue, int yValue )
    : x( xValue ), y( yValue )
     {}
class Circle : public Point {
public:

    Circle( int = 0, int = 0, double = 0.0 );
    void setRadius( double radiusValue )
    { radius = ( radiusValue < 0.0 ? 0.0 : radiusValue );}
    double getRadius() const
    { return radius;  }
    double getCircumference() const
    {    return 2 * 3.14159 * radius;
    } //
    double getArea() const
    {  return 3.14159 * radius * radius;}
    void print() const
    {  cout << "Center = ";
       Point::print();
       cout << " Radius = " << getRadius()<<endl;
       cout << " Area = " << getArea()<<endl;
    }
private:
    double radius;
};
Circle::Circle( int xValue, int yValue, double radiusValue )
    : Point( xValue, yValue )
{    setRadius( radiusValue );}
int main()
{ Circle cir(2,3,3.5);
  cir.print();
  return 0;
}
```

运行结果

```
Center = [2, 3]
Radius = 3.5
Area = 38.4845
```

程序说明

（1）在 Circle 类的 print 函数中使用了基类的 print 函数，为了加以区别，要写为

```
Point::print();
```

（2）getCircumference 函数现在看可以不用，但是在下一题中要用。

例 8.16 在例 8.15 的基础上，再增加一个 Cylinder 类作为 Circle 类的派生类，从而形成 3 层继承关系。Cylinder 类有一个表示高度的数据成员 height。需要的函数除了构造函数外，还有设置高度的 setHeight 函数，获得高度的 getHeight 函数，计算面积的 getArea 函数，计算体积的 getVolume 函数。

定义这个类，在 main 函数中定义一个 Cylinder 类的对象，显示圆心坐标，圆的高度、面积和体积。

分析

（1）getArea 函数要重新定义，这也是派生类扩展系统功能的常见做法。

（2）print 函数也要重新写，而且还不能使用 Circle 类的 print 函数，因为显示的信息不恰当。

Cylinder 类定义如下。

```
class Cylinder : public Circle {
public:
    Cylinder( int = 0, int = 0, double = 0.0, double = 0.0 );
void Cylinder::setHeight( double heightValue )
     { height = ( heightValue < 0.0 ? 0.0 : heightValue );}
    double getHeight() const
    {return height; }
    double getArea() const
    { return 2 * Circle::getArea() +
      getCircumference() * getHeight();
    } //end function getArea
    double getVolume() const
    { return Circle::getArea() * getHeight(); }
    void print() const
     {   Point::print();
         cout << " Radius = " << getRadius()<<endl;
         cout << " Height = " << getHeight()<<endl;
         cout << " Area = " << getArea()<<endl;
         cout << " Volume = " << getVolume()<<endl;
    }
private:
    double height;
};
Cylinder::Cylinder( int xValue, int yValue, double radiusValue,
   double heightValue )
   : Circle( xValue, yValue, radiusValue )
 {   height = heightValue ;}
```

测试用的 main 函数可以是：

```
int main()
{ Cylinder cyl(2,3,3.5,4.4);
   cyl.print();
   return 0;
}
```

修改后，程序运行结果如下。

```
Radius = 3.5
Height = 4.4
Area = 173.73
Volume = 169.332
```

程序说明

（1）在 Cylinder 类的构造函数的参数表中要为所有的基类准备好参数，但是在构造初始化表中只要向直接基类 Circle 传递参数。

（2）Circle 类的构造函数再向它的基类传递参数。这样逐级向上传递参数，是多层次继承结构构造函数调用的特点。

8.3　实验题

一、基础题

1. 要求：

（1）上机调试以下有语法错误的程序，正确的输出结果应如图 8-2 所示。

（2）添加适当的语句，上机验证构造函数和析构函数执行的次序和次数。

```
#include <iostream>
using namespace std;
class base
    {
        int a,b;
    public:
        int base (int i,  j) { a=i; b=j;}
        void move(int x,int y) { a+=x; b+=y }
        void show() { cout<<"a="<<a<<","<<"b="<<b<<endl<<endl; }
    }
    class derived1;public base
    {
        int x,y;
    public:
        derived1 (int i,int j,int k, int l): base (i; j) { x=k; y=l;}
         void show() { cout<<"x="<<x<<","<<"y="<<y<<endl<<endl; }
         void fun() { move(3,5);
         void f1() { base::show();
    };
    void main()
    {
         base e(1;2);
         e.show();
         derived1 d(3,4,5,6);
         d.fun();
         d. base::show();
         d. derived1::show();
         d.f1();
    }
```

2. 上机调试下列有语法错误的程序，然后使其输出如图 8-3 所示的结果。

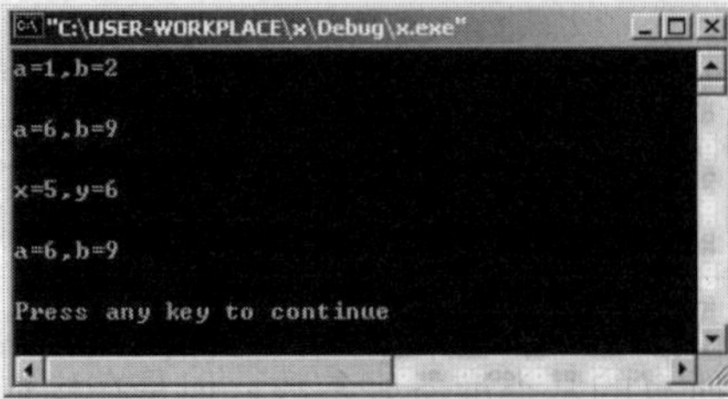

图 8-2　第 1 题的输出

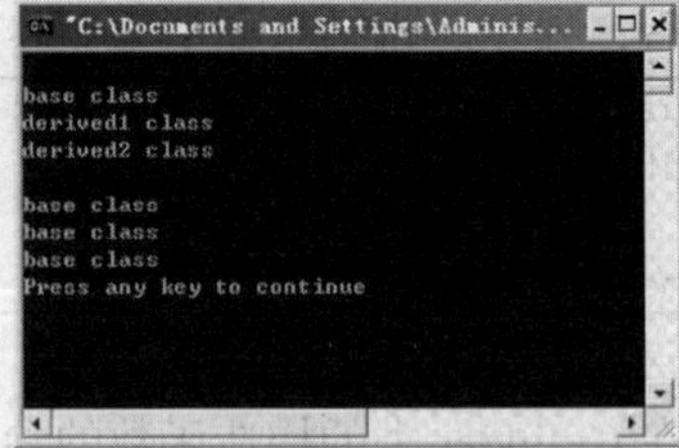

图 8-3　第 2 题的输出

```
#include <iostream>
using namespace std;
class base
{
Public;
    void disp() { cout<<"base class"<<endl;
}
class derived1:public base
{
Public;
    void disp () { cout<<"derived1 class"<<endl; }
};
class derived2:public base
{
Public;
    void disp () { cout<<"derived2 class"<<endl; }
};
void main()
{
base obj1, *p;
derived1 obj2;
derived2 obj3;
cout<<endl;
obj1. disp ();
obj2. disp ();
obj3. disp ();
cout<<endl;
p=&obj1; p. disp ();
p=&obj2; p. disp ();
p=&obj3; p. disp ();
}
```

3. 阅读以下程序，写出程序的运行结果。

```
#include <iostream>
using namespace std;
class base
{
    int a;
public:
    void seta(int x) { a=x; }
    void showa() { cout << a << endl; }
};
class derived1
{
    int b;
public:
    void setb(int x) { b=x; }
    void showb() { cout << b << endl; }
```

```
};
class derived3:public base,public derived1
{
    int c;
public:
    void setc(int x,int y,int z) { c=z; seta(x); setb(y); }
    void showc() { cout << c << endl; }
};
void main()
{
    derived3 A;
    A.seta(10); A.showa();
    A.setc(11,22,33);A.showc();
}
```

运行结果

____

____

4. 上机调试并修改程序中的语法错误。运行正确后并分析运行结果。对有注释标记的语句进行注释。

```
#include <iostream>
using namespace std
    class person                        //
    {
    char *name;
    int  age;
    char add;
    puublic:
       person(){cout<<"person class constructor"<<endl}
       ~person(){cout<<"person class destructor"<<endl;}
    }
    class student: public person        //
    {
    char *department;                   //
    int level;                          //
    public:
        student(){cout<<"student class constructor"<<endl;}
        ~student(){cout<<"student class destructor"<<endl;}
}
class teacher:public person             //
{
    char *major;
    float salary;
    puublic:
       teacher(){cout<<"teacher class constructor"<<endl;}
       ~teacher(){cout<<"teacher class destructor"<<endl;
};
void main()
{
    student s1;                         //
    teacher t1;                         //
}
```

5. 分析程序的结果，并总结多重继承的用途。

```
#include <iostream>
using namespace std;
class base
```

```
{
    int base_a;
public:
    void set_base_a(int x) { base_a=x; }
    void show_base_a() { cout<<"base_a="<<base_a<<endl; }
};
class derived1
{
    int derived_b;
public:
    void set_derived_b(int x) { derived_b=x; }
    void show_derived_b() { cout<<"derived_b="<<derived_b<<endl; }
};
class derived_base_d1:public base,derived1
{
    int derived_c;
public:
    void set_derived_c(int x,int y)
        { derived_c=x;
          set_derived_b(y);
        }
    void show_derived_c()
        { show_base_a();
          show_derived_b();
          cout<<"derived_c="<<derived_c<<endl; }
        };
void main()
{
    derived_base_d1 obj;
    obj.set_base_a(13);
    obj.set_derived_c(16,30);
    obj.show_derived_c();
    obj.show_base_a();
}
```

二、编程题

1. 编写一个程序，定义一个汽车类（Car），它具有一个需要传递参数的构造函数，类中的数据成员有：车型 model、座位 seat 和车重 weight，并放在保护段中；由父类私有派生出两个类，分别是 JEEP 类和 bus 类。要求每个类都有相关数据的输出。

2. 设计一个父亲类 father、母亲类 mather、子女类 child，其主要数据是姓名、子女使用父亲的姓，最后输出子女的姓名和父母的姓名。

3. 编写一个程序，已有若干名学生数据，这些数据包括学号、姓名、语文成绩、英语成绩和数学成绩，要求设计不同的成员函数并求各门课程的平均分。

4. 建立一个简单的大学管理系统，其中有学生、教师和教辅人员。类的继承关系如图 8-4 所示。每个类定义一个相对于特定的不同的输出函数 print()，输出各类的数据成员。

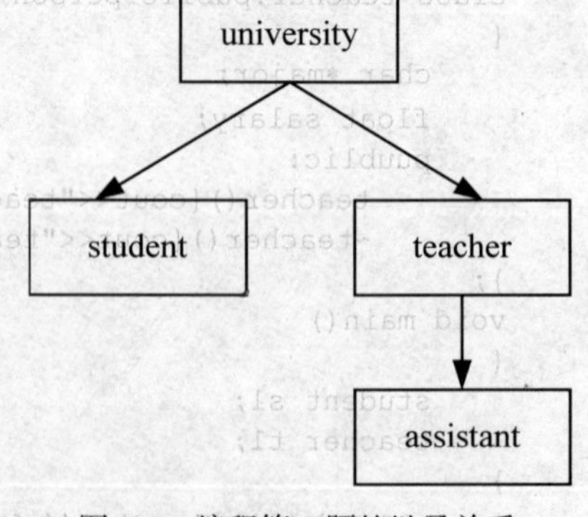

图 8-4 编程第 4 题的继承关系

5. 编一个程序，其中有 3 个类，分别为中国银行、浦发银行和招商银行，每个银行都包含一个用于存储用户存款的成员，要求用面向对象的编程方法求出用户在 3 个银行总的存款金额并显示出来。

第 9 章 多态

9.1 《C++高级语言程序设计》习题答案

9.1 答：修改后的主函数如下。

```
int main(){
    TShape Shape("RED");
    TCircle Circle(TPoint(1,1),10);
    Circle.setColor("GREEN");
    TEllipse Ellipse(TPoint(-1,0),TPoint(1,0), 4u);
    Ellipse.setColor("BLUE");
    TRect Rect(TPoint(0,0), 5,2);
    Rect.setColor("YELLOW");
    cout<<"以对象形式调用同名函数"<<endl;
    Shape.Draw();
    Circle.Draw();
    Ellipse.Draw();
    Rect.Draw();
    cout<<"使用 Tshape 引用调用同名函数"<<endl;
    Tshape& rShape=Circle;           //基类指针指向直接派生类对象
    rShape->setColor("WHITE");
    rShape->Draw();
    cout<<"对象析构"<<endl;
    return 0;
}
```

9.2 参见补充题 9.1。

9.3 答：这两种情况下，基类 TShape 的析构函数都不需要定义为虚析构函数。第一种情况派生类对象是直接创建的，也会直接释放。释放时先调用派生类析构函数，再调用基类析构函数。第二种情况是通过派生类指针来调用派生类析构函数，属于静态联编，也会自动调用基类的析构函数。

只有用动态创建派生类对象地址初始化基类的指针时，才需要定义基类的析构函数为虚析构函数。

9.4 答：

add(a,a)调用非模板函数

add(f, f)调用函数模板

add(a, f)错误，没有可匹配的函数

add(f, a)错误，没有可匹配的函数

请不要以为后两次函数调用可以通过参数自动转换调用非模板函数。因为匹配过程是有顺序的，已经选择过的函数就不会再选择。

程序的修改如下。

```
#include<iostream>
using namespace std;
template<class T>                          //定义函数模板
T add(T x,T y)
{ return x+y ;}
int add(int a, float b);                   //定义重载的非模板函数
{ return a+b ;}
int main()
{ int a=100;
float f=200.5;
cout<<add(a,a);
cout<<add(f, f);
cout<<add(a, f);
cout<<add(f, a);
return 0;
}
```

9.5 答：程序运行的结果

```
200
c
abc
abc
```

字符串比较的结果不正确。应该另外定义非模板函数，进行字符串的比较。

```
#include<iostream>
#include<cstring>
using namespace std;
template<class T>
T max(T x,T y)
{ return (x>y)?x:y;}
char *max(char *s1, char *s2)              //新定义的非模板函数
{ char *temp;
if(strcmp(s1,s2)>0)
temp = s1;
else temp = s2;
return temp;
}
void f(int a,char c)
{ cout<<max(a,200)<<endl;                  //调用模板函数 max(int,int)
cout<<max('c',c)<<endl;                    //调用模板函数 max(char,char)
}
int main()
{ f(100,'a');
char a[]={"abc"},b[]={"bcd"};
cout<<max(a,b)<<endl;                      //调用模板函数 max(char *, char *)
cout<<max(b,a)<<endl;
return 0;
}
```

9.6 答：

只有一处错误：

```
void MyClass< T2, T1 >::display( )
```

应该改为：

```
void MyClass< T1, T2 >::display( )
```

9.7 参见补充题 9.12。

9.2 编程案例及参考例程

例 9.1 分析以下程序，编译时哪些语句会出现错误？为什么？将有错误的语句屏蔽掉以后，程序运行结果如何？其中哪些调用是静态联编，哪些是动态联编？

```
#include <iostream.h>
class BB
{public:
virtual void vf1(){cout<<"BB::vf1 被调用\n";}
virtual void vf2(){cout<<"BB::vf2 被调用\n";}
virtual void vf3(){cout<<"BB::vf3 被调用\n";}
};
class DD:public BB
{public:
virtual void vf1(){cout<<"DD::vf1 被调用\n";}
void vf2(int i){cout<<i<<endl;}
virtual void vf4(){cout<<"DD::vf4 被调用\n";}
};
class EE:public DD
{public:
void vf4(){cout<<"EE::vf4 被调用\n";}
void vf2(){cout<<"EE::vf2 被调用\n";}
void vf3(){cout<<"EE::vf3 被调用\n";}
};
void main()
{ DD d;
  BB *bp=&d;
  bp->vf1();
  bp->vf2();
  d.vf2();
  EE ee;
  DD *dp=&ee;
  dp->vf4();
  dp->vf2();
  dp->vf3();
}
```

分析

基类指针指向派生类对象时，通过指针访问虚函数，能够访问派生类里定义的函数体。如果不是虚函数，则执行基类里定义的函数体。这里是 3 个类之间的继承关系。函数 vf2 的问题为，它在类 BB 里定义为虚函数，在派生类 DD 里定义了同名函数 vf2 并且带参数，两个函数原型不同，两者没有继承关系。在类 EE 里又重新定义函数 vf2。3 个类的函数 vf2 都是各自定义的，没有继承关系。

答案

调用 d.vf2()是错误的：对象将直接调用本类函数，但是 DD 类的 vf2 函数需要一个参数。

调用 dp->vf2()是错误的：由于 DD 类的 vf2 函数和基类 vf2 的参数不一致，虚函数关系不成立，调用将指向 DD 类的 vf2 函数，仍然出现参数的不一致。

这两个语句注释掉后，运行的结果是：

```
DD::vf1  被调用
BB::vf2  被调用
EE::vf4  被调用
EE::vf3  被调用
```

联编的方式分别是：动态联编、静态联编、动态联编、动态联编。

例 9.2　定义 Circle 类和 Rectangle 类为 Shape 类的派生类，通过 Circle 类和 Rectangle 类的对象调用重载函数 getArea()显示对象的面积。在 main 函数中通过基类指针访问派生类对象的成员函数。注意对运行时多态的支持。

分析

希望通过基类指针指向派生类对象，访问不同的类成员函数，实现运行时多态，就需要把函数定义为虚函数，只要在基类中申请虚函数，在派生类中函数原型与基类中保持一致就可以了。采用多文件结构：头文件 shape.h 中是基类 Shape、派生类 Circle 和 Rectangle 的定义。源文件 shape.cpp 是类的成员函数的实现。应用程序 9.2.cpp 中创建了 Circle 类和 Rectangle 类的对象，通过基类指针调用 getArea 函数计算图形的面积，测试运行时动态的实现效果。

程序

```
//例 9.2 派生类对象调用基类同名函数
//shape.h 头文件 Shape、Circle、Rectangle 类的声明
#ifndef SHAPE_H
#define SHAPE_H

class Shape {                         //基类 Shape 的声明
public:
    virtual double getArea() const;
    void print() const;
};                                    //Shape 类声明结束

class Circle : public Shape {         //派生类 Circle 的声明
public:
    Circle( int = 0, int = 0, double = 0.0 );
    double getArea() const;           //返回面积
    void print() const;               //输出 Circle 类对象 t
private:
    int x,y;                          //圆心坐标
    double radius;                    //圆半径
};                                    //派生类 Circle 声明结束

class Rectangle : public Shape {      //派生类 Rectangle 的声明
```

```
public:
    Rectangle( int = 0, int = 0);  //构造函数
    double getArea() const;        //返回面积
    void print() const;            //输出 Rectangle 类对象
private:
    int a,b;                       //矩形的长和宽
};                                 //派生类 Rectangle 声明结束

#endif

//shape.cpp  Shape、Circle、Rectangle 类中方法的实现
#include <iostream>
using std::cout;
using std::endl;
#include "shape.h"                 //包含头文件

double Shape::getArea() const
{
    cout<<"基类的 getArea 函数，面积是 ";  return 0.0;
}                                  //Shape 类 getArea 函数的定义
void Shape::print() const
{
    cout<<"Base class Object"<<endl;
}                                  //Shape 类 print 函数的定义

Circle::Circle( int xValue, int yValue, double radiusValue )
{
    x=xValue;  y=yValue;
    radius= radiusValue ;
}                                  //Circle 类构造函数
double Circle::getArea() const
{
  return 3.14159 * radius * radius;
}                                  //Circle 类 getArea 函数定义
void Circle::print() const
{
   cout << "center is ";
   cout<<"x="<<x<<"   y="<<y;
   cout << "; radius is " << radius<<endl;
}                                  //Circle 类 print 函数定义

Rectangle::Rectangle( int aValue, int bValue )
{
   a=aValue;  b=bValue;
}                                  //Rectangle 类构造函数
double Rectangle::getArea() const
{
   return a * b;
}                                  //Rectangle 类 getArea 函数定义
void Rectangle::print() const
{
   cout << "hight is "<<a;
```

```
    cout<<"width is"<<b<<endl;
}                                     //Rectangle 类 print 函数定义
//9.2.cpp 测试程序
#include <iostream>
using std::cout;
using std::endl;

#include "shape.h"                    //包含头文件
void main()
{
    Shape *shape_ptr;                 //指向基类对象的指针
    Circle circle( 22, 8, 3.5 );      //创建 Circle 类对象
    Rectangle rectangle( 10, 10 );    //创建 Rectangle 类对象
    shape_ptr = &circle;              //Circle 类对象地址初始化基类指针
    cout << "circle 对象初始化 shape_ptr 指针访问的 getArea 函数是 "<<endl;
    cout<<shape_ptr->getArea() << endl; //动态联编

    shape_ptr = &rectangle;           //Rectangle 类对象地址初始化基类指针
    cout << "rectangle 对象初始化 shape_ptr 指针访问的 getArea 函数是 "<<endl;
    cout<<shape_ptr->getArea() << endl; //动态联编
}                                     //结束 main 函数
```

运行结果

```
circle 对象初始化 shape_ptr 指针访问的 getArea 函数是
Circle 类的 getArea 函数，面积是 38.4845
rectangle 对象初始化 shape_ptr 指针访问的 getArea 函数是
Rectangle 类的 getArea 函数，面积是 100
```

程序说明

这种方式的函数调用，在编译的时候是不能确定具体调用哪个函数的。只有程序运行后，才能知道指针 shape_ptr 中存放的是什么对象的地址，然后再决定调用哪个派生类的函数。这是一种运行时决定的多态性。

例 9.3 可以通过基类对象的引用来访问派生类中与基类函数同名的函数。试修改例 9.2 中的 main 函数，定义基类对象的引用，并通过引用来调用派生类的 getArea 函数。观察运行的结果。

分析

在例 9.2 的类定义和类实现中，已经把 getArea 定义为虚函数，在类外也可以通过基类对象引用访问到不同类的 getArea 实现代码，修改例 9.2 的主函数如下。

程序

```
//例 9.3 通过基类对象的引用来访问派生类中与基类函数同名的函数
#include <iostream>
using namespace std;
#include "shape.h" //包含头文件
void main()
{
    Circle circle( 22, 8, 3.5 );      //创建 Circle 类对象
    Rectangle rectangle( 10, 10 );    //创建 Rectangle 类对象
    Shape &shape_ref=circle;
```

```
    cout << "circle 对象初始化 shape_ref 引用访问的 getArea 函数是 "<<endl;
    cout<<shape_ref.getArea() << endl; //动态联编
    Shape &shape_ref1=rectangle;
    cout << "rectangle 对象初始化 shape_ref 引用访问的 getArea 函数是 "<<endl;
    cout<<shape_ref.getArea() << endl; //动态联编
} //结束 main 函数
```

程序说明

运行结果和例 9.2 相同，都能调用不同派生类的 getArea 函数。

例 9.4 定义简单的 Shape 类和 Circle 类，并定义相应的构造函数和析构函数，通过基类指针指向派生类对象，观测创建和释放时如何调用构造函数和析构函数。

分析

基类指针可以指向派生类对象，如果从堆空间分配空间给派生类对象，并由基类指针指向该对象，构造函数是如何被调用的呢？定义派生类对象时，会先执行基类构造函数体，再执行派生类构造函数体。那么释放堆空间时析构函数又是如何被调用的呢？一般对象析构，会先执行派生类析构函数体，再执行基类析构函数体，但是，在这里通过基类指针释放空间，就需要把析构函数定义为虚函数，才能自动调用派生类析构函数，否则，只调用基类析构函数。

程序

```
//例 9.4 虚析构函数的使用
//9.4.cpp
#include <iostream>
using std::cout;

class Shape {                          //基类 Shape 的定义
public:
    Shape(){cout<<"Shape 类构造函数被调用\n";}
    virtual  ~Shape(){cout<<"Shape 类析构函数被调用\n";};
};                                     //Shape 类定义结束

class Circle : public Shape {          //派生类 Circle 的定义
public:
    Circle( int xx= 0, int yy= 0, double rr= 0.0 )
    {x = xx; y = yy; radius =rr;
     cout<<"Circle 类构造函数被调用\n";
    }
    ~Circle(){cout<<"Circle 类析构函数被调用\n"; }
private:
    int x,y;                           //圆心坐标
    double radius;                     //圆半径
};                                     //派生类 Circle 定义结束

void main()
{Shape *shape_ptr;
 shape_ptr = new(Circle)(3,4,5);
 delete shape_ptr;
}
```

程序说明

```
程序运行后在屏幕上显示：
Shape 类构造函数被调用
Circle 类构造函数被调用
Circle 类析构函数被调用
Shape 类析构函数被调用
```

如果不定义析构函数为虚函数，派生类的析构函数将不会被调用，这样就无法释放派生类成员的空间。为了解决派生类对象释放不彻底的问题，必须将基类的析构函数定义为虚析构函数。此时，无论派生类析构函数是不是用 virtual 来说明，也都是虚析构函数。

此时再使用基类对象指针释放派生类对象时，就会通过动态联编调用派生类的析构函数，而指向派生类析构函数后，是一定会调用基类的析构函数的。从而使得所创建的派生类对象可以完全地释放。

注意　即使在派生类的其他成员函数的定义中没有使用动态联编，也需要考虑是否必须使用虚析构函数。

例 9.5　如果在例 9.4 中定义一个 Circle 类的对象，这个对象将占用多大的存储空间？注意 Shape 的析构函数定义为虚析构函数。如果将基类 Shape 和派生类 Circle 的析构函数都显式地定义为虚析构函数，这个对象占用的存储空间又是多大？

答案

这个对象的空间是 24 字节。首先有 16 字节是数据成员的存储空间：两个整型数据和一个实型数据的空间；另外就是虚函数表的空间，这里只有一个虚析构函数。

基类和派生类析构函数都用 virtual 说明后，这个对象的空间仍然是 24 字节。说明基类析构函数定义为虚析构函数后，派生类的析构函数就是虚析构函数了，无论派生类的析构函数是否用 virtual 来说明。

例 9.6　在例 9.4 中，如果将 main 函数修改为

```
void main()
{Circle circle(3,4,5);
Shape &shape_ref=circle;
}
```

或者

```
void main()
{Circle *circle_ptr=new Circle(3,4,5);
delete circle_ptr;
}
```

在这两种情况下，基类 Shape 的析构函数是不是必须定义为虚析构函数？

再结合例 9.4 本身，对于虚析构函数的定义可以得出什么结论？

答案

这两种情况下，基类 Shape 的析构函数都不需要定义为虚析构函数。第一种情况派生类对象是直接创建的，也会直接释放。释放时先调用派生类析构函数，再调用基类析构函数。第二种情况是通过派生类指针来调用派生类析构函数，属于静态联编，也会自动调用基类的析构函数。

只有用动态创建派生类对象地址初始化基类的指针时，才需要定义基类的析构函数为虚析构函数。

例 9.7　编写一个程序，可以动态地创建 Circle 类或者 Rectangle 类的对象，并且显示所创建对象的面积。在编程中注意使用多态性。

分析

为了使程序尽可能具有通用性，在基类 Shape 中定义函数 getArea 为纯虚函数，并且统一用指向基类的指针指向所创建的对象。

在 main 函数中通过函数 creat_object 来创建对象，所创建对象的地址赋值给基类指针*ptr。由于该函数是通过函数的参数修改指针中的地址，因此，不能直接用指针作为函数的参数，而要用指针变量的地址来作为参数。

通过函数 display_area 输出对象的面积。

函数都使用同样的基类指针作为参数。注意创建不同派生类对象时，这个指针中的地址也是不同派生类对象的地址。

程序

```
//例 9.7 纯虚函数的应用
// shape2.h 头文件
#ifndef SHAPE_H
#define SHAPE_H

class Shape {                              //基类 Shape 的声明
public:
    virtual double getArea() const=0;  //纯虚函数
    void print() const;
    virtual ~Shape(){}                     //虚析构函数
};                                         //Shape 类声明结束

class Circle : public Shape {              //派生类 Circle 的声明
public:
    Circle( int = 0, int = 0, double = 0.0 );
    double getArea() const;                //返回面积
    void print() const;                    //输出 Circle 类对象
protected:
    int x,y;                               //圆心坐标
    double radius;                         //圆半径
};                                         //派生类 Circle 声明结束

class Rectangle : public Shape {           //派生类 Rectangle 的声明
public:
    Rectangle( int = 0, int = 0);          //构造函数
    double getArea() const;                //返回面积
    void print() const;                    //输出 Rectangle 类对象
protected:
    int a,b;                               //矩形的长和宽
};                                         //派生类 Rectangle 声明结束
#endif

// shape2.cpp
#include <iostream>
```

```
using std::cout;
using std::endl;
#include "shape2.h"                    //包含头文件

void Shape::print() const
{
     cout<<"Base class Object"<<endl;
}                                      //Shape类print函数定义

Circle::Circle( int xValue, int yValue, double radiusValue )
{
     x=xValue;  y=yValue;
     radius= radiusValue ;
}                                      //Circle类构造函数
double Circle::getArea() const
{
     cout<<"Circle类的getArea函数，面积是 ";
     return 3.14159 * radius * radius;
}                                      //Circle类getArea函数定义
void Circle::print() const
{
    cout << "center is ";
    cout<<"x="<<x<<"   y="<<y;
    cout << "; radius is " << radius<<endl;
}                                      //Circle类print函数定义

Rectangle::Rectangle( int aValue, int bValue )
{
     a=aValue;  b=bValue;
}                                      //Rectangle类构造函数
double Rectangle::getArea() const
{
     cout<<"Rectangle类的getArea函数，面积是 ";
     return a * b;
}                                      //Rectangle类getArea函数定义
void Rectangle::print() const
{
    cout << "hight is "<<a;
    cout<<"width is"<<b<<endl;
}                                      //Rectangle类print函数定义

// 9.7.cpp
#include <iostream>
using std::cout;
using std::cin;
using std::endl;

#include "shape2.h"                    //包含头文件
void creat_object(Shape **ptr);
void display_area(Shape *ptr);
void delete_object(Shape *ptr);

void main()
```

```
{   Shape *shape_ptr;
    creat_object(&shape_ptr);
    display_area(shape_ptr);
    delete_object(shape_ptr);
}                                          //结束 main 函数
void creat_object(Shape **ptr)
{   char type;
    *ptr = NULL;
    do{
      cout<<"创建对象。c:Circle 类对象; r:Rectangle 类对象"<<endl;
      cin>>type;
      switch (type)
      {case 'c':
       {int xx,yy;
        double rr;
        cout<<"请输入圆心的坐标和圆的半径: ";
        cin>>xx>>yy>>rr;
        *ptr = new Circle(xx,yy,rr);
        break;
       }
      case 'r':
      {int aa,bb;
       cout<<"请输入矩形的长和宽: ";
       cin>>aa>>bb;
       *ptr = new Rectangle(aa,bb);
       break;
      }
      default:cout<<"类型错误，请重新选择\n";
      }
      }while(*ptr==NULL);
}

void display_area(Shape *ptr)
{   cout<<"显示所创建对象的面积，调用的是"<<endl;
    cout<<ptr->getArea() << endl;
}

void delete_object(Shape *ptr)
{   delete(ptr);
}
```

程序说明

这个程序中，使用了虚函数、纯虚函数、虚析构函数、基类指针访问派生类对象等技术，实现了运行时的多态。

程序具有很好的通用性。所创建的对象，不论是哪个派生类的，都通过同一个基类的指针来访问。而不论是哪个派生类的对象，都是通过同一个函数 display_area 来显示对象的面积。如果需要，还可以编写另一个或者几个函数，统一处理派生类对象的其他操作。例如，通过一个 display_object 显示对象的全面信息等。

程序具有很好的可扩展性。如果需要增加新的派生类，不论是 Shape 的派生类还是 Circle 的派生类，当然要增加和派生类定义有关的代码，并且在创建对象时也要增加一种类型。而其他反映派生类对象行为的函数（如 display_area，display_object 等函数）都不需要修改，就可以显示新增加类的对象的面积。这种可扩展性也是多态性特点的一种具体的体现。

这个例子还显示了：抽象类中可以为各派生类定义一些通用的接口。这些通用的接口就是抽象类中的纯虚函数。新增加的派生类的对象，都可以使用这样的通用接口，表现派生类对象的行为特性。

例 9.8 在例 9.7 的基础上，现在需要增加一个 Rectangle 的派生类：Cube，也就是立方体类。任意创建 Circle、Rectangle、Cube 类的对象，并显示对象的面积。

分析

现在需要做的只有两件事：定义新的 Cube 类，并且在 create_object 函数中增加创建 Cube 类对象的内容。其他函数就不需要修改了。

可以增加一个新类定义的头文件和相应的.cpp 文件，称为 cube.h 和 cube.cpp。修改 main 函数中的函数 create_object。原来定义的 Shape2.h 和 Shape2.cpp 仍然可以继续使用。函数 display_area 和 delete_object 都不需要修改。

程序

```
//例 9.8  抽象类和软件重用
//cube.h  头文件 Cube 类的声明
#ifndef CUBE_H
#define CUBE_H
#include "shape2.h"                      //包含头文件

class Cube : public Rectangle {          //派生类 Cube 的声明
public:
    Cube(int, int, int);
    double getArea() const;
    void print() const;
protected:
    int c;
};                                       //Cube 类声明结束
#endif                                   //cube.h 文件结束

//cube.cpp
#include <iostream>
using namespace std;

#include "shape2.h"
#include "cube.h"

Cube::Cube(int aValue, int bValue, int cValue)
:Rectangle(aValue,bValue)
{
    c=cValue;
}
double Cube::getArea() const
{
    cout<<"Cube 类的 getArea 函数，表面积是：";
    return 2*(a*b+b*c+c*a);
}
void Cube::print() const
```

```
{
    Rectangle::print();
    cout<<"height is "<<c<<endl;
}

//9.8.cpp
#include <iostream>
using std::cout;
using std::cin;
using std::endl;

#include "cube.h"

void creat_object(Shape **ptr);
void display_area(Shape *ptr);
void delete_object(Shape *ptr);

void main()
{
    Shape *shape_ptr;
    creat_object(&shape_ptr);
    display_area(shape_ptr);
    delete_object(shape_ptr);
}                               //结束 main 函数
void creat_object(Shape **ptr)
{   char type;
    *ptr = NULL;                //空指针
    do{
     cout<<"创建对象。请选择：";
     cout<<"c:Circle 类对象；r:Rectangle 类对象；u:Cube 类对象"<<endl;
     cin>>type;
    switch (type)
     {case 'c':                 //创建 Circle 类对象
      {int xx,yy;
       double rr;
       cout<<"请输入圆心的坐标和圆的半径：";
       cin>>xx>>yy>>rr;
       *ptr = new Circle(xx,yy,rr);
        break;
      }
      case 'r':                 //创建 Rectangle 类对象
      {int aa,bb;
       cout<<"请输入矩形的长和宽：";
       cin>>aa>>bb;
       *ptr = new Rectangle(aa,bb);
       break;
      }
      case 'u':                 //创建 Cube 类对象
      {int aa,bb,cc;
       cout<<"请输入立方体的长、宽、高：";
       cin>>aa>>bb>>cc;
       *ptr = new Cube(aa,bb,cc);
```

```
            break;
            }
            default:cout<<"类型错误，请重新选择\n";
            }
            }while(*ptr==NULL);
}

void display_area(Shape *ptr)
{   cout<<"显示所创建对象的面积，调用的是"<<endl;
    cout<<ptr->getArea() << endl;
}

void delete_object(Shape *ptr)
{    delete(ptr);
}
```

程序说明

将以上 3 个文件：cube.h、cube.cpp、9.8.cpp 和文件 shape2.h、shape2.cpp 共 5 个文件在 VC 编译环境中进行编译，就实现了新的功能：实现程序的功能扩展。

程序运行后，屏幕的显示可以如下。

```
创建对象。请选择：c:Circle 类对象；r:Rectangle 类对象；u:Cube 类对象
u
请输入立方体的长、宽、高：4 5 6
显示所创建对象的面积，调用的是
Cube 类的 getArea 函数，表面积是 148
```

在本例的 main 函数中，很容易加上循环，以便反复地产生各种对象，以及输出相应的信息。当然，也必须能够在一定条件下，结束对象的创建和退出程序。读者可以自己完成这样的修改。

例 9.9 以下程序中，使用了重载函数模板。请问在 main 函数的 4 次函数调用中，分别调用的是哪个函数？如果出现错误的调用，请指出并加以改正。

```
#include<iostream>
using namespace std;
template<class T>            //定义函数模板
T add(T x,T y)
{return x+y ;}
int add(int a, int b);       //定义重载的非模板函数
{return a+b ;}
void main()

{ int a=100;
float f=200.5;
cout<<add(a,a);
cout<<add(f, f);
cout<<add(a, f);
cout<<add(f, a);
}
```

答案

add(a,a)调用非模板函数

add(f, f)调用函数模板

add(a, f)错误，没有可匹配的函数

add(f, a)错误，没有可匹配的函数

请不要以为后两次函数调用可以通过参数自动转换调用非模板函数。因为匹配过程是有顺序的，非模板函数是首先选择的，因为不能直接匹配而放弃。以后就不会再被选择。

程序的修改如下。

```
#include<iostream>
using namespace std;
template<class T>              //定义函数模板
T add(T x,T y)
{ return x+y ;}
int add(int a, float b);   //定义重载的非模板函数
{ return a+b ;}
void main()
{ int a=100;
float f=200.5;
cout<<add(a,a);
cout<<add(f, f);
cout<<add(a, f);
cout<<add(f, a);
}
```

例 9.10 以下带有函数模板的程序运行结果是什么？结果是不是正确？为什么？如果结果有不正确的地方，请修改程序，以得到正确的结果。

```
#include<iostream>
#include<cstring>
using namespace std;
template<class T>              //函数模板的定义
T max(T x,T y)
{ return (x>y)?x : y;
}
void f(int a,char c)
{ cout<<max(a,200)<<endl; //调用模板函数max(int,int)
cout<<max('c',c)<<endl;   //调用模板函数max(char,char)
}
void main()
{ f(100,'a');
char a[]={"abc"},b[]={"bcd"};
cout<<max(a,b)<<endl;      //调用模板函数max(char *, char *)
cout<<max(b,a)<<endl;
}
```

答案

程序运行结果如下。

```
200
c
abc
abc
```

字符串比较的结果不正确。应该另外定义非模板函数，进行字符串的比较。结果如下。

```
#include<iostream>
#include<cstring>
using namespace std;
template<class T>
```

```
T max(T x,T y)
{ return (x>y)?x:y;}
char *max(char *s1, char *s2)  //新定义的非模板函数
{ char *temp;
if(strcmp(s1,s2)>0)
temp = s1;
else temp = s2;
return temp;
}
void f(int a,char c)
{ cout<<max(a,200)<<endl;        //调用模板函数 max(int,int)
cout<<max('c',c)<<endl;          //调用模板函数 max(char,char)
}
void main()
{ f(100,'a');
char a[]={"abc"},b[]={"bcd"};
cout<<max(a,b)<<endl;            //调用模板函数 max(char *, char *)
cout<<max(b,a)<<endl;
}
```

修改后程序运行结果如下。

```
200
c
bcd
bcd
```

例 9.11 以下使用类模板的程序，哪些地方是错误的？

```
#include <iostream>
using namespace std;
template <class T1, class T2>
class MyClass
{ T1 x;
T2 y;
public:
MyClass( T1 a, T2 b );
void display( );
};
template < class T1, class P2>
MyClass< T1,P2 >::MyClass( T1 a, P2 b )
{ x = a;
y = b;
}
template <class T1, class T2>
void MyClass< T2, T1 >::display( )
{ cout<<x<<endl;
cout<<y<<endl;
}
void main()
{ MyClass<int,float> ss(6,6.6);
ss.display();
}
```

答案

只有一处错误：

```
void MyClass< T2, T1 >::display( )
```

应该改为：

```
void MyClass< T1, T2 >::display( )
```

例 9.12 编程实现一个通用的栈类，要求创建的栈的大小是可变的。栈的成员函数包括进栈（push）、出栈（pop）、判栈空（stackEmpty）、判栈满（stackFull）。栈的数据成员请自己考虑，并编写简单的测试程序。

分析

栈是一种先进后出的数据区，不同数据类型需要分别定义相应的栈类。为了避免这种重复的定义方式，可以使用类模板。如果要求创建的栈的大小可变，就不能用数组作为栈的存储体，而应该申请堆空间。

安排一个栈指针 top 指向栈顶。栈指针 top 初始化在栈的最高位置，每次进栈（push）操作，top 先减 1，再存入数据。每次出栈（pop）时，数据弹出后，top 加 1。当 top = 0 时，表示栈满。

程序

```
//例 9.12 栈类模板
#include <iostream>
using namespace std;
template< class T >
class myStack {
public:
myStack( int = 5 );                 //默认栈的大小是 5
~myStack()                          //析构函数
{ delete [] stackPtr;
}
bool push( const T& );              //push 函数原型
bool pop( T& );                     //pop 函数原型
bool stackEmpty() const             //检查栈空函数
{ return top == size;
}
bool stackFull() const              //检查栈满函数
{ return top == 0;
}
private:
int size;                           //栈的大小
int top;                            //栈顶指示
T *stackPtr;                        //栈存储区
};
template< class T >                 //构造函数定义
myStack< T >::myStack( int s )
{ size = s > 0 ? s : 5;
top = size;                         //空栈时
stackPtr = new T[ size ];           //申请栈的空间
}
template< class T >                 //push 函数定义
bool myStack< T >::push( const T &pushValue )
{ if ( !stackFull() ) {
stackPtr[ --top ] = pushValue; //top 减 1 后数据入栈
return true;                        //入栈成功
}
return false;                       //否则，进栈不成功
}
```

```
template< class T > //pop 函数定义
bool myStack< T >::pop( T &popValue )
{ if ( !stackEmpty() ) {
popValue = stackPtr[ top++ ];  //数据出栈后 top 加 1
return true;                    //出栈成功
}
cout<<"栈内无数据可以弹出\n ";
return false;                   //出栈不成功
}
void main()                     //栈类模板测试程序
{ myStack<int> ss;              //实例化为整数栈
ss.push(4);
int m;
ss.pop(m);
cout<<m<<endl;
myStack<char*> ww;              //实例化为字符串栈
ww.push("China");
char *p;
ww.pop(p);
cout<<p<<endl;
ww.pop(p);
}
```

例 9.13 某小型公司需要一个简单的员工管理系统，公司的员工分为 4 类：经理，每月有固定工资；兼职技术人员，按工作时间计算薪酬；兼职销售人员，按销售额获得提成；销售经理，每月在固定工资的基础上再加上销售提成。希望每月月底打印出所有员工的工资单。

分析

4 类员工计算薪酬的方法不同，可以设计一个员工类作为抽象类，每个员工的属性应该有：姓名、工号、月薪，4 个派生类可以在此基础上增加属性。设计的类图如图 9-1 所示。

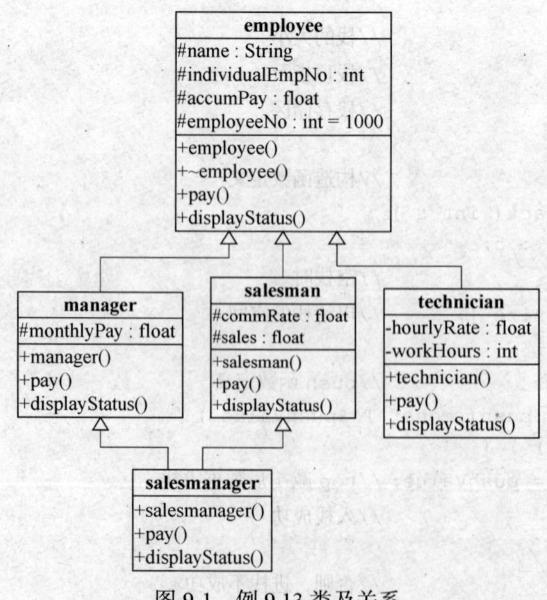

图 9-1 例 9.13 类及关系

从图中可以看出，“销售经理”从两个基类中派生，并且这两个基类还有共同的基类，所以需要声明为虚拟继承。

在员工类中用静态数据成员来记录工号的最大编号。编号希望统一用 4 位数字，所以为静态数据成员赋初值 1 000。

程序

```
//例 9.13 基于类的简单的员工管理系统
//employee.h  头文件 各个类的声明
class employee
{
protected:
    char *name;                          //姓名
    int individualEmpNo;                 //个人编号
    float accumPay;                      //月薪总额
    static int employeeNo;               //本公司职员编号目前最大值
public:
    employee();                          //构造函数
    ~employee();                         //析构函数
    virtual void pay()=0;                //计算月薪函数（纯虚函数）
    virtual void displayStatus()=0;      //显示人员信息（纯虚函数）
};

class technician:public employee         //兼职技术人员类
{
private:
    float hourlyRate;                    //每小时酬金
    int workHours;                       //当月工作时数
public:
    technician();                        //构造函数
    void pay();                          //计算月薪函数
    void displayStatus();                //显示人员信息
};

class salesman:virtual public employee //兼职推销员类
{
protected:
    float CommRate;                      //按销售额提取酬金的百分比
    float sales;                         //当月销售额
public:
    salesman();                          //构造函数
    void pay();                          //计算月薪函数
    void displayStatus();                //显示人员信息
};

class manager:virtual public employee  //经理类
{
protected:
    float monthlyPay;                    //固定月薪数
```

```
public:
    manager();                                         //构造函数
    void pay();                                        //计算月薪函数
    void displayStatus();                              //显示人员信息
};

class salesmanager:public manager,public salesman    //销售经理类
{
public:
    salesmanager();                                    //构造函数
    void pay();                                        //计算月薪函数
    void displayStatus();                              //显示人员信息
};

//empfunc.cpp  各个类的方法的实现
#include<iostream.h>
#include<string.h>
#include"employee.h"

int employee::employeeNo=1000;                         //员工编号基数为

employee::employee()
{
    char namestr[50];                                  //输入雇员姓名时首先临时存放在 namestr 中
    cout<<"请输入下一个雇员的姓名:";
    cin>>namestr;
    name=new char[strlen(namestr)+1];                  //动态申请用于存放姓名的内存空间
    strcpy(name,namestr);                              //将临时存放的姓名复制到 name
    individualEmpNo=employeeNo++;                      //新输入的员工，其编号为目前最大编号加
    accumPay=0.0;                                      //月薪总额初值为
}

employee::~employee()
{
    delete name;                                       //在析构函数中删除为存放姓名动态分配的内存空间
}

technician::technician()
{   hourlyRate=100;                                    //每小时酬金元
}

void technician::pay()
{
    cout<<"请输入"<<name<<"本月的工作时数:";
    cin>>workHours;
    accumPay=hourlyRate*workHours;                     //计算月薪，按小时计酬
    cout<<"兼职技术人员"<<name<<"编号"<<individualEmpNo
        <<"本月工资"<<accumPay<<endl;
}
void technician::displayStatus()
```

```
{
    cout<<"兼职技术人员"<<name<<"编号"<<individualEmpNo
        <<"级别为"<<grade<<"级，已付本月工资"<<accumPay<<endl;
}

salesman::salesman()
{   CommRate=0.04;    //销售提成比例%
}

void salesman::pay()
{
    cout<<"请输入"<<name<<"本月的销售额：";
    cin>>sales;
    accumPay=sales*CommRate;   //月薪=销售提成
    cout<<"推销员"<<name<<"编号"<<individualEmpNo
        <<"本月工资"<<accumPay<<endl;
}

void salesman::displayStatus()
{
    cout<<"推销员"<<name<<"编号"<<individualEmpNo
        <<"级别为"<<grade<<"级，已付本月工资"<<accumPay<<endl;
}

manager::manager()
{   monthlyPay=8000; //固定月薪元
}

void manager::pay()
{
    accumPay=monthlyPay;  //月薪总额即固定月薪数
    cout<<"经理"<<name<<"编号"<<individualEmpNo
        <<"本月工资"<<accumPay<<endl;
}

void manager::displayStatus()
{
    cout<<"经理"<<name<<"编号"<<individualEmpNo
        <<"级别为"<<grade<<"级，已付本月工资"<<accumPay<<endl;
}

salesmanager::salesmanager()
{
    monthlyPay=5000;
    CommRate=0.005;
}

void salesmanager::pay()
{
    cout<<"请输入"<<employee::name<<"所管辖部门本月的销售总额：";
    cin>>sales;
```

```
        accumPay=monthlyPay+CommRate*sales;  //月薪=固定月薪+销售提成
        cout<<"销售经理"<<name<<"编号"<<individualEmpNo
            <<"本月工资"<<accumPay<<endl;
}

void salesmanager::displayStatus()
{
        cout<<"销售经理"<<name<<"编号"<<individualEmpNo
            <<"级别为"<<grade<<"级，已付本月工资"<<accumPay<<endl;
}

//测试用主程序：9.13.cpp
#include<iostream.h>
#include"employee.h"

int main()
{
        manager m1;
        technician t1;
        salesmanager sm1;
        salesman s1;
        employee *emp[4]={&m1,&t1,&sm1,&s1};
        //用指针数组的各个元素存放各对象的地址

        int i;
        for(i=0;i<4;i++)
        {          /*依次调用各派生类对象的成员函数，完成各自不同的升级、
            月薪计算、信息功能显示。*/
            emp[i]->promote();
            emp[i]->pay();
            emp[i]->displayStatus();
        }
        return 0;
}
```

9.3 实验题

一、基础题

1. 在程序中填上适当的语句，输出如图 9-2 所示的结果，并对带注释标记的语句进行功能注释。

```
#include<iostream>
#include<string>
using namespace std;
class base
{  char *sptr;
   int str_len;
public:
   base(char *s);        //
   base(base &s1);       //
   ~base();
```

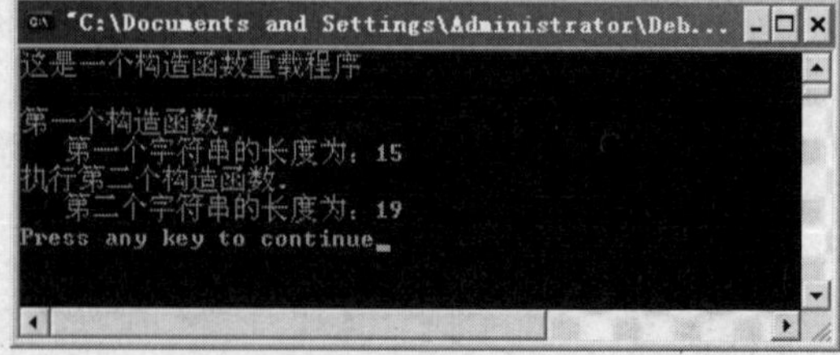

图 9-2　第 1 题的输出

```
    int getlen(){return str_len;}
    void print(){cout<<sptr<<endl;
      }
   };
base::base(char *s)
{str_len=strlen(s);
______________________________;
strcpy(sptr,s);                  //
}
base::base(base &s1)
{str_len=s1.str_len;
______________________________;
strcpy(sptr,s1.sptr);
}
base::~base()                    //
{delete sptr;
}
void main()
{ cout<<"这是一个构造函数重载程序"<<endl<<endl;
  base obj("第一个构造函数.");
  obj.print();
  cout<<"   第一个字符串的长度为: "<<obj.getlen()<<endl;
  char *p="执行第二个构造函数.";
  base obj1str1(p);              //
  base str2(str1);               //
  str2.print();
  cout<<"   第二个字符串的长度为: "<<str2.getlen()<<endl;
}
```

2. 写出下列程序的结果，并对带注释标记的语句进行功能注释。

要求：将程序中的虚函数 virtual void print1()改为 void print1()，分析两次运行的结果。

```
#include<iostream>
using namespace std;
class base
{
public:
    virtual void print1()        //
{cout<<"This is a base class. \n";}
};
class derived1:public base
{
    void print1()                //
    {cout<<"The first derivation.\n";}
};
class derived2:public base
{
    void print1()                //
    {cout<<"The second derivation.\n";}
};
void main()
{ base a1,*p;                    //
   derived1 x;                   //
   derived2 y;                   //
   p=&a1;
   p->print1();
   p=&x;
```

```
  p->print1();
  p=&y;
  p->print1();
}
```

3．阅读下列程序，修改其中的错误，运行结果应如图 9-3 所示，对带注释标记的语句进行功能注释。

图 9-3　第 3 题的输出

```
#include<iostream>
using namespace std;
class base
{ int n;
publid:
   base(){  n=0; }
   base(int i){n=i;}
   base operator+(base c)  //
   {
    base temp;
    base.n=n+c.n;          //
    return temp;
    }
void disp()
{ cout<<"n="<<n<<endl;}
};
void main()
{base c1(5),c2(10),c3;
 c3=c1+c2;                 //
 c1.display();
 c2.display();
 c3.display();
}
```

4．阅读下列程序，然后将构造函数 date(int a,int b,int c) { m=a; d=b; y=c; }换成 date(int m,int d,int y) { this->m=m; this->d=d; this->y=y; }，并对运行结果进行说明。

```
#include<iostream>
using namespace std;
static int dys[]={31,28,31,30,31,30,31,31,30,31,30,31};
     class date
     {
          int m,d,y;
     public:
          date(int a,int b,int c) { m=a; d=b; y=c; }
          date() {}
          void disp() { cout<<m<<"/"<<d<<"/"<<y<<endl; }
          date operator+(int day)
          {
               date dt=*this;
               day+=dt.d;
               while(day>dys[dt.m-1])
               {
                    day-=dys[dt.m-1];
                    if(++dt.m==13) { dt.m=1; dt.y++; }
               }
               dt.d=day;
               return dt;
          }
     };
     void main()
```

```
    {
        date d1(2,7,2011), d2=d1+45;
        d2.disp();
    }
```

5. 写出下面程序的结果，并对带注释标记的语句进行功能注释。

```
#include<iostream>
using namespace std;
    class base
    {
    int x,y;
public:
    base(int i, int j){x=i;y=j; }
    virtual int add(){return x+y;}
    };

    class derived1:public base
    {
    public:
        derived1(int i,int j):base(i,j){}
        int add(){return base::add();}
    };

    class derived2:public base
    { int a,b,c;
    public:
        derived2(int i,int j,int k):base(i,j)
        {a=k;
        cin>>b>>c;
        c=k*(b+c);
        }
        int add(){return base::add()+c;
        }
    };
    void display(base *obj)
    {
    cout<<"  两个参数相加或三个参数相加的结果: "<<obj->add()<<endl;
        }
void main()
{ derived1 *p=new derived1(5,7);
  derived2 *q=new derived2(1,2,3);
  cout<<"输出结果:"<<endl;
  display(p);
  display(q);
}
```

二、编程题

1. 利用 C++的多态性编写一个简单的学院管理程序，处理的信息包括教师、职员、学生和教辅人员等 4 类对象。分别声明对象并进行检验。

2. 编写一个程序，定义一个基类，其中包括：设置输入电脑、家电销售量的函数，另一个输出电脑、家电名的函数和一个虚函数。由父类派生电脑类和家电类。要求用虚函数分别判断电脑和家电的销售情况。分别声明对象并进行检验。

3. 设计一个程序，定义一个抽象类——汽车类，由父类派生轿车（car）、越野车（SUV）、商用车（MPV）3 个子类。在各子类中分别用一个成员函数输出车型、外形尺寸、车门数、座位数等。要求成员函数保持相同的函数名，即达到成员函数的多态。分别声明对象并进行检验。

第10章 Windows 程序设计基础

Windows 是多任务操作系统，有一个图形界面，所有程序都通过菜单和对话框与用户进行信息交互。要编写 Windows 程序，就必须了解 Windows 的相关知识，遵守 Windows 的相应规则。

10.1 基于 Windows API 编程

从程序员的角度看，一致的用户界面来自于 Windows 构造菜单和对话框的内置程序，所有菜单都有同样的键盘和鼠标界面。这项工作是由 Windows 而不是由应用程序处理的。编写应用程序时，需要通过 Windows API（Application Program Interface）与 Windows 进行交互，包括函数调用、使用相关的数据类型和结构。

按照下面步骤建立一个最简单的 Windows 程序。

第 1 步：从菜单中选择“文件→新建→项目→win32→win32 项目”命令，界面如图 10-1 所示。输入名称，然后单击“确定”按钮。

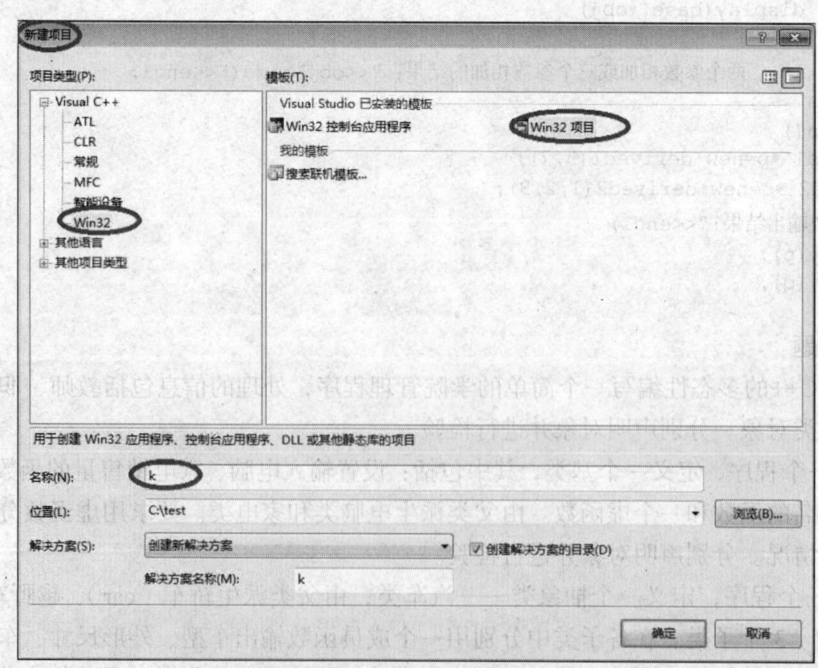

图 10-1 新建项目

第 2 步：单击“下一步”铵钮，在“应用程序设置”时，要选择“空项目”，然后单击“完成”按钮，如图 10-2 所示。

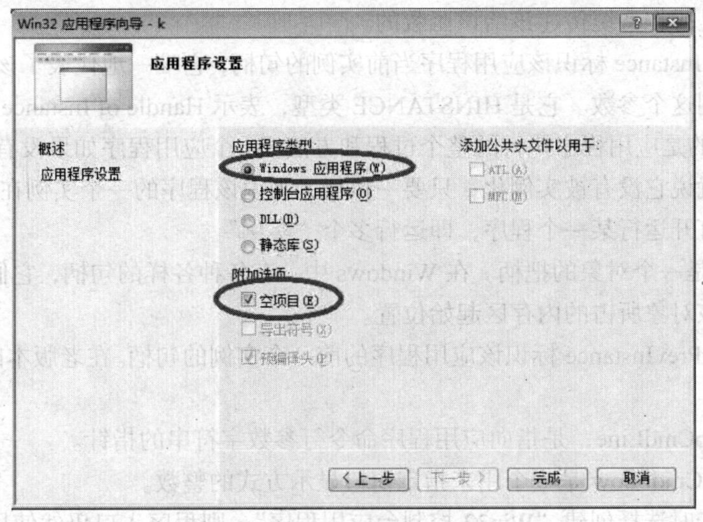

图 10-2　应用程序设置

第 3 步：从菜单中选择“项目→添加新项”命令，在弹出的对话框中选择“代码”，然后选择“C++文件（.cpp）”，输入名称，单击“添加”按钮，就可以编写源程序了。

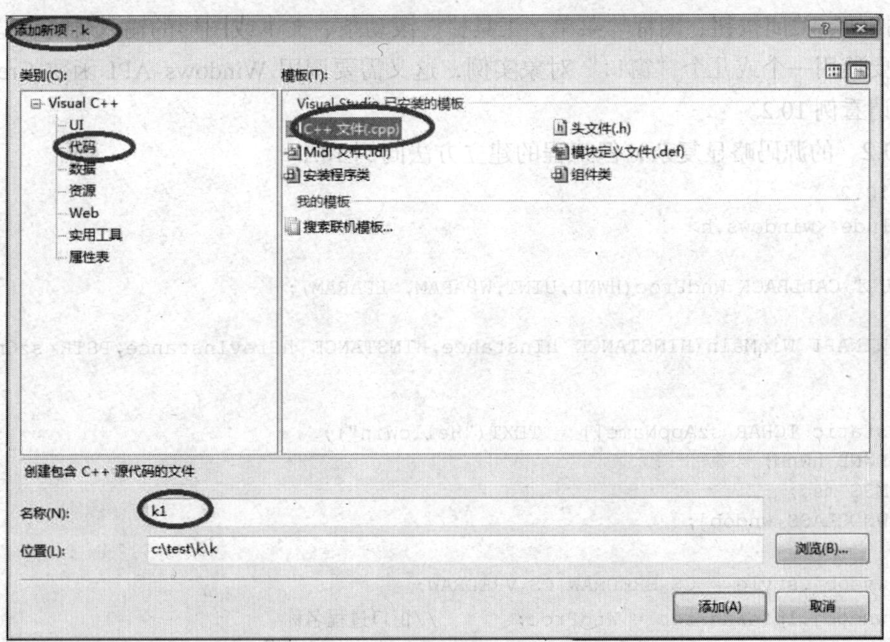

图 10-3　添加新项

例 10.1　最简单的 Windows 程序示例 R1.cpp

```
//例 10.1
#include <windows.h>
int WINAPI WinMain(HINSTANCE hInstance,HINSTANCE hPrevInstance,PSTR szCmdLine,int nShowCmd)
{
    MessageBox(NULL,TEXT("Hello world!"),TEXT("HelloWin"),0);
```

```
    return 0;
}
```

在这里，WinMain 代替了 main 函数，它是一个 Windows API 函数。该函数必须带有 4 个参数，这 4 个参数是操作系统传递该给该函数的。

第 1 个参数 hInstance 标识该应用程序当前实例的句柄，它唯一地代表了该应用程序，在后面建立窗口时会用到这个参数。它是 HINSTANCE 类型，表示 Handle of Instance，即实例的句柄。

“实例”代表的是应用程序执行的整个过程和方法。一个应用程序如果没有被执行，只是存在于磁盘上，那么就说它没有被实例化；只要一执行，则说该程序的一个实例在运行。在 Windows 中，能多次同时打开运行某一个程序，即运行多个“实例”。

“句柄”指的是一个对象的把柄。在 Windows 中，有各种各样的句柄，它们都是 32 位的指针变量，用来指向该对象所占的内存区起始位置。

第 2 个参数 hPrevInstance 标识该应用程序的前一个实例的句柄。在老版本的 Windows 操作系统中需要使用它。

第 3 个参数 lpCmdLine，是指向应用程序命令行参数字符串的指针。

第 4 个参数 nCmdShow 是一个用来指定窗口显示方式的整数。

如果在第 1 步时选择创建“Win32 控制台应用程序”，则程序入口仍然使用 main 函数，程序运行时会出现控制台界面，但在程序中可以调用 Windows API 函数实现所需的功能。第 11 章“课程设计”案例——俄罗斯方块就是这样的应用，可以在控制台显示彩色的文字和图形。

程序中调用 MessageBox 函数创建一个消息“窗口”。“窗口”是一个类，组件成员包括标题栏、缩放按钮、关闭按钮、图标、菜单、工具栏、滚动条、文本或图形的输入/显示区。每个应用程序都需要使用一个或几个“窗口”对象实例，这又需要调用 Windows API 函数 CreateWindow 来实现，请看例 10.2。

例 10.2 的源码略显复杂，但工程的建立方法同例 10.1。

```
//例 10.2
#include <windows.h>

LRESULT CALLBACK WndProc(HWND,UINT,WPARAM, LPARAM);

int WINAPI WinMain(HINSTANCE hInstance,HINSTANCE hPrevInstance,PSTR szCmdLine,int
nShowCmd)
{
    static TCHAR szAppName[] = TEXT("HelloWin");
    HWND hwnd;
    MSG msg;
    WNDCLASS wndobj;

    wndobj.style = CS_HREDRAW|CS_VREDRAW;
    wndobj.lpfnWndProc = WndProc;        //窗口过程名称
    wndobj.cbClsExtra = 0;
    wndobj.cbWndExtra = 0;
    wndobj.hInstance = hInstance;
    wndobj.hIcon = LoadIcon(NULL,IDI_APPLICATION);
    wndobj.hCursor = LoadCursor(NULL,IDC_ARROW);
    wndobj.hbrBackground= (HBRUSH) GetStockObject(WHITE_BRUSH);
    wndobj.lpszMenuName = NULL;
    wndobj.lpszClassName = szAppName;
```

```
    if (!RegisterClass(&wndobj))                    //第 1 件事：窗口类注册
    {
        MessageBox(NULL,TEXT("HELLOWIN ERROR"),szAppName,MB_ICONERROR);
        return 0;
    }
//第 2 件事：创建窗口
    hwnd = CreateWindow(szAppName,                  //window class name
                        TEXT("The Hello Window Program"),  //window caption
                        WS_OVERLAPPEDWINDOW,        //window style
                        CW_USEDEFAULT,              //initial x position
                        CW_USEDEFAULT,              //initial y position
                        CW_USEDEFAULT,              //initial x size
                        CW_USEDEFAULT,              //initial y size
                        NULL,                       //parent window handle
                        NULL,                       //window menu handle
                        hInstance,                  //program instance handle
                        NULL);                      //creation parameters
    ShowWindow(hwnd,nShowCmd);
    UpdateWindow(hwnd);

    while(GetMessage(&msg,NULL,0,0))  //第 3 件事：消息循环
    {
        TranslateMessage(&msg);
        DispatchMessage(&msg);
    }
    return msg.wParam;
}
//第 4 件事：窗口过程
LRESULT CALLBACK WndProc(HWND hwnd,UINT message,WPARAM wParam,LPARAM lParam)
{
    HDC hdc;
    PAINTSTRUCT ps;
    RECT rect;

    switch(message)
    {
    case WM_CREATE:
        return 0;
    case WM_PAINT:
        hdc = BeginPaint(hwnd,&ps);
        GetClientRect(hwnd,&rect);
        DrawText(hdc,TEXT("Hello,mywindow!"),-1,&rect,DT_SINGLELINE|DT_CENTER|DT_
VCENTER);
        EndPaint(hwnd,&ps);
        return 0;
    case WM_DESTROY:
        PostQuitMessage(0);
        return 0;
    }
    return DefWindowProc(hwnd,message,wParam,lParam);
}
```

每一个 Windows 程序的代码都包括上面程序的大部分。这个程序可以看成是所有 Windows 程序的框架，所有程序都是在这个程序的基础上再添加代码。

程序中完成了 4 件大事。第 1 件事就是注册窗口类，WNDCLASS 是一个结构体：

```
typedef struct WNDCLASS {
  UINT      style;          //窗口类风格
  WNDPROC   lpfnWndProc;    //指向窗口过程函数的指针
  int       cbClsExtra;     //窗口类附加数据
  int       cbWndExtra;     //窗口附加数据
  HINSTANCE hInstance;      //拥有窗口类的实例句柄
  HICON     hIcon;          //最小窗口图标
  HCURSOR   hCursor;        //窗口内使用的光标
  HBRUSH    hbrBackground;  //用来着色窗口背景的刷子
  LPCTSTR   lpszMenuName;   //指向菜单名的指针
  LPCTSTR   lpszClassName;  //指向窗口类名的指针
}
```

应用程序向 Windows 系统申请要开一个自己的程序窗口，Windows 系统就要求程序“填写一张申请表”：WNDCLASS 结构，于是程序中就得很繁琐地给 WNDCLASS 结构成员一一赋值。然后调用 API 函数 RegisterClass 进行注册。函数调用注册成功会返回一个非 0 值。如果不能成功注册，程序中会调用 MessageBox 弹出一个消息窗口，提示出错。

第 2 件事：创建窗口。首先调用 API 函数 CreateWindow，该函数有诸多参数，各项的含义请参见程序中的注释，返回值是窗口句柄。然后调用 API 函数 ShowWindow 和 UpdateWindow，将窗口显示出来，都需要用刚才创建的窗口句柄做参数。

第 3 件事：消息循环。什么是“消息”呢？窗口显示后，用户要通过鼠标单击窗口上的按钮，或者要通过键盘输入信息，但是用户要做什么操作，程序是不可预知的。在 Windows 程序中是由事件的发生来控制程序的。Windows 程序设计的任务就是对正在开发的应用程序中要发出的或要接收的处理请求进行排序和管理。这样的处理请求就是“消息”。

窗口以“消息”的形式接收用户的输入，窗口也用消息与其他窗口通信。比如，当用户改变窗口的大小时，Windows 给程序发送一条消息指出新窗口的大小。

Windows 为每个正在运行的应用程序都保持一个消息队列。当用户按下鼠标或键盘时，Windows 并不是把这个事件直接送给应用程序（并不是直接调用应用程序中处理该事件的函数），而是将输入的事件先翻译成一个消息，然后把这个消息放到该应用程序的信息队列中。所以，窗口显示之后要做的事情就是，检查消息队列、取出消息、翻译消息并分发消息，找到相应的处理函数，分别调用 API 函数 GetMessage、TranslateMessage、DispatchMessage 来完成。如果队列中没有任何消息，GetMessage 函数将一直空闲直到队列中又有消息时返回。GetMessage 总是返回 TRUE，除了接收到 WM_QUIT 消息，GetMessage 会返回 FALSE，退出程序。所以，用 While 处理消息循环可以一直循环下去。如图 10-4 所示。

“操作系统给程序发送消息”可不是一封电子邮件，实际上是 Windows 调用程序中的一个函数，称为“窗口过程”。“窗口过程”是一个特殊的函数，需要标明 CALLBACK（回调函数），意即“由操作系统调用的函数”，函数名可以由程序员命名，但在注册窗口类时必须把函数名赋值给窗口对象的数据成员 lpfnWndProc，参见源代码中的语句：wndobj.lpfnWndProc = WndProc。

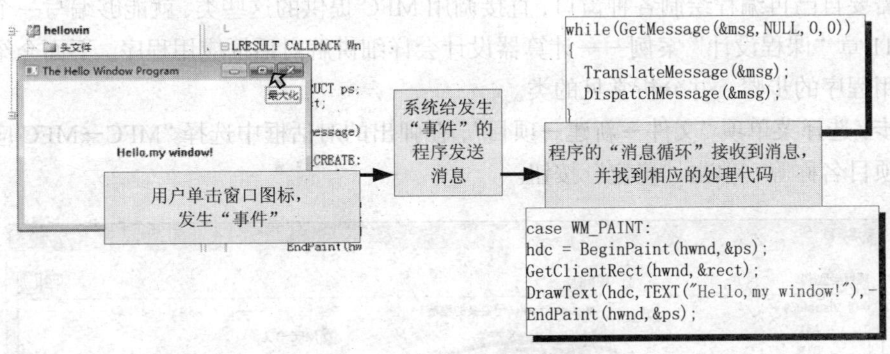

图 10-4　事件→消息→处理代码

在“窗口过程”里给出各种消息的处理代码。如果程序要处理的消息很多，那么“窗口过程”的代码会很长。要是把每个消息的处理代码编写成各自的处理函数，在“窗口过程”里各个 case 下就是调用相应的函数，这样的程序结构会更清晰，事实上下一节“基于 MFC 编程”就是这么做的。

调用 DispatchMessage 分发消息后，由窗口过程最终来处理这些消息。程序中用 switch 语句来区分本次要处理的是哪条消息，不同消息的处理代码不同，比如，WM_PAINT 消息的处理就是把窗口绘制出来。大部分消息可以由默认处理函数来处理，调用 API 函数 DefWindowProc 来完成。编写窗口过程是任何一个 Windows 程序必须要实现的又一件大事。

Windows 的 API 有上千个，不容易记住。另外，要记住各个消息的名称，也是一项苦差事，所以经常使用集成开发环境提供的程序框架和类库编写 Windows 程序。

10.2　基于 MFC 编程

MFC（Microsoft Foundation Classes）在一个 C++类集合中封装了许多 Windows 编程中的繁重内容，为编程提供了一个面向对象的界面，但这些类也有上百个。MSDN（Microsoft Developer Network）是一个好帮手，编程时可以查找所需要的帮助信息，包括 Windows API 和 MFC 类。

MFC 提供了 3 种程序框架，如图 10-5 所示。其中多文档结构可以同时打开多个文档，比如 VC2005 集成环境；单文档结构每次只能打开一个文档，比如 paintbrush 画图；基于对话框的程序不具备标准的标题栏、主菜单、工具栏、状态栏等组件，比如 Windows 属性页。

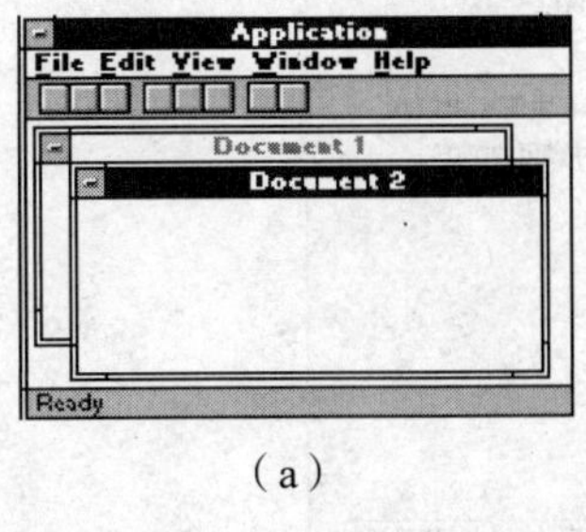

（a）

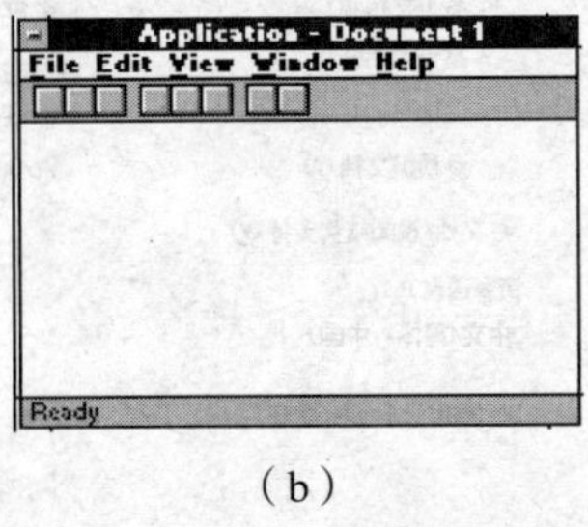

（b）

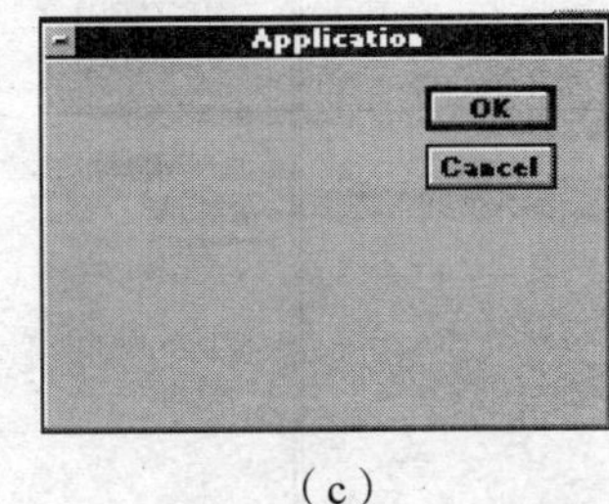

（c）

图 10-5　MFC 应用程序框架

应用程序组件就是 MFC 类，包括窗口类、对话框类、控件类、文件类、画图类，等等。开发人员不需要自己再编程绘制各种窗口，直接调用 MFC 提供的这些类，就能够编写一个 Windows 程序。第 11 章“课程设计”案例——计算器设计会详细讲解对话框应用程序。下面介绍建立一个单文档应用程序的步骤，并分析常见的类。

第 1 步：选择菜单项“文件→新建→项目”，在弹出的对话框中选择“MFC→MFC 应用程序”，然后填写项目名称等，单击“确定”按钮。

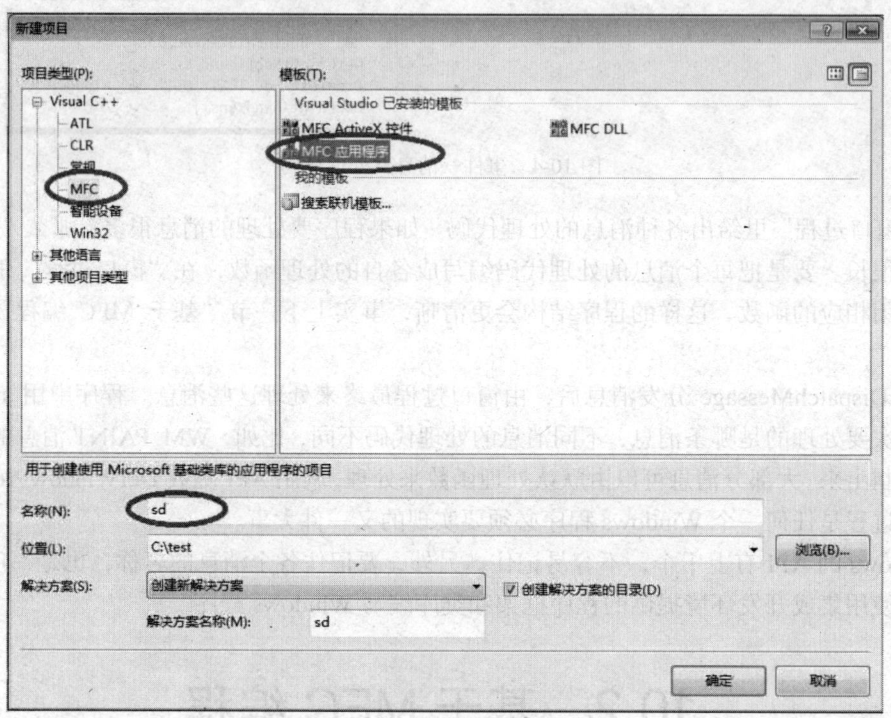

图 10-6　MFC 编程的新建项目

第 2 步：在弹出的对话框中，选择左侧的“应用程序类型”，然后选择右侧的“单文档”。单击“下一步”按钮，如图 10-7 所示。后续几个步骤都可以使用默认值。

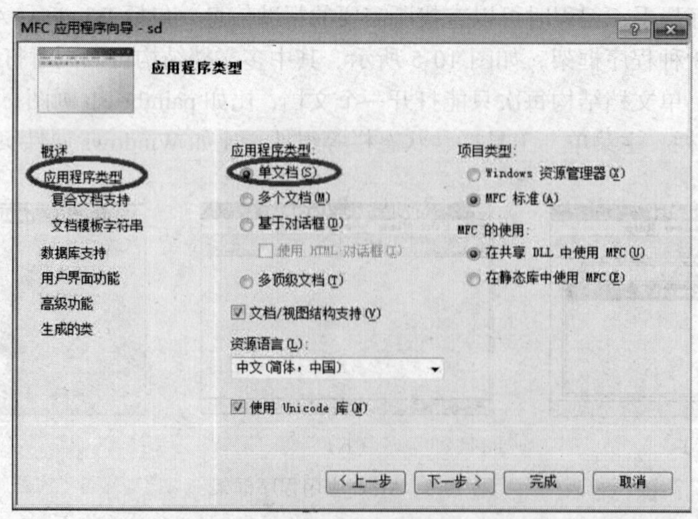

图 10-7　应用程序类型

第 3 步：后续步骤都可以使用默认值，仅仅在最后一步“生成的类”弹出对话框时，为视图类选择基类，从下拉列表中选择“CEditView”替换默认值“CView”，如图 10-8 所示，然后单击“完成”按钮。

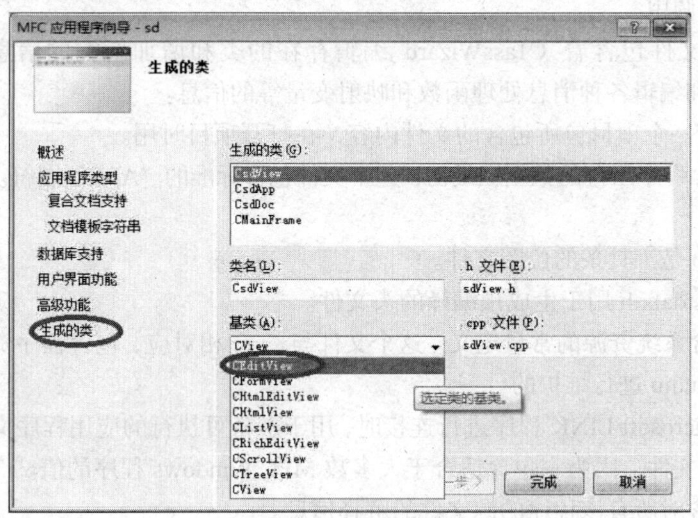

图 10-8　选择基类

这时程序的框架已经建立，可以看到解决方案资源管理器和类视图，如图 10-9 所示。

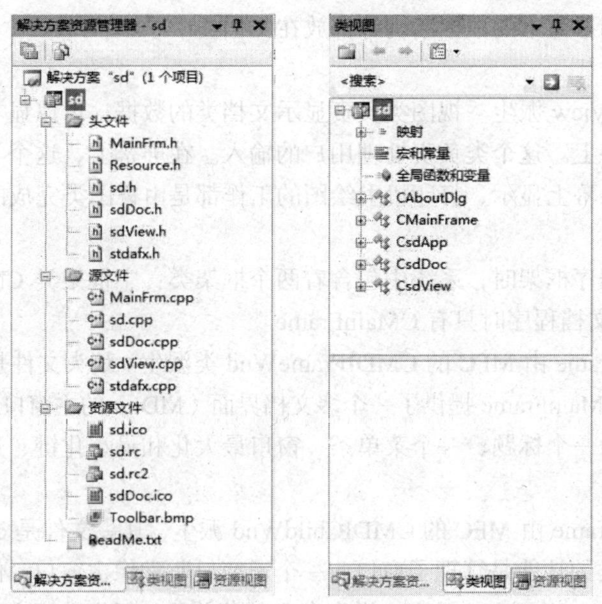

图 10-9　程序框架

普通的 MFC 应用程序包含 4 个主要的类：文档类、视图类、主框架窗口类、应用类，程序的主要任务在这 4 个主要的类中分配，应用程序向导为每个类产生了各自的源文件：头文件（.h）和实现文件（.cpp）。

在生成的源文件中，除了 5 个主要的类的源文件外（10 个源文件），还有许多建立一个系统所需的文件，对它们简要描述如下。

*. rc 包含程序资源的定义（菜单、对话框、字串、键盘加速键和图符）。一般情况下，这个文件由 App Studio 进行维护，也可以人工修改这个文件。

*. dsw 包含着一个工作平台的组成情况（如包含哪些程序项目、打开哪些文件、参数设置等），在打开一个项目时调用。

*. clw 这个文件包含着 C1assWizard 编辑存在的类和增加新类的信息。里面也包含了 C1assWizard 建立和编辑各种消息处理函数和映射变量等的信息。

*. dsp 存储着一个项目包所包含的文件内容，在打开项目时用。

res*. ico 包含程序图符的数据。最初，这个文件包含标准的“AFX”图符。可以用 AppStudio 对其进行修改。

res\toolbar.bmp 是工具条的位图文件。

Stdafx.cpp 和 stdafx.h 用于生成预编译的头文件。

resource.h 包含系统资源的常量定义。这个文件与*. rc 相对应，包含程序资源中的常量定义。一般也是由 AppStudio 进行维护的。

*. def 提供 Microsoft LINK 程序进行连接时，用于准备可执行的应用程序文件的有关的信息。一般不必编辑这个文件，因为它包含适合于大多数 MFC Windows 程序的值。

readme.txt 包含对所有该程序的源文件的解释信息。

下面着重关注 4 个主要的类。

1. 文档类

它由 MFC 的 CDocument 类派生。文档类负责存放程序数据并读写磁盘文件数据。在建立一个图形系统时，存储图形元素的数据结构等都放在文档类中。

2. 视图类

它由 MFC 的类 CView 派生。视图类负责显示文档类的数据，可以显示在屏幕上，也可以输出到打印机或其他设备上。这个类负责处理用户的输入。在屏幕上，这个类管理客户窗口。在实现一个图形系统时，屏幕上显示、打印机上绘图的工作都是由视图类完成的。

3. 主框架窗口类

生成一个多文档程序框架时，系统中包含着两个框架类：主框架类 CMainFrame 和子框架类 CChildFrame。生成单文档程序时只有 CMainFrame。

主框架类 CMainFrame 由 MFC 的 CMDIFrameWnd 类派生。其头文件是 mainframe.h，实现文件是 mainframe.cpp。CMainFrame 提供了一个多文档界面（MDI）的主窗口的所有功能及管理窗口中的子窗口，用来显示一个标题、一个菜单条、窗口最大化和最小化键、边框、一个系统菜单、工具条以及状态条等。

子框架类 CChildFrame 由 MFC 的 CMDIChildWnd 派生，其头文件是 childfrm.h，实现文件是 childfrm.cpp。子框架类的功能是管理子窗口。一个子窗口非常像主窗口，但子窗口仅能在主窗口内显示，而不在 Windows 桌面上。子窗口没有自己的菜单条，但它分享主窗口的菜单，程序自动将框架窗口菜单作为当前窗口的菜单。

4. 应用类

应用类管理程序的总体，它完成不属于任何其他 3 类的一般工作，例如初始化程序以及进行最后的程序清除工作。每个 MFC Windows 程序必须正确地生成 CWinApp 派生类的一个实例（对象）。

基于 MFC 的应用程序的框架中各个类的作用可以比喻为：假定有一些文稿，一块黑板，一些工具盒，由这些组成了一个工作环境或平台。程序框架中的 4 个主要的类所完成的工作就可以做如下的理解。

1. **文档类**创建的对象负责文稿的管理工作，每个对象负责一份文稿的管理。在单文档程序框架（SDI）中只有一份文稿，也就只需创建一个文档对象负责文稿的管理工作；在多文档程序框架（MDI）中可以有多份不同的文稿，那么就需要文档类创建多个文档对象来管理多份文档，一个对象管理一份文档资料。文稿中内容的增加、删除、修改、归档保存等管理和维护的工作是由文档对象来完成的。

2. 黑板用来显示文档的内容，**框架类**的对象负责黑板的管理工作。一个主框架类的对象负责在黑板上划出一个区域来（主框架）。在这个区域内，主框架对象负责安排摆放如粉笔盒的位置等（菜单、工具条、状态条等的布置）。同时，主框架对象又能够把自己管辖范围内划出的一块区域（窗口）交给一个子框架类对象来管理。这个子框架类对象把管理的窗口中划出一部分交给一个视图对象来使用（客户区），视图对象可以在这个区域内书写内容。

在单文档框架中，主框架类管理的区域内只能分配一个区域（窗口）。此时，只能有一个客户区供一个视图对象来使用。而在多文档框架中，主框架对象可以将黑板中分成多个区域（窗口），每个区域交给一个子框架类对象来管理。子框架类对象将这个区域的一部分（客户区）交给一个视图对象来使用。主框架类根据需求来维护和管理这些区域，像区域的创建、删除、改变大小等的工作都由主框架类来完成的。**Windows 下的窗口与黑板中的区域不同的是，窗口是可以任意重叠的。**

3. **视图类**的作用是将文档类中的内容进行显示，在黑板中创建的一个子窗口内的客户区都被一个视图对象所使用。同时，这个视图对象在创建时已经被规定了是用来显示哪份文档的。它的任务是将这份文稿中的内容显示在黑板中其拥有的客户区区域。在单文挡框架下，只有一份文档、一个文档类对象，也只有一个视图类对象。这个视图类对象负责把文档的内容显示到黑板上，如何显示（用文字还是用图表现，用大字还是小字，用红粉笔还是白粉笔）是由视图对象决定的。而在多文档资料框架（MDI）下，情况复杂多了，这时可以有多份文稿，黑板中可以创建有多个子窗口区域。一份文稿，可以创建多个视图对象来显示。如，有两份文档，对其中的一份创建了 5 个视图对象，对于另外一个文档创建了 3 个视图对象，这时，就有 8 个视图类对象，创建了 8 个子框架窗口对象，管理黑板中创建的 8 个子窗口，5 个视图对象在显示第一份文档的内容，3 个视图对象在显示另一份文档的内容。一份文稿由多于一个视图对象在不同窗口的区域（客户区）上进行显示就是所谓的多视图，有多于一个的文稿在不同的区域上被显示就是多文档。

4. **应用程序类**创建一个对象（且只创建一个对象）负责建立启动这个工作环境，并建立起文档、视图、框架对象之间的相互联系。如，当我们建立或打开一个文档时，框架类会创建一个子框架类对象，同时视图类会创建一个视图对象，并确定子框架对象和视图对象是与建立的文档联系的。这些工作是由应用程序类创建的对象来完成的。

对于一个多文档 MFC 应用程序，在程序运行过程中，只有一个应用程序类对象、一个主框架类对象，可以有多个子框架类对象、多个文档类对象和多个视图类对象。子框架类对象的数目与视图类对象相同，文档类对象可以比视图类、子框架类对象少，因为一个文档对象可以有多视图。

以上讨论了框架中文档、视图、窗口的关系和各主要类的作用。**在实际的程序设计中，用得最多的是文档类、视图类**。在有些设计中，文档类和视图类的一些作用区分是不明显的，特别是在单文档编制程序的情况下。因为在这种情况下，只有一个文档，也只有一个视图；换句话说，文档类和视图类都被实例化了一次，所以有些数据和函数放在文档类和视图类中都是一样的。而在多文档程序设计中就不一样了，举一个简单的例子，如果有一个变量来控制文档的显示比例，这个变量定义在文档对象中时，对于这个文档对象的多个视图在显示比例上是一样的，一个视图比例变化时，其他属于这个文档的视图比例也发生变化；如果这个变量是在视图对象中，多个视图在显示比例上就可以不一样。所以，只有真正理解了视图文档这个框架结构，才能实现随心所欲地组织程序。

理解了主要类和文件，就可以编译运行程序了，执行结果如图 10-10 所示。

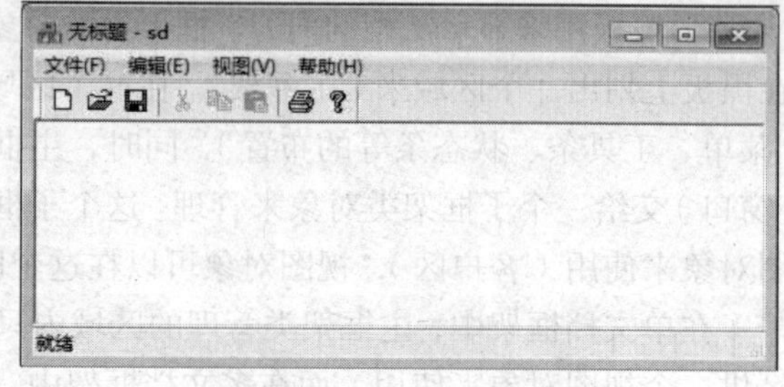

图 10-10 sd 的执行结果

MFC 应用程序必须定义有且只有一个应用程序类的对象。在文件 sd.cpp 中可以找到一个全局定义的应用程序类的对象。

```
CsdApp theApp;
```

（1）调用 CWinApp 类构造函数。

由于全局定义 theApp，在程序开始运行时，先调用类的构造函数。在 sd.cpp 中可以找到类 CsdApp 的构造函数：

```
CsdApp::CsdApp()
{
    //TODO: 在此处添加构造代码
    //将所有重要的初始化放置在 InitInstance 中
}
```

在调用这个构造函数时，同时调用基类 CWinApp 的构造函数完成构造任务。将应用程序类的对象 theApp 定义成全局的是为了在 MFC 中能够对 CWinApp 的成员函数进行调用。

（2）调用函数 InitInstance 进行初始化。

全局对象创建后，就调用执行 CsdApp 类的成员函数 InitInstance 来进行程序的初始化。在 sd.cpp 中可以找到此函数的实现。

这个函数所完成的最主要任务是，定义并初始化了一个单文档模板对象 pDocTemplate。构造这个对象时用了 4 个参数：**第 1 个参数**是显示和管理文档的程序资源，IDR_MAINFRAME 就是当打开文档时显示在主框架窗口的图标的 ID 号（可以打开 sd.rc，在里面找到 ID 号是 IDR_MAINFRAME 的资源），**另外 3 个参数**是文档类、子框架类和视图类的信息，通过 MFC 宏 RUN_TIME_CLASS 取得。这样就把应用程序类和另外 3 个类建立了联系。最后，程序显示并更新框架窗口。

（3）WinMain 处理消息。

完成初始化任务后，WinMain 进入消息循环。“消息映射”机制已经把各种消息映射到对应的函数，应用程序接收到消息，则激活并运行相应的消息处理函数。下面来分析一下“消息映射”。

这时的程序仅仅是一个简单的文本编辑器，可以打开一个文件，做修改并保存，也可以新建一个文件。下面给程序添加一点代码，实现简单的鼠标操作功能。

首先在类视图下选中 CsdView，单击鼠标右键弹出快捷菜单，选择菜单项“属性”命令，如图 10-11 所示。

在属性窗口的工具栏中，找到表示“消息”的图标并单击，然后在消息列表中找到 WM_LBUTTONDOWN，单击右侧的下拉框，选中“<添加>OnLButtonDown”。如图 10-12 所示。

图 10-11　准备添加代码

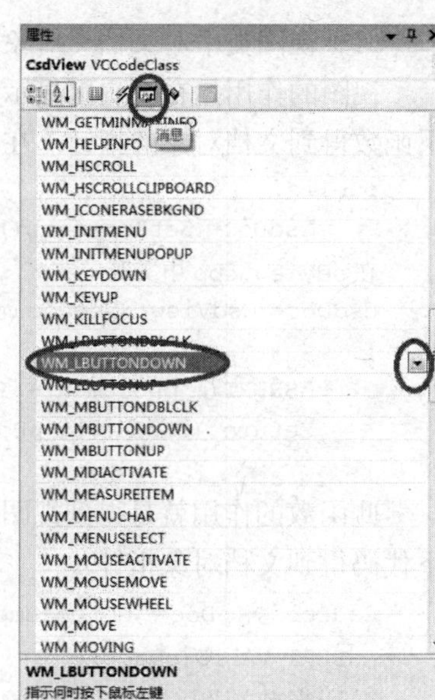

图 10-12　选择 OnLButtonDown

在函数 OnLButtonDown 中，填写一些代码如下。运行程序就会发现，每次单击鼠标左键都会在当前位置显示字符串："Hi, Left Button Down!"。

```
void CsdView::OnLButtonDown(UINT nFlags, CPoint point)
{
    //TODO：在此添加消息处理程序代码和/或调用默认值
    CClientDC dc(this);
    CString str("Hi, Left Button Down!");
    dc.TextOutW(point.x, point.y,str);

    CEditView::OnLButtonDown(nFlags, point);
}
```

在这个过程中，MFC 应用程序向导帮我们做了消息映射，把 WM_LBUTTONDOWN 消息映射到函数 OnLButtonDown，自动添加了如下代码：

```
BEGIN_MESSAGE_MAP(CsdView, CEditView)
    ……
    ON_WM_LBUTTONDOWN()
END_MESSAGE_MAP()
```

并且在头文件中填加如下代码：

```
//生成的消息映射函数
protected:
    DECLARE_MESSAGE_MAP()
public:
    afx_msg void OnLButtonDown(UINT nFlags, CPoint point);
```

消息处理函数与一般成员函数不同。一般成员函数包括两部分：函数的声明和函数的实现。定义一个一般成员函数时，在类中声明函数的原型（一般在包含文件中），在实现文件中实现函数的具体代码。而消息处理函数除了这两个部分以外，还有第三部分：映射部分。

应用程序向导产生的程序框架将文档、视图、框架（窗口）对象结合在了一起，在编制程序时，需要能够实现各个类的对象之间的联系。

（1）视图类中对文档类对象的调用。

视图的作用是在客户区显示文档的内容，两者之间的调用最为常用。在视图对象中，通过以下函数得到文档对象的指针。在类 CsdView 中可以找到一个函数，此函数在 sdView.h 中定义：

```
public:
    CsdDoc* GetDocument();//得到文档类的指针
```

在 sdView.cpp 中实现：

```
CsdDoc* CsdView::GetDocument() //non-debug version is inline
{
    ASSERT(m_pDocument->IsKindOf(RUNTIME_CLASS(CsdDoc)));
    return (CsdDoc*)m_pDocument;
}
```

此函数的作用就是得到视图对象所属的文档对象的指针。在 CsdView 成员函数中可以通过以下代码得到文档对象指针：

```
CsdDoc  * pDoc= GetDocument();
ASSERT_VALID(pDoc);
```

得到当前视图对象所对应的文档对象的指针 pDoc，同使用别的类对象指针一样可以调用文档类的公有成员变量和公有成员函数。

（2）在框架类对象中获得当前的文档和视图对象指针。

在主框架类 CMainFrame 和子框架类 CChildFrame 中，都可以利用父类的函数得到当前活动的文档类对象和视图类对象。下面的语句可以获得当前活动的文档类对象和视图类对象：

```
CsdDoc * pDoc =(CsdDoc *) GetActiveDocument();
CsdView * pView= (CsdView *) GetActiveView();
```

（3）获得应用类对象的指针。

在 MFC 应用程序运行过程中，自始至终存在一个应用类对象，可以在 MFC 派生类或非 MFC 派生类中，通过全局 API 函数 AfxGetApp 得到应用类对象的指针。例如，可以在工程中的文件的任何地方，通过以下代码获得程序应用类对象的指针：

```
CsdApp *pWinApp=(CsdApp *)AfxGetApp ();
```

（4）从应用类对象中获得主框架类对象的指针。

通过 MFC 应用程序运行时的应用类对象，可以获得当前应用程序的主框架类对象的指针。在应用类 CWinApp 中存在一个数据成员 m_pMainWnd，其中包含指向应用程序主框架类的指针。通过此指针可以获得当前应用程序中主框架类对象的指针。以下操作可实现获得主框架对象的指针：

```
CMainFrame *pFrame=(CMainFrame*)(AfxGetApp()->m_pMainWnd);
```

此代码可以应用在视图类、文档类，以及非 MFC 派生类的成员函数（如全局函数）中，通过 API 函数获得的应用类对象指针（AfxGetApp()）得到主框架类的指针。

通过 AfxGetApp()函数获得应用类对象的指针，再通过应用类对象得到主框架类对象的指针，通过主框架窗口对象又可以获得当前活动的文档和视图对象的指针。这种调用可以保证在各种情况下获得 MFC 应用程序中各主要框架类对象的指针，通过指针使用各框架类对象的成员（数据或函数）。

由于篇幅有限，更多关于菜单栏、工具栏、各种控件的编程，这里不再讲解，如果需要请参考相关书籍。

第 11 章 课程设计

C++课程设计是在学习 C++大学基础教程的基础上开设的，目的是使学生进一步综合运用 C++的基本概念和语法，初步学会 MS Visual C++的集成开发环境的使用，充分培养学生的合作意识，培养学生发现问题、解决问题的能力，充分发挥学生的想象力、创造力，激发学生主动学习的潜能。

11.1 彩色控制台应用程序

本节先通过一个典型案例——俄罗斯方块游戏，介绍彩色控制台和多线程的使用，然后给出设计题目。

11.1.1 案例分析：俄罗斯方块游戏

一、教学目标

本案例以编写俄罗斯方块游戏的过程为例，通过学习 Windows 提供的相关数据结构和 API、制作游戏的一些编程技巧以及复杂程序的设计方法，引导学生逐步独立完成自己的作品。本案例的重点是学习彩色控制台和多线程的使用。

二、相关知识

1. 相关数据类型

该案例使用的数据类型包含在库文件<windows.h>中，该库文件主要用来描述 Windows 环境下常用的数据结构、宏和其他数据类型。比如：

- HANDLE：句柄，无符号的整型数，作为窗口的唯一标识 ID；
- BOOL：逻辑类型，实际结构为 typedef int BOOL;
- BYTE：字节，实际结构为 typedef unsigned char BYTE;
- WORD：字，实际结构为 typedef unsigned short WORD;
- DWORD：双字，实际结构为 typedef unsigned long DWORD;

2. 颜色标识

库文件<windows.h>中定义了 3 种前景色和背景色，分别是红、绿、蓝，定义如下。

前景色：

- 红色：FOREGROUNT_RED
- 绿色：FOREGROUND_GREEN
- 蓝色：FOREGROUND_BLUE

- 颜色加重显示：FOREGROUND_INTENSITY

背景色：

- 红色：BACKGROUND_RED
- 绿色：BACKGROUND_GREEN
- 蓝色：BACKGROUND_BLUE
- 颜色加重显示：BACKGROUND_INTENSITY

根据系统提供的三元色进行任意组合，可以得到另外 4 种混合后的前景色和背景色。

前景色：

- 黄色：FOREGROUNT_RED | FOREGROUND_GREEN
- 青色：FOREGROUNT_BLUE | FOREGROUND_GREEN
- 紫色：FOREGROUNT_BLUE | FOREGROUND_RED
- 白色：FOREGROUND_RED|FOREGROUND_BLUE|FOREGROUND_GREEN

背景色：

- 黄色：BACKGROUNT_RED | BACKGROUNT _GREEN
- 青色：BACKGROUNT _BLUE | BACKGROUNT_GREEN
- 紫色：BACKGROUNT _BLUE | BACKGROUNT _RED
- 白色：BACKGROUNT _RED| BACKGROUNT _BLUE| BACKGROUNT _GREEN

3. 常用的系统函数

该案例中使用的一些系统函数大都来自库文件<conio.h>，该文件包括控制台的键盘输入输出操作。常用的系统函数如下所示。

- kbhit()：检测是否有按键按下，系统函数直接调用，非阻塞函数。
- getch()：获取按键的值，但不在屏幕回显，系统函数直接调用，阻塞函数。
- Sleep(DWORD n)：使程序休眠 n 毫秒，系统函数直接调用。
- void srand(unsigned int seed)：随机数的种子函数。
- int rand()：产生伪随机数序列。

三、前期工作

本案例希望学生将注意力集中在程序逻辑设计和实现上。因此，为了方便学生更好地编写程序，教师提前将部分系统函数进行了封装，供学生使用。函数说明如下。

（1）HANDLE initiate();

输入参数：无

输出参数：HANDLE

函数功能：初始化控制台窗口，获取该窗口的句柄；该函数只在程序初始化时执行一次。

（2）BOOL textout(HANDLE hOutput, int x, int y, WORD wColors[],int nColors, LPTSTR lpszString);

输入参数：窗口句柄 HANDLE hOutput

窗口坐标 int x，int y

颜色序列和长度 WORD wColors[]，int nColors

输出的字符串 LPTSTR lpszString

输出参数：true 表示执行成功，false 表示失败

函数功能：在控制台窗口指定的（x,y）位置输出指定颜色的字符串。

实际编程中，学生仅需要将本书提供的 colorConsole.h 和 colorConsole.cpp 文件添加到新建的工程中即可直接使用上述函数。

四、编程技巧

1. 显示彩色字符串

该功能需要 4 个步骤实现：（1）初始化获取窗口句柄；（2）设置颜色；（3）设置坐标；（4）输出指定字符串。

例 11.1 显示红蓝相间的彩色字符串“Happy Birthday!”。

```
# include <iostream>
# include "ColorConsole.h"
using namespace std;
void main(void)
{
	HANDLE handle;
	handle = initiate();   //初始化
	WORD wColors[2];
	wColors[0]=FOREGROUND_RED|FOREGROUND_INTENSITY;              //设置颜色 1 红色
	wColors[1]=FOREGROUND_BLUE;  //设置颜色 2 蓝色
	textout(handle,10,10,wColors,2,"Happy Birthday!");           //输出文字
}
```

2. 闪烁的彩色文字

文字闪烁实质上是使用背景色反复擦除文字带来的视觉停留效果，实现步骤是：

（1）写一遍彩色文字；

（2）延时 200ms；

（3）擦除文字；

（4）延时 100ms。

反复上述 4 步骤，则文字不断闪烁。

例 11.2 彩色字符串“Happy Birthday!”不断闪烁。

```
void main(void)
{
	HANDLE handle;
	handle = initiate();
	WORD wColors[2];
	wColors[0]=FOREGROUND_RED|FOREGROUND_INTENSITY;
	wColors[1]=FOREGROUND_BLUE;
	while(1)
	{
		textout(handle,10,10,wColors,2,"Happy Birthday!");    //写文字
		Sleep(200);
		textout(handle,10,10,wColors,2, "               ");    //擦除文字
		Sleep(100);
	}
}
```

3. 移动的彩色文字

文字移动原理和文字闪烁类似，实质也是反复擦除文字的视觉效果，它们不同就在于移动文字时每次写文字的位置不同，而闪烁时每次在同一个位置写文字。文字移动的编程步骤是：

（1）写一遍彩色文字；

（2）延时 100ms；

（3）擦除文字；

（4）改变坐标位置。

反复该过程，则文字不断移动。

例 11.3　水平移动彩色字符串“Happy Birthday!”。

```
void main(void)
{
    HANDLE handle;
    handle = initiate();
    WORD wColors[2];
    wColors[0]=FOREGROUND_RED|FOREGROUND_INTENSITY;
    wColors[1]=FOREGROUND_BLUE;
    for(int x=0; x<65 ; x++)                        //坐标变化
    {
        textout(handle,x,10,wColors,2,"Happy Birthday!");    //写文字
        Sleep(100);
        textout(handle,x,10,wColors,2,"               ");    //擦除文字
    }
}
```

4. 键盘控制文字的移动

键盘检测需要使用库文件<conio.h>中的两个函数 kbhit()和 getch()，前者用来检测是否有按键按下，后者将键盘缓冲区中的按键字符取出。kbhit()返回值为 true，则有按键按下，否则为 false。

例 11.4　水平移动字符串的过程中，按下任意键暂停，再次按下时继续移动。

```
void main(void)
{
        HANDLE handle;
        handle = initiate();
        WORD wColors[2];
        wColors[0]=FOREGROUND_RED|FOREGROUND_INTENSITY;
        wColors[1]=FOREGROUND_BLUE;
        int x=0;
        bool flag=false;   //控制是否移动文字
        while(x<65)
        {
            if (_kbhit())                //有按键按下
            {
                int ch =_getch();        //获取按键的值备用
                flag=!flag;
                textout(handle,x,10,wColors,2,"Happy Birthday!");
            }
            if (flag)                    //文字移动
            {
                textout(handle,x,10,wColors,2,"Happy Birthday!");
                Sleep(100);
                textout(handle,x,10,wColors,2,"               ");
                x++;
            }
        }
}
```

五、多线程控制

一个程序是一个独立的进程，可以同时完成多个任务，每一个任务就是一个线程。多线程用简单的话来说就是在同一时间处理多项任务。多线程的实质是 CPU 会把时间分成很小的时间片，

不同的线程在不同的时间片上运行，因为时间片很短，通常是微秒级，所以给人的感觉就是多个线程同时在运行。线程不是用来加快程序处理速度的，而是分解处理任务的。

Windows 下的线程分成两类：一是工作者线程，适用于控制台编程和后台处理；二是用户界面线程，每个线程有自己独立的消息队列，适用于 Windows 界面编程。本案例可以使用工作者线程来控制，工作者线程的使用至少要有两步，即线程处理函数和线程启动函数。

1. 线程处理函数

```
DWORD WINAPI ThreadFunc ( LPVOID lpParam )
{
}
```

该函数的返回值类型和参数类型由系统预定义，不能改变；函数名 ThreadFunc 可以由用户任意命名，参数 lpParam 由线程启动函数 CreateThread 传入。线程启动执行该函数，执行完毕，线程自动结束。

2. 线程启动函数

```
HANDLE hThread = CreateThread(
        NULL,                              //使用默认安全属性
        0,                                 //使用默认栈空间
        ThreadFunc,                        //线程处理函数
        &dwThrdParam,                      //线程处理函数的输入参数
        0,                                 //使用默认创建标志
        &dwThreadId);                      //返回线程标识符
```

该函数共有 6 个参数，第 1、2、5、6 共 4 个参数一般使用默认值，第 3 个参数 ThreadFunc 表示线程处理函数的函数名，为输入参数。第 4 个参数&dwThrdParam 为线程处理函数的参数，若线程处理函数需要输入参数，则将需要传入的参数的地址转化成 void*类型后，由 CreateThread 函数执行时传入；若线程处理函数不需要输入参数，则该参数使用 NULL 即可。执行该函数，则 ThreadFunc 表示的线程处理函数开始执行，该线程与主函数并行运行。

例 11.5　使用多线程控制移动多个字符串

```
HANDLE handle;
DWORD WINAPI ThreadFunc ( LPVOID lpParam )                     //工作者线程
{
    int y = (int)lpParam -'0';                                 //输入参数转化成纵坐标
    WORD wColors[1];
    wColors[0] = FOREGROUND_RED|FOREGROUND_BLUE|FOREGROUND_INTENSITY;
    for(int x=0; x<65 ; x++)                                   //坐标变化
    {
        textout(handle,x,y,wColors,1,"Happy Birthday!");       //写文字
        Sleep(100);
        textout(handle,x,y,wColors,1,"                ");      //擦除文字
    }
    return TRUE;
}
void main(void)
{
    handle = initiate();
    DWORD dwThreadId;
    int ch = _getch();
    CreateThread(NULL,0,ThreadFunc,(void*)ch,0,&dwThreadId);
    while(ch != 'q') //键入 q 结束
    {
        CreateThread(NULL,0,ThreadFunc,(void*)ch,0,&dwThreadId);
```

```
            ch = _getch();
        }
    }
```

例 11.5 中，ThreadFunc 线程函数完成将一个字符串自左向右移动；主函数调用线程启动函数 CreateThread，执行 ThreadFunc 线程函数。运行时，用户按下 1～9 中的任意数字，则在按下数字的那一行创建一个线程，显示一行移动字符串。反复按下 1～9 的数字，则反复创建线程，在不同行出现移动字符串。例如：依次按下 1、2、5、7、9 按键，显示如图 11-1 所示的运行结果。

图 11-1　多线程示例运行结果

六、“俄罗斯方块”案例分析

上述相关知识和编程技巧将全部用于编写“俄罗斯方块”的游戏中，此外，我们还需要学习如何分析题目，如何设计程序和组织代码结构。我们将要完成的案例如图 11-2 所示，中间是工作区，也是游戏的主体；右边记录当前游戏的级别和分数。游戏开始后，通过键盘上的上、下、左、右键来控制方块的旋转、下移、左移、右移。

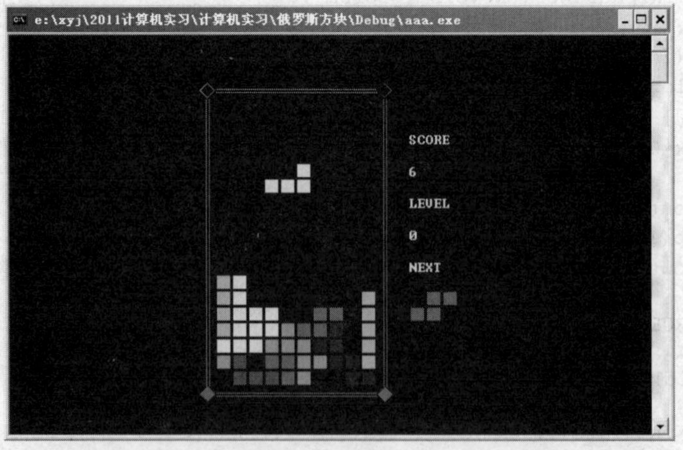

图 11-2　游戏界面

1. 分析题目

俄罗斯方块是一个非常普及、大家也都非常熟悉的游戏，该游戏应该具备哪些功能呢？我们将功能划分成基本功能、辅助功能、扩展功能进行分析。

基本功能

（1）初始化

（2）判断方块能否向下、向左、向右移动

（3）显示各种不同形状的方块

（4）各种不同形状的方块的翻转

（5）方块满一行后能删除该行

辅助功能

（1）记录分数

（2）游戏分级

（3）暂存游戏

（4）配乐

（5）保存最高游戏记录

（6）界面色彩更加丰富

（7）游戏空间大小可变

扩展功能

（1）双人俄罗斯方块

（2）网络对战俄罗斯方块

上述功能列表仅仅是给出一个提示，还有很多的更好的辅助功能和扩展功能等着你们去创新，功能越完善、越强大，则你的游戏就越受人喜爱。

2. 数据存储设计

俄罗斯方块这个游戏必须要完成所有的基本功能，所以首先我们进行基本功能的程序设计。任何程序运行都需要数据的支撑，或者说程序是根据数据来运行的，所以首先设计数据的存储。

（1）工作区数据存储

俄罗斯方块游戏中可划分出一个工作区，在这个区域内方块根据操作进行移动和翻转。不妨用一个二位数组来保存工作区中每个位置点的信息。本案例中游戏工作区的大小是 12*20，由常量 MAPX 和 MAPY 表示。

```
#define MAPX  12
#define MAPY  20
int gMap[MAPX ][ MAPY ] ={0}
```

数组 gMap 表示当前工作区的数据。当工作区中没有任何方块时，gMap 每一个位置的值为 0；当工作区中有不再移动的方块时，gMap 中有方块填充的位置值为 1～7。1～7 分别代表 7 种不同颜色和形状的方块，若某一位置的值不是 0，则表示该位置已经放置了一个相应形状的方块。

（2）方块数据存储

俄罗斯方块有各种不同的形状，基本形状有 7 种。每一种形状采用 4*4 的三维数组来存储，如图 11-3（a）、（b）、（c）、（d）、（e）、（f）、（g）是数组 b 表示的 7 种形状，（h）是对应图（a）的数组赋值。

```
int b[7][4][4]={        {{1},{1,1,1}},
                        {{0,2},{2,2,2}},
                        {{3,3},{0,3,3}},
                        {{0,0,4},{4,4,4}},
                        {{0,5,5},{5,5}},
                        {{6,6,6,6}},
                        {{7,7},{7,7}}
                };
```

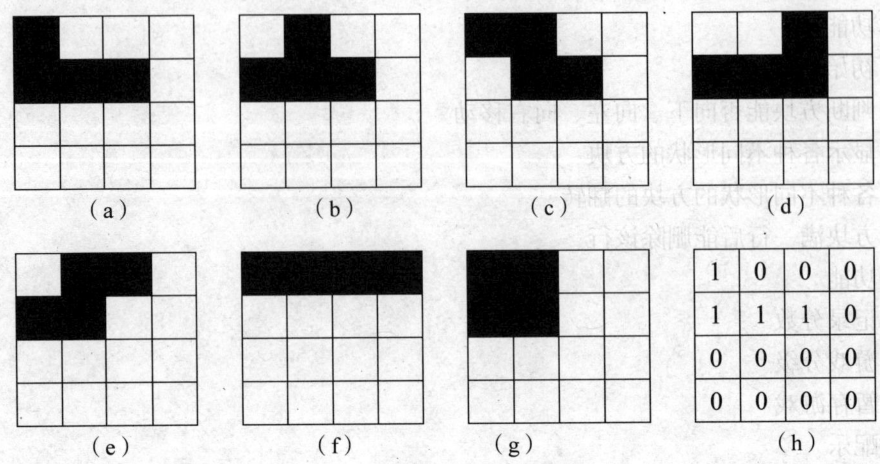

图 11-3　7 种形状的方块示意图

（3）键盘控制相关键值

本案例中涉及到键盘控制，其中功能键中的上、下、左、右 4 键和结束游戏的 Esc 键的 ASCII 分别如下所示。

```
#define KEY_UP          72
#define KEY_DOWN        80
#define KEY_LEFT        75
#define KEY_RIGHT       77
#define KEY_ESC         27
```

3. 模块设计和流程

按照面向过程的程序设计思想，自顶向下逐步求精的方法，我们首先需要根据基本功能进行模块划分。设计程序流程，就是如何有效地组织这些基本功能模块，使之成为一个整体。俄罗斯方块游戏基本的运行模式就是根据用户的按键，显示、翻转、移动不同的方块，因此其流程结构如图 11-4 所示。

根据该流程，本案例主要划分成如下几个模块。

（1）初始化模块：完成初始界面的显示，以及数据的初始化。

```
void Init();
```

（2）方块的显示和擦除：完成在指定位置显示/擦除指定颜色、形状的方块。

方块显示：在 x、y 坐标位置显示宽、高为 w、h，颜色为 wColors 的方块，方块形状由数组 a 表示

```
void DrawBlocks(int a[],int w,int h,int x,int y, WORD wColors[],int nColors);
```

方块擦除：擦除 x、y 坐标位置的宽、高为 w、h 的方块，方块形状由数组 a 表示

```
void ClearSquare(int a[], int w, int h, int x, int y);
```

（3）方块旋转：完成每种方块 4 种方向的旋转。

```
void Turn(int a[][4],int w, int h, int *x,int y);
```

（4）判断方块是否能够下落。

```
bool IsAvailable(int a[],int x,int y,int w,int h);
```

（5）方块满一行后消行。

消行参数：消除工作区 row 位置的一行，然后将该行之上的方块下移。其中数组 m 表示工作区

```
void DeleteLine(int m[][MAPW],int row);  //消除一行
```

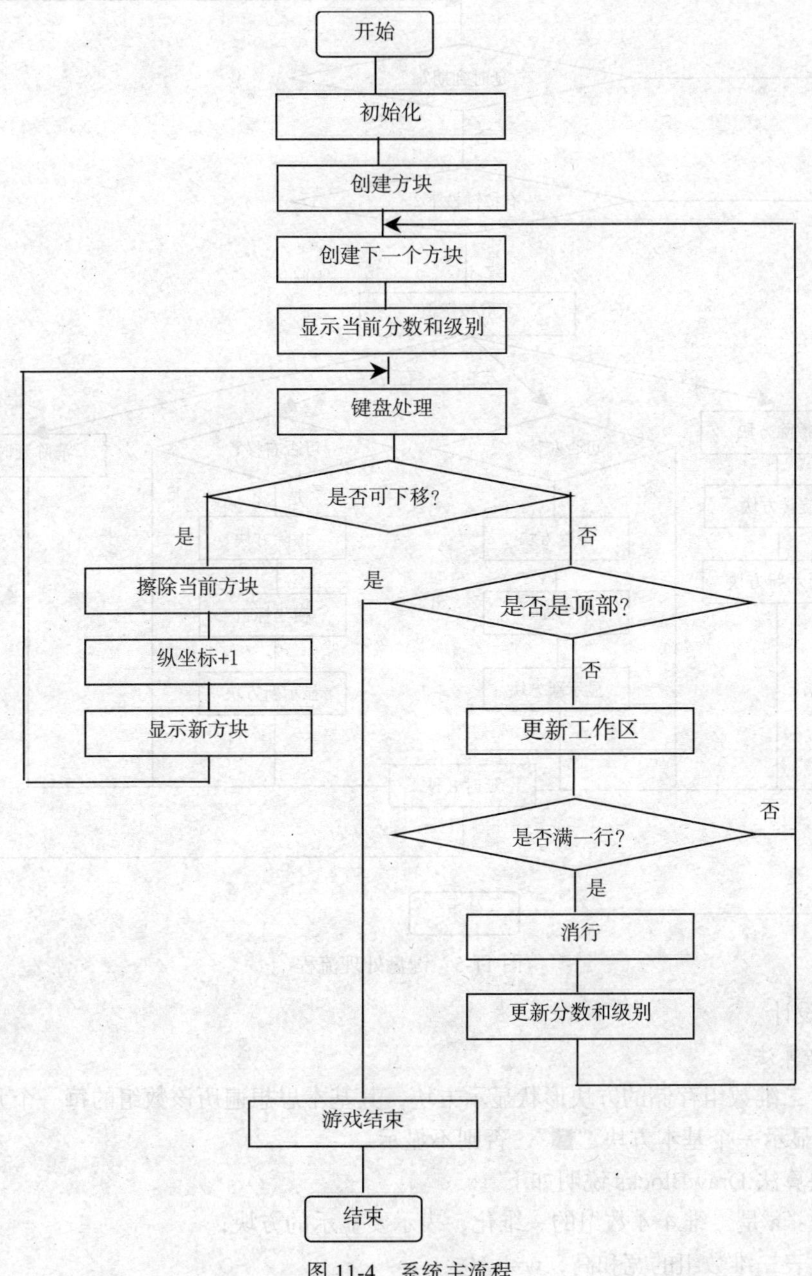

图 11-4　系统主流程

（6）游戏结束。

```
void GameOver();
```

由流程图 11-4 可知，当用户没有按键时，系统随机自动产生下一个方块，方块自动按照一定的时间间隔下移，一直到无法下移为止，然后重复产生下一个方块。如此反复，直到方块到顶，游戏结束。若方块下落后，正好一行满了，则必须要消行，并且更新分数。

当用户有键盘操作时，则根据按键的内容进行旋转、左右移动、直接下移的操作，如流程图 11-5 所示。其中，比较关键的算法是旋转算法，用来计算如何将各种不同的方块旋转 4 个方向。

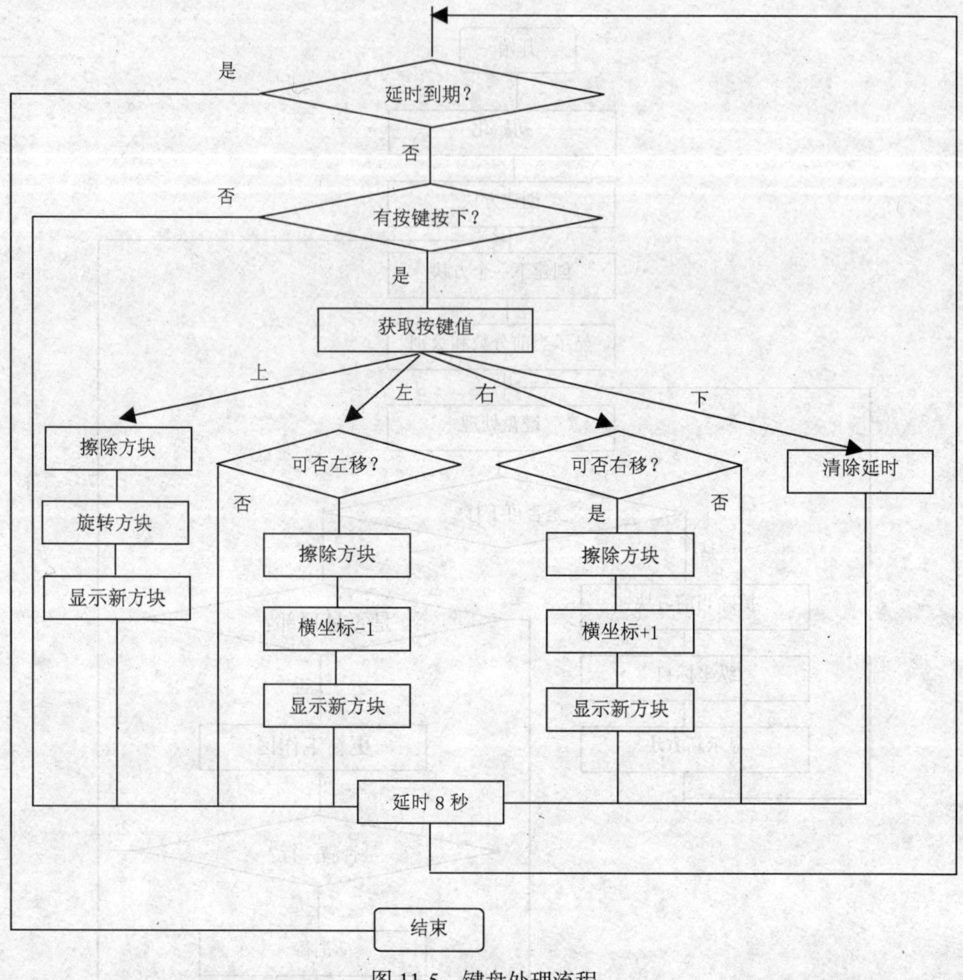

图 11-5　键盘处理流程

4. 算法设计

显示方块算法

根据 4*4 二维数组存储的方块形状显示方块，其基本思想遍历该数组的每一个元素，若元素值不是 0，则显示一个基本方块"■"，否则不显示。

显示方块算法 DrawBlocks 说明如下。

输入参数：a 是二维 4*4 数组的一维化，表示要显示的方块；

w 和 h 代表二维数组的宽和高，w=h=4；

x 和 y 表示方块左上角所在工作区的位置；

wColors[]和 nColors 表示要显示的方块颜色和颜色数目。

输出结果：无

算法代码如下。

```
void DrawBlocks(int a[],int w,int h,int x,int y,WORD wColors[],int nColors)
{    for(int i=0;i<h;i++)
         for(int j=0;j<w;j++)
             if(a[i*w+j]>0)
                 textout(handle,2*(x+j)+dx,y+i+dy,wColors,nColors,"■");
}
```

该函数实现中，x 和 y 代表方块左上角距离工作区左上角的相对位置，dx 和 dy 为用户自定义的工作区左上角的实际坐标位置。由于 " ■ " 是中文字符，每一个字符占据 2 个字节，所以横坐标 x 的值乘 2 表示。

擦除方块的算法和显示方块相同，区别就是擦除方块不输出 " ■ "，而输出 “ ”，即两个空格。

旋转算法

根据 7 种形状的方块的特点，每一种方块进行一次向右翻转后，相当于每个有效点的坐标进行 90° 旋转。为了旋转后尽量占据 4*4 方块的左上部分，按照从后向前的顺序进行旋转。比如倒数第一行的 1、2、3、4 列，翻转后坐标变成第 1 列的第 1、2、3、4 行；倒数第 2 行的 1、2、3、4 列，翻转后坐标变成第 2 列的第 1、2、3、4 行；依此类推。

比如：原有方块形状如图 11-6（a）所示，依次旋转后如图 11-6（b）、(c)、(d) 所示，其数据变化如图 11-6（e）、(f)、(g)、(h) 所示。

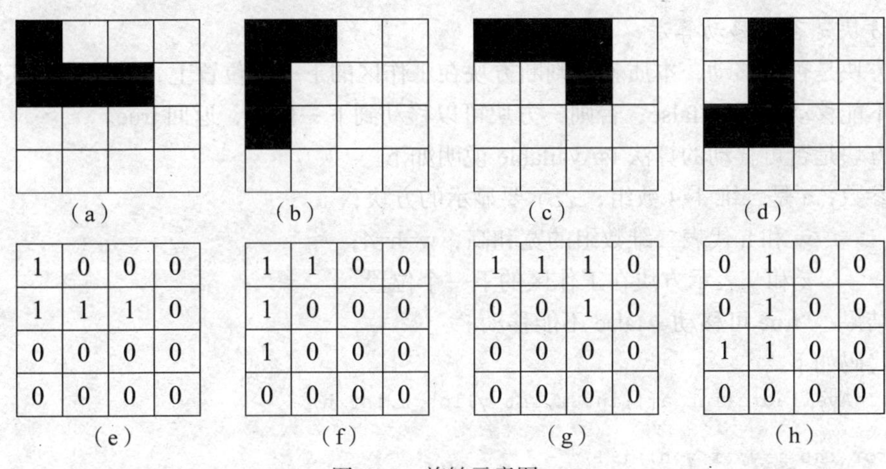

图 11-6　旋转示意图

旋转算法 Turn 说明如下。

输入参数：a 是二维 4*4 数组，表示原有方块；

w 和 h 代表二维数组的宽和高，w=h=4；

x 和 y 表示旋转前方块所在工作区的位置。

输出结果：函数执行完毕后，数组 a 中保存旋转后的方块。

算法代码如下。

```
void Turn (int a[][4], int w, int h, int *x, int y)
{
    int b[4][4]={0};                          //保存旋转后的方块
    int sign=0;
    int line=0;
    for (int  i=h-1;  i>= 0;  i--)            //按行从下向上扫描
    {
        for(int  j = 0;  j < w;  j++)         //按列从左向右扫描
            if(a[i][j])                       //如果有有效点，则进行 90° 旋转，即行列对调
            {
                b[j][line]=a[i][j];
                sign=1;
            }
```

```
        if(sign)                                    //判断当前列是否有方块
        {
            line++;
            sign=0;
        }
    }
    for(int  i=0; i<4; i++)
        if (IsAvailable(b[0], *x-i, y, w, h) )      //判断旋转后方块是否能够放置
        {
            *x-=i;
            for(int k=0;k<h;k++)                    //将方块b复制到方块a中
                for(int j=0;j<w;j++)
                    a[k][j]=b[k][j];
            break;
        }
}
```

判断方块是否可移动算法

判断方块是否可移动，本质就是判断方块在工作区的下一个位置上，是否存在其他方块。若存在，则不能移动，返回 false；否则，方块可以移动到下一位置，返回 true。

判断方块是否可移动的算法 IsAvailable 说明如下。

输入参数：a 是二维 4*4 数组，表示要显示的方块；

w 和 h 代表二维数组的宽和高，w=h=4；

x 和 y 表示方块在工作区的下一个位置。

输出结果：true 可移动，false 不能移动。

算法代码如下。

```
bool IsAvailable(int a[],int x,int y,int w,int h)
{
    for(int i=y; i<y+h; i++)
        for(int j=x; j<x+w; j++)
            if(map[i][j] && a[w*(i-y)+j-x])
                return false;
    return true;
}
```

说明：该函数实现中，工作区使用 map 全局二维数组表示。

5. 案例总结

该案例完整的代码参见人民邮电出版社教学服务与资源网。该案例分析仅分析了基本功能的设计和实现，对于辅助功能和扩展功能将有待于学生在实践中自我摸索。

11.1.2 题目一

1. 需求分析

实现一个贪吃蛇的桌面游戏，要求如下。

基本功能

a. 使用键盘控制贪吃蛇的移动

b. 随机生成食物

c. 贪吃蛇每吃掉一次食物，长度增大

d. 贪吃蛇撞到墙后游戏结束

e. 调节贪吃蛇的移动速度

f. 保存玩家的分数

扩展功能

a. 双人贪吃蛇

2. 系统分析

该案例可以在 VC++控制台方式下实现，除了 C++程序设计课程讲授的基本知识外，还需要学习以下案例中的相关知识：

a. 工作者线程（参见 11.1.1 案例分析）

b. 彩色控制台相关 API（参见 11.1.1 案例分析）

c. 键盘控制相关 API（参见 11.1.1 案例分析）

综合运用上述 3 方面的知识，并且发挥创造力和想象力，融会贯通所学知识进行设计和实现。

3. 关键点

在游戏制作过程中考虑，贪吃蛇在转弯过程中，如何控制蛇身和蛇头？这是游戏的关键。

11.1.3　题目二

1. 需求分析

实现一个双人俄罗斯方块的桌面游戏，要求的基本功能如下。

a. 同时能两个人进行俄罗斯方块的对战

b. 每个俄罗斯方块具备基本的旋转、左移、右移和下落操作

c. 当其中一个人的俄罗斯方块消掉一行时，另一个人的俄罗斯方块将增加一行

d. 能调节方块的下落速度

e. 能保存玩家的分数

f. 其他能增加游戏完整性和游戏兴趣度的功能

2. 系统分析

该案例可以在 VC++控制台方式下实现，除了 C++程序设计课程讲授的基本知识外，还需要学习以下案例中的相关知识。

a. 工作者线程（参见 11.1.1 案例分析）

b. 彩色控制台相关 API（参见 11.1.1 案例分析）

c. 键盘控制相关 API（参见 11.1.1 案例分析）

综合运用上述 3 方面的知识，并且发挥创造力和想象力，融会贯通所学知识进行设计和实现。

3. 关键点

在游戏制作过程中考虑，键盘控制是单线程的，应该作为主程序线程，每一个俄罗斯方块是一个独立的子线程，由键盘控制两个俄罗斯方块。这是游戏的关键。

11.2　MFC 应用

11.2.1　案例分析：计算器设计

一、教学目标

本案例以编写基于 MFC 的简易计算器软件为例，通过学习 MFC 事件驱动机制、MFC 界面

设计、MFC 控件使用，并掌握 MFC 应用程序的设计方法，引导学生逐步独立完成一个 MFC 的应用程序。本案例的重点是学习如何使用 MFC 基本控件和事件驱动机制完成一个 Windows 下交互式应用软件。

二、相关知识

微软基础类库（Microsoft Foundation Class，MFC）是微软为 Windows 程序员提供的一个面向对象的 Windows 编程接口，它大大简化了 Windows 编程工作。使用 MFC 类库的好处是：首先，MFC 提供了一个标准化的结构，这样开发人员不必从头设计创建和管理一个标准 Windows 应用程序所需的程序，而是“站在巨人肩膀上”，从比较高的起点编程，节省了大量的时间；其次，它提供了大量的代码，指导用户编程时实现某些技术和功能——MFC 库充分利用了 Microsoft 开发人员多年开发 Windows 程序的经验，并可以将这些经验融入你自己开发的应用程序中去；开发人员不需要自己再编程绘制各种窗口，直接调用 MFC 提供的这些类，就能够轻松实现一个 Windows 程序。

一个 MFC 程序包含 3 类文件，C++头文件，扩展名是.h；C++源文件，扩展名是 .cpp；C++资源文件，通常以.RC 为后缀名。

（1）C++源文件：包含了应用程序的数据、类实现，包括事件处理、用户界面对象初始化等。

（2）C++头文件：包含了 C++源文件中所有数据、模块、类的声明。当一个 C++源文件要调用另一个源文件中所定义的功能模块时，只需要包含其对应的头文件即可。

（3）资源文件：包含了应用程序所使用的全部资源定义。这里说的资源是应用程序所能够使用的一类预定义工具中的对象，包括字符串资源、加速键表、对话框、菜单、位图、光标、工具条、图标、版本信息和用户自定义资源等。

Windows 编程最主要的机制是事件驱动机制。传统的 MS-DOS 程序主要采用顺序的、关联的、过程驱动的程序设计方法。一个程序是一系列预先定义好的操作序列的组合，具有一定的开头、中间过程和结束。程序直接控制程序事件和过程的顺序。这样的程序设计方法是面向程序而不是面向用户的，交互性差，用户界面不够友好，因为它强迫用户按照某种不可更改的模式进行工作。它的基本模型如图 11-7（a）所示。

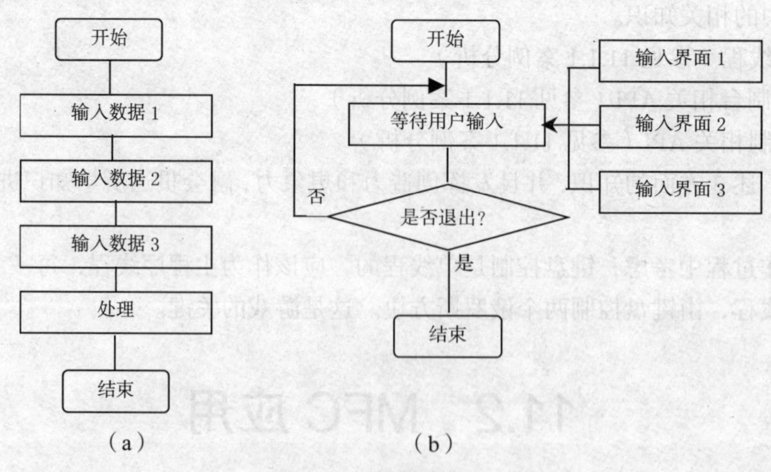

图 11-7　事件处理流程

事件驱动程序设计是一种全新的程序设计方法，不由事件的顺序来控制，而由事件的发生来控制。这种事件的发生是随机的、不确定的，并没有预定的顺序，这样就允许程序的用户用各种合理的顺序来安排程序的流程。它是一种面向用户的程序设计方法，更多地考虑了用户可能的各种输入，并针对性地设计相应的处理程序。它是一种“被动”式程序设计方法，程序开始运行时，处于等待用户输入事件状态，然后取得事件并做出相应反应，处理完毕又返回并处于等待事件状态。它的框图如图 11-7（b）所示。

事件驱动围绕着消息的产生与处理展开，靠消息循环机制来实现。消息是一种报告有关事件发生的通知，类似于 DOS 下的用户输入。Windows 应用程序的消息来源有以下 4 种。

（1）输入消息：包括键盘和鼠标的输入。这一类消息首先放在系统消息队列中，然后由 Windows 将它们送入应用程序消息队列中，由应用程序来处理。

（2）控制消息：用来与 Windows 的控制对象，如列表框、按钮、检查框等进行双向通信。当用户在列表框中改动当前选择或改变了检查框的状态时发出此类消息。这类消息一般不经过应用程序消息队列，而是直接发送到控制对象上去。

（3）系统消息：对程序化的事件或系统时钟中断做出反应，如创建窗口消息、屏幕刷新。

（4）用户消息：这是程序员自己定义并在应用程序中主动发出的，一般由应用程序的内部处理。

Windows 操作系统包括 3 个内核基本元件：GDI，KERNEL，USER。其中 GDI（图形设备接口）负责在屏幕上绘制像素；系统内核 KERNEL 支持与操作系统密切相关的功能，如进程加载、存管理、线程管理等；USER 为用户界面对象提供支持，用于接收和管理所有输入消息、系统消息并把它们发给相应的窗口的消息队列。消息队列是一个系统定义的内存块，用于临时存储消息；每个窗口维护自己的消息队列，并从中取出消息，利用窗口函数进行处理。消息处理流程如图 11-8 所示。

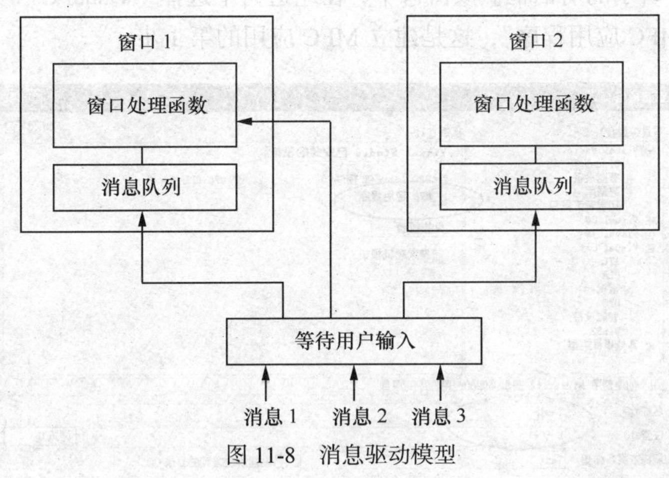

图 11-8　消息驱动模型

下面，我们通过一个例子说明 Windows 事件驱动机制的使用。

三、简易计算器”案例分析

上述相关知识和编程技巧将全部用于编写“简易计算器”的软件中，此外，我们还需要学习分析软件的功能，如何使用 MFC 设计程序和组织代码结构。我们将要完成的案例如图 11-9 所示，该软件主要由按钮和编辑框组成，是一个最基本的 MFC 程序。

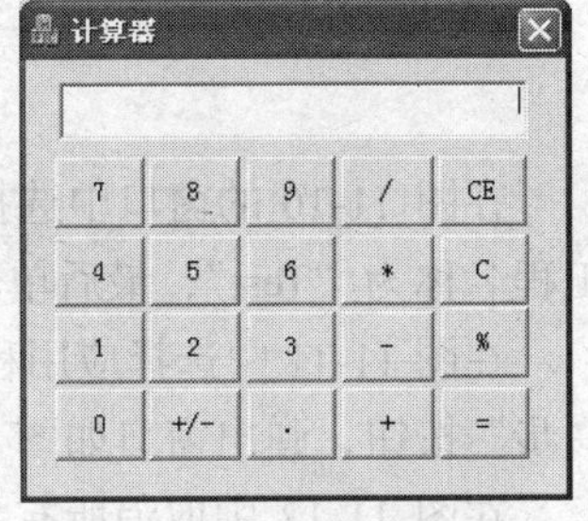

图 11-9　简易计算器

1. 分析题目

计算器的功能大家都非常熟悉，类似于 Windows 提供的计算器具有的功能。简单来说，该软件应该具备的功能如下。

基本功能

- 单击数字键，显示当前数值
- 单击“+”、“－”、“*”、“/ ”键进行运算
- 单击“=”，显示运算结果
- 单击“C”，清除已有结果
- 进行连续四则运算

扩展功能

- 进行对数、指数运算
- 进行二进制、八进制、十六进制数运算
- 进行三角函数运算
- 其他

上述功能列表仅仅是给出一个提示，还有很多的更好的辅助功能和扩展功能等着你们去创新，功能越完善、越强大，你的软件就越受人喜爱。

2. 程序设计

程序设计分成 3 个步骤进行：（1）创建 MFC 应用程序框架；（2）进行界面设计；（3）进行事件驱动编程。通过这 3 步，完成一个简单计算器的应用程序编写。

（1）创建 MFC 应用程序框架。

单击“Microsoft Visual Studio 2005”，打开 VS2005 集成环境，单击“开始→新建→项目”命令，弹出如图 11-10 所示的对话框。该窗口中，在左边树中选择“Visual C++→MFC”命令，然后在右边选择模板“MFC 应用程序”，这是建立 MFC 应用的第 1 步。

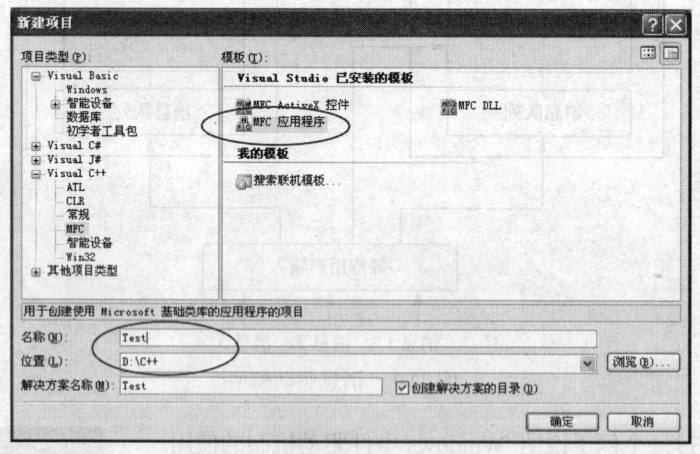

图 11-10　新建 MFC 应用程序

在图 11-10 的窗口中选择工程所在位置和工程名，本例中工程所在位置为“D:\C++”目录，工程名称为“Test”，最后单击“确定”按钮，进入下一步，如图 11-11 所示。

在图 11-11 中选择应用程序类型为“基于对话框”，取消复选框“使用 Unicode 库”，单击“下一步”按钮，弹出窗口如图 11-12 所示。

在图 11-12 中取消所有主程序默认提供的样式，本例中使用最简单的对话框进行编程。单击“下一步”按钮，弹出窗口如图 11-13 所示。确认系统默认生成类对话框，不做任何修改，直接单

击“完成”按钮，完成 MFC 应用程序创建。

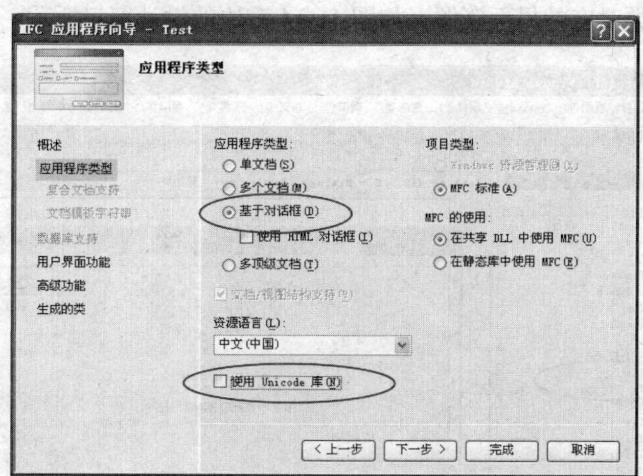

图 11-11　选择应用程序框架

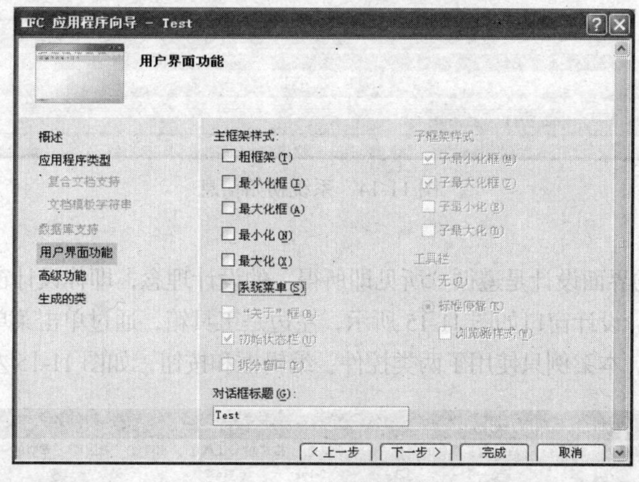

图 11-12　主程序框架样式

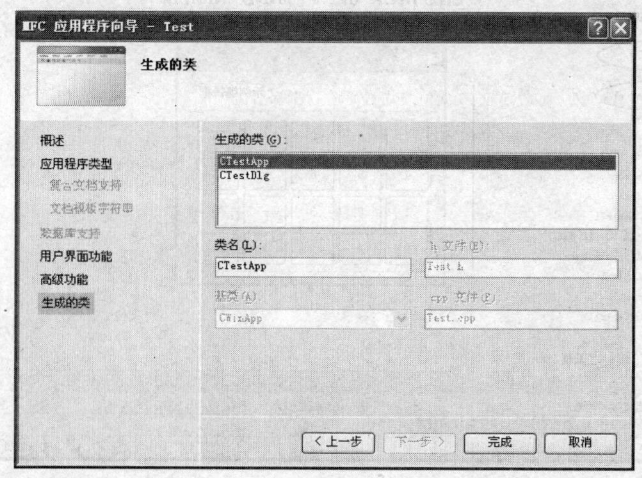

图 11-13　系统生成的类

工程名为“Test”的 MFC 应用程序创建后，系统自动生成两个类：Test 应用程序类和 TestDlg

主对话框类，每个类对应有一个.h 文件和 cpp 文件，如图 11-14 左面的文件树所示。此外，系统还自动生成主对话框类对应的界面资源，如图 11-14 右边的设计窗口所示。

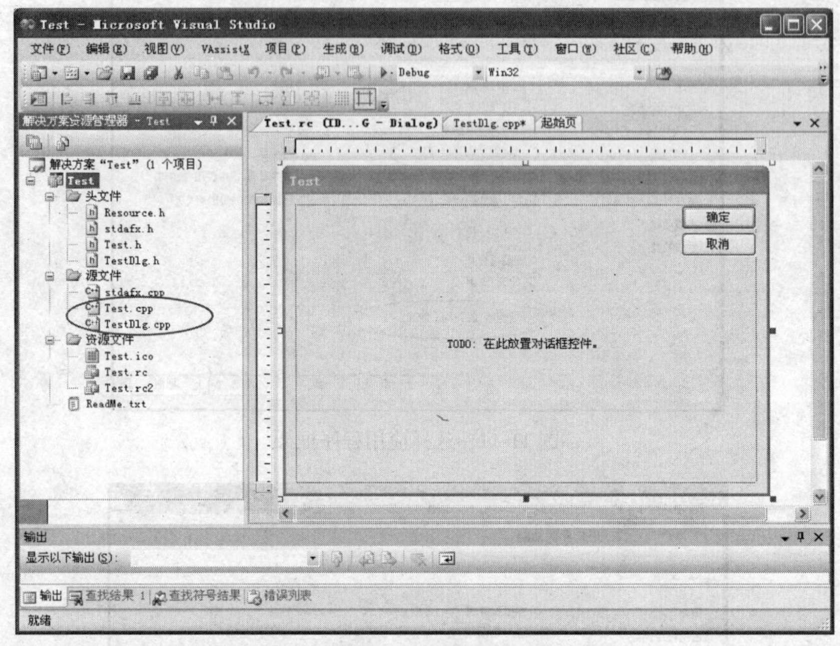

图 11-14　系统初始信息

（2）界面设计。

MFC 应用程序的界面设计是遵循“所见即所得”的设计理念，即你设计窗口的样子和程序最后运行的界面是一致的。设计窗口如图 11-15 所示，左边是工具箱，通过单击菜单“视图→工具箱”打开，右部是设计窗口。本案例只使用了两类控件：编辑框和按钮，如图 11-15 左边的圈出部分所示。

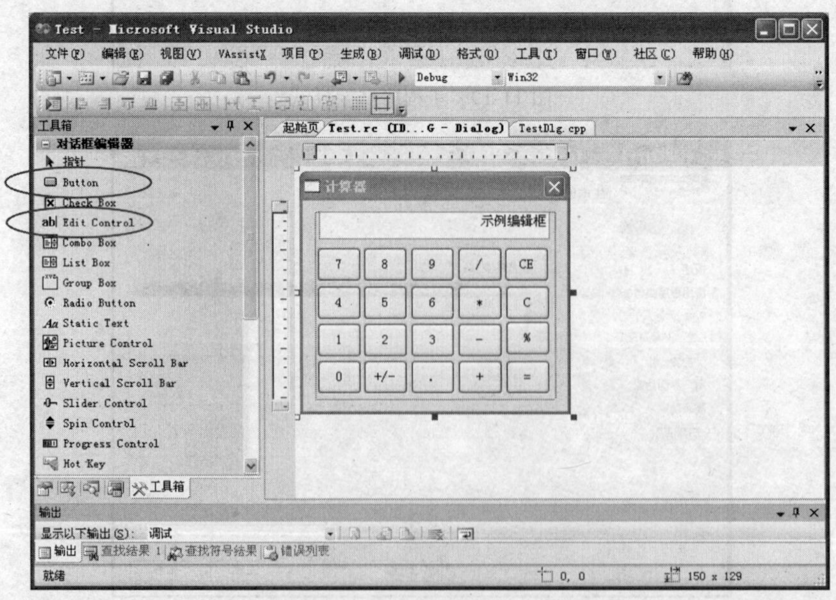

图 11-15　界面设计

界面设计的工作分成下面 3 步。

第 1 步：在工具箱中选择需要的控件，按住鼠标左键不放，直接拖入右边窗口即可。

第 2 步：选中要设置属性的控件，单击鼠标右键，弹出快捷菜单，单击“属性”键，显示如图 11-16 所示的界面。图 11-16 对按钮“1”设置属性，设置 Caption（控件显示的文字）为 1，设置 ID 是 IDC_BTN_1。

第 3 步：其他按钮设置方法与按钮“1”相同。本案例中设置的项值如表 11-1 所示。编辑框控件用来显示运算结果，设置其 Align Text 属性值为 Right，ID 为 IDC_EDIT_RESULT。对话框相当于控件的容器，设置的属性 System Menu 为 True，属性 Font（size）为宋体（10）。

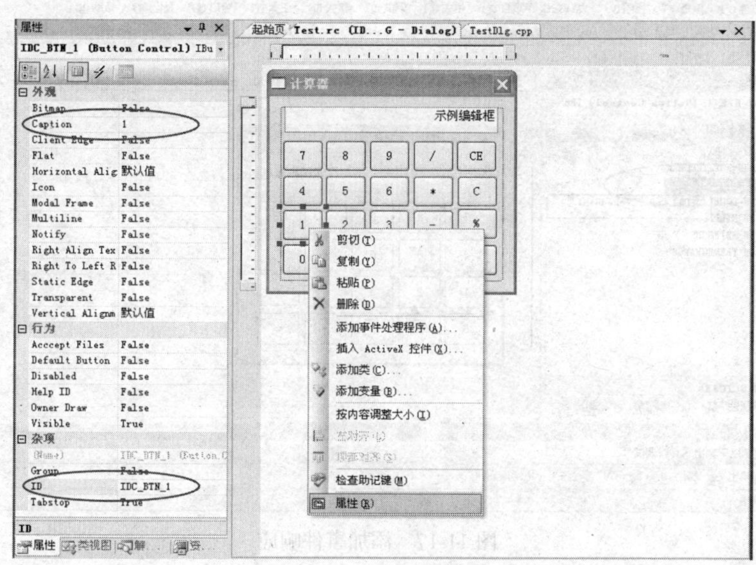

图 11-16 设置属性窗口

表 11-1 按钮控件属性设置

控　　件	Caption	ID
0～9 数字键	0～9	IDC_BTN_0……IDC_BTN_9
加号键	+	IDC_BTN_ADD
减号键	-	IDC_BTN_SUB
乘号键	*	IDC_BTN_MULT
除号键	/	IDC_BTN_DIV
取余键	%	IDC_BTN_MOD
等号键	=	IDC_BTN_RESULT
符号键	+/-	IDC_BTN_SIGN
小数点	.	IDC_BTN_POINT
删除键	CE	IDC_BTN_CE
清空键	C	IDC_BTN_C

（3）事件驱动设计。

计算器的基本功能是单击数字键，编辑框显示当前数字；接着单击运算符，然后再单击数字键，最后单击“=”键，得出的计算结果显示在编辑框中。这个过程涉及如下两方面的问题。

- 事件驱动：如何响应鼠标的单击（比如：按钮）。
- 数据交换：如何使用代码操作控件的显示内容（比如：编辑框）。

事件驱动主要由消息映射和消息处理函数两部分组成，比如我们要为按钮添加单击事件响应，其操作步骤如下：选中任意一个按钮（比如：按钮“1”）；在属性窗口上部选择⚡，显示控件事件；选择“BN_CLICKED”按钮单击事件消息号，选择<添加>OnBnClickedBtn1，则添加按钮“1”的单击事件完成，如图 11-17 所示。此时系统自动生成消息映射代码和消息处理函数框架代码。

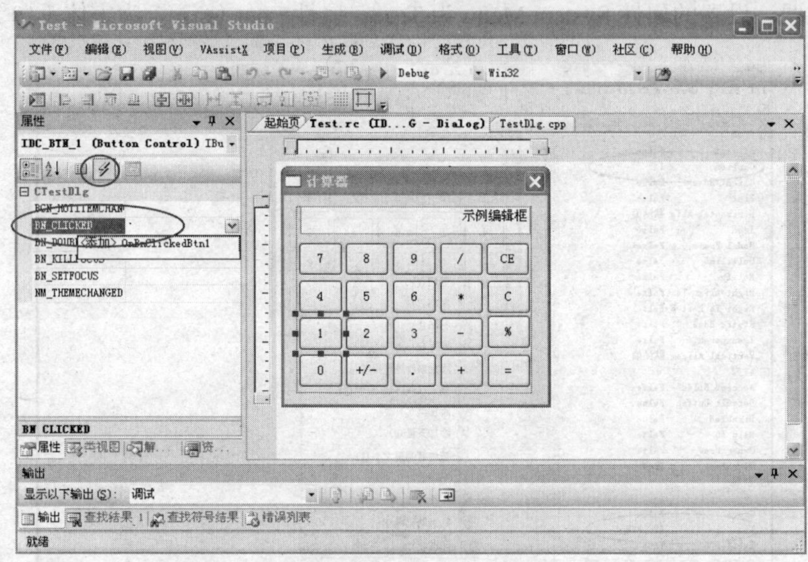

图 11-17　添加事件响应

消息映射代码：在主对话框对应的类实现 TestDlg.cpp 中，系统生成消息映射代码如下。

```
BEGIN_MESSAGE_MAP(CTestDlg, CDialog)
    ON_BN_CLICKED(IDC_BTN_1, &CTestDlg::OnBnClickedBtn1)
END_MESSAGE_MAP()
```

消息映射就是告诉系统：哪一个控件，收到哪一个消息后，执行哪一个函数。比如，本例中就是 **IDC_BTN_1** 控件，收到 **BN_CLICKED** 消息后，执行 **OnBnClickedBtn1** 函数。

消息处理函数框架代码：在主对话框对应的类声明 TestDlg.h 中生成消息处理函数的函数声明，在类实现 TestDlg.cpp 中生成消息处理函数的函数体。

TestDlg.h 中的代码：

```
afx_msg void OnBnClickedBtn1();
```

TestDlg.cpp 中的代码：

```
void CTestDlg::OnBnClickedBtn1()
{
        // TODO: 在此添加控件通知处理程序代码
}
```

对于编程者，只需要在消息处理函数中编写事件响应代码即可，用户自己的代码一律写在系统生成的提示“// TODO: 在此添加控件通知处理程序代码”之后。这就是事件驱动编程。

数据交换：本案例中，我们需要在单击按钮“1”后，将字符 1 添加显示在编辑框中，因此我们需要在代码和界面显示资源之间进行数据交互。数据交换实质上就是使界面资源和代码中的变量进行一一对应，达到操作代码就和操作界面一样的效果。数据交换操作步骤如下：选择要进行数据交换的控件，单击鼠标右键，弹出如图 11-18 所示的快捷菜单；选择“添加变量”，弹出如

图 11-19 所示按键的窗口，在该窗口中选择控件对应的变量类别——Control 或者 Value，输入变量名，单击"完成"按钮即可。

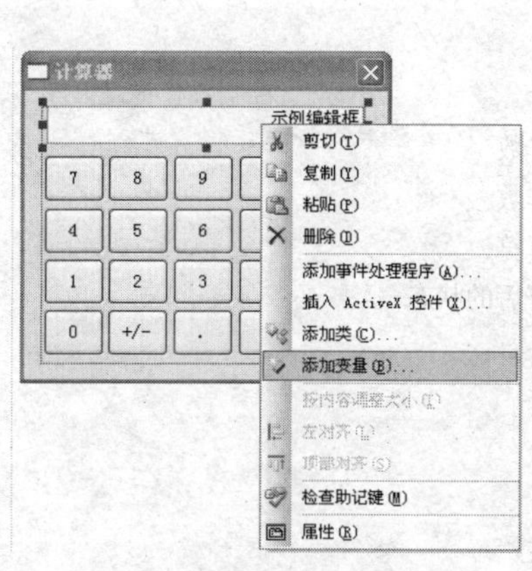
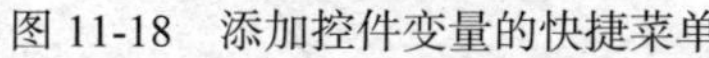

图 11-18　添加控件变量的快捷菜单

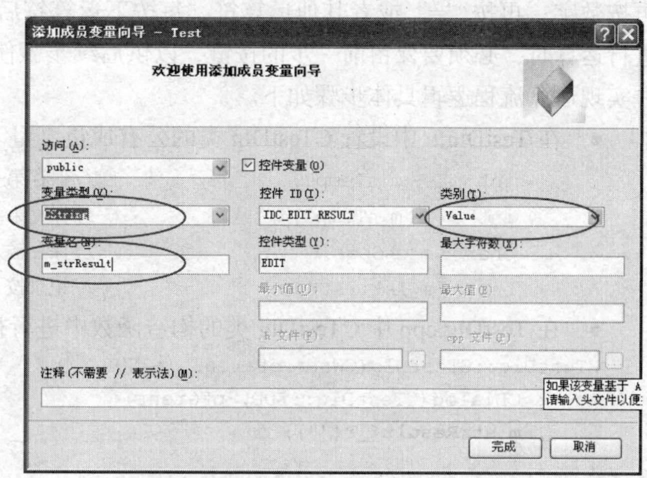

图 11-19　添加控件对应的变量

注：Control 类型的变量可以完全控制界面控件资源，包括控件显示的数据、控件的状态等；Value 类型的变量只能控制界面资源的数据显示。本例中只需要显示数据，所以类别选择"Value"，变量类型选择"CString"即可（CString 是 MFC 提供的一个用于处理字符串的类）。

经过上面的操作，系统自动生成变量和控件的映射代码如下。

TestDlg.h 中的代码：

```
CString m_strResult;
```

TestDlg.cpp 中的代码：

```
void CTestDlg::DoDataExchange(CDataExchange* pDX)
{
        CDialog::DoDataExchange(pDX);
        DDX_Text(pDX, IDC_EDIT_RESULT, m_strResult);
}
```

数据交换机制表明了哪一个控件和哪一个变量是一一对应的，比如本例中控件 **IDC_EDIT_RESULT** 和变量 **m_strResult** 是一一对应的。系统提供了一个数据交换函数 **UpdateData()**供编程者使用，使用方法如下。

- 为变量赋值，将该值显示在控件中：UpdateData(TRUE)
- 在控件中输入数值，使其保存到变量中：UpdateData(FALSE)

比如，当用户单击按钮"1"后，编辑框中显示 1，则代码如下。

```
void CTestDlg::OnBnClickedBtn1()
{
        // TODO: 在此添加控件通知处理程序代码
        UpdateData(TRUE);              //将编辑框中的原有数据保存到变量 m_strResult 中
        m_strResult = m_strResult+"1";
        UpdateData(FALSE);             //将变量 m_strResult 的值显示在编辑框中
}
```

运行该程序，不断单击按钮"1"，则编辑框中显示多个 1。这就是数据交换机制。

本案例中其他 9 个数字的操作同按钮"1"完全一样，只是当单击不同数字时，显示的数字不同。

（4）业务逻辑设计。

计算器的使用有其自己的逻辑，进行运算的使用步骤：按数字键，显示数值；再按运算符键；再按数字；再按“=”或者其他运算符，每按下运算符后，可以显示前一步的运算结果。因此，进行运算时，必须要保留前一步的按键，以供后续步骤使用。本案例以整数四则运算为例，设计并实现运算流程逻辑具体步骤如下。

- 在 TestDlg.h 中设置 CTestDlg 类的公有成员变量。

```
int     m_nTemp1;                //保存第一个操作数
int     m_nTemp2;                //保存第二个操作数
char  m_chOper;                  //保存输入的运算符
bool  m_IsFirstNum;              //记录按下操作符后的状态
```

- 在 TestDlg.cpp 中 CTestDlg 类的构造函数中进行初始化。

```
CTestDlg::CTestDlg(CWnd* pParent /*=NULL*/)
    : CDialog(CTestDlg::IDD, pParent)
    , m_strResult(_T(""))
{
        m_hIcon = AfxGetApp()->LoadIcon(IDR_MAINFRAME);
        m_nTemp1 = 0;
        m_nTemp2 = 0;
        m_chOper = ' ';
        m_IsFirstNum = TRUE;
}
```

- 为 CTestDlg 类添加一个公有成员函数。

函数名：Compute

输入参数：char chOper　运算符

返回值：无

函数功能：根据不同的运算符，对前一次和当前保存的数值进行计算，并将计算结果显示在编辑框中。

函数实现如下。

```
void CTestDlg::Compute(char chOper)
{
    UpdateData(TRUE);                        //获取编辑框的值
    m_nTemp2 = atoi(m_strResult);            //字符串转化成整数
    switch(chOper)
    {
    case '+':
        m_nTemp2 = m_nTemp1 + m_nTemp2; break;
    case '-':
        m_nTemp2 = m_nTemp1 - m_nTemp2;  break;
    case '*':
        m_nTemp2 = m_nTemp1 * m_nTemp2;  break;
    case '/':
        m_nTemp2 = m_nTemp1 / m_nTemp2;  break;
    case '%':
        m_nTemp2 = m_nTemp1 % m_nTemp2; break;
    }
    m_nTemp1 = m_nTemp2;
```

```
    m_strResult.Format("%d",m_nTemp2);       //将整型转化成 CString 类型
    m_IsFirstNum = TRUE;
    UpdateData(FALSE);
}
```

- 实现运算符“+”“-”“*”“/”“%”“=”事件响应逻辑。

以“+”运算为例，具体操作为：在界面设计窗口双击按钮“+”，自动生成事件处理函数 OnBnClickedBtnAdd()和相应的消息映射，在文件 TestDlg.cpp 中的 OnBnClickedBtnAdd()函数中调用 Compute 函数即可，代码如下。

消息映射：

```
BEGIN_MESSAGE_MAP(CTestDlg, CDialog)
        ON_BN_CLICKED(IDC_BTN_ADD, &CTestDlg::OnBnClickedBtnAdd)
END_MESSAGE_MAP()
```

消息处理函数：

```
void CTestDlg::OnBnClickedBtnAdd()
{
        // TODO: 在此添加控件通知处理程序代码
        Compute(m_chOper);
        m_chOper = '+';
}
```

其他运算符操作步骤一样，仅将代码 **m_chOper = '+';**换成不同的操作符即可。

- 修改各数字键“0”~“9”的事件响应逻辑，为 CTestDlg 添加一个公有成员函数。

函数名：ClickNum

输入参数：const char* strNum 当前按键数字

返回值：无

函数功能：若是数值的第一个数字，则清空编辑框，显示第一个数字；若是后续数字，则直接添加到原有数值后面。

函数实现如下。

```
void CTestDlg::ClickNum(const char* strNum)
{
    UpdateData(TRUE);
    if (m_IsFirstNum)
    {
        m_strResult = "";
        m_IsFirstNum = FALSE;
    }
    m_strResult = m_strResult+strNum;
    UpdateData(FALSE);
}
```

以按键“1”为例，则更新其显示逻辑为

```
void CTestDlg::OnBnClickedBtn1()
{
    ClickNum("1");
}
```

- 按键“CE”用来删除最后一次键入的数值，其事件响应逻辑代码如下。

```
void CTestDlg::OnBnClickedBtnCe()
{
    // TODO: 在此添加控件通知处理程序代码
```

```
    UpdateData(TRUE);
    m_strResult = m_strResult.Left(m_strResult.GetLength()-1);
    UpdateData(FALSE);
}
```

● 按键“C”用来重新开始计算，其事件响应逻辑就是恢复系统初始状态，代码如下。

```
void CTestDlg::OnBnClickedBtnC()
{
    // TODO: 在此添加控件通知处理程序代码
    m_nTemp1 = 0;
    m_nTemp2 = 0;
    m_chOper = ' ';
    m_strResult = "";
    m_IsFirstNum = TRUE;
    UpdateData(FALSE);
}
```

（5）案例总结。

该案例完整的代码参见人民邮电出版社教学服务与资源网站（www.ptpedu.com.cn）。该案例分析仅分析了整数四则运算的基本功能的设计和实现，对于浮点数的运算，以及辅助功能和扩展功能的实现，将有待于学生在实践中自我学习。

11.2.2 题目一

1. 需求分析

实现一个科学计算器，要求的基本功能如下。

- 能进行对数、指数运算
- 能进行二进制、八进制、十六进制数运算
- 能进行三角函数运算
- 能进行与、或、非能逻辑运算
- 能进行连续四则运算
- 支持浮点数运算

2. 系统分析

该案例的实现方式使用 MFC 实现，除了 C++程序设计课程讲授的基本知识外，还需要学习案例中的相关知识。

a. 按钮、编辑框等控件的使用（参见 11.2.1 案例分析）

b. 单旋钮、复选框的使用

c. Windows 事件驱动的使用（参见 11.2.1 案例分析）

综合运用上述几方面的知识，并且发挥创造力和想象力，融会贯通所学知识进行设计和实现。

3. 关键点

注意进行浮点数运算时，浮点数与字符串之间的转换，以及浮点数的显示；注意进行二进制、八进制、十六进制数运算时的运算规则。

11.2.3 题目二

1. 需求分析

实现一个基于 MFC 的个人通信录管理系统，要求如下。

基本功能

a. 显示通信录信息

b. 按人名、电话号码等方式查询

c. 添加、删除、修改通信录信息

扩展功能

a. 对通信录按照 ASCII 进行排序

b. 对通信录进行分组

c. 从文件中读取通信录信息

d. 把通信录信息保存到文件中

e. 其他有助于完善通信录管理系统的功能

2. 系统分析

该案例的实现方式使用 MFC 实现，除了 C++程序设计课程讲授的基本知识外，还需要学习案例中的相关知识。

a. 按钮、编辑框等控件的使用（参见 11.2.1 案例分析）

b. 复杂控件（比如：列表框、树型控件）的使用

c. Windows 事件驱动的使用（参见 11.2.1 案例分析）

d. 文件读写的使用

综合运用上述几方面的知识，并且发挥创造力和想象力，融会贯通所学知识进行设计和实现。

3. 关键点

MFC 的程序很多会使用比较复杂的控件，这样可以使程序看上去美观，功能扩展性也会较强。每一个控件都有自己特殊的成员函数，用来实现一些不同的效果，需要通过不断熟悉和摸索才能真正用好。

11.3 网络应用程序

11.3.1 案例分析：邮件发送客户端

一、教学目标

本案例以编写邮件客户端软件为例，通过学习 MFC 相关界面设计、SOCKET 相关网络知识、SMTP 相关知识，并学习复杂网络应用程序的设计方法，引导学生逐步独立完成一个网络应用。本案例的重点是学习 MFC 基本控件和 SOCKET 网络编程的使用。

二、相关知识

1. Sockets 规范

Windows 下网络编程的规范——Windows Sockets——是 Windows 下得到广泛应用的、开放的、支持多种协议的网络编程接口。从 1991 年的 1.0 版到 1995 年的 2.0.8 版，经过不断完善，已成为 Windows 网络编程事实上的标准。

Windows Sockets 规范以 U.C. Berkeley 大学 BSD UNIX 中流行的 Socket 接口为范例，定义了一套 Micosoft Windows 下网络编程接口。它使程序员能充分地利用 Windows 消息驱动机制进行编程。Windows Sockets 规范定义并记录了如何使用 API 与 TCP/IP 连接，应用程序调用 Windows Sockets 的 API 实现相互之间的通信。Windows Sockets 利用下层的网络通信协议功能和操作系统

调用实现实际的通信工作。

Sockets 编程必须要清楚两个概念：一是 IP 地址，即每个机器都有唯一的 IP 地址；二是端口，即一个机器运行多个进程，每个进程对应唯一的端口号。Sockets 分成两类：流套结字和数据报。流套结字是面向连接的服务，一般用于服务器/客户端模式，适用于 TCP；数据报是无连接服务，一般用于点对点模式，适用于 UDP。对于 TCP，Winsock 提供的 API 分成服务器和客户端两类，如图 11-20 所示。"服务器"其实是一个进程，它需要等待任意数量的客户机连接，以便为它们的请求提供服务；而"客户端"只需要连接上服务器即可。

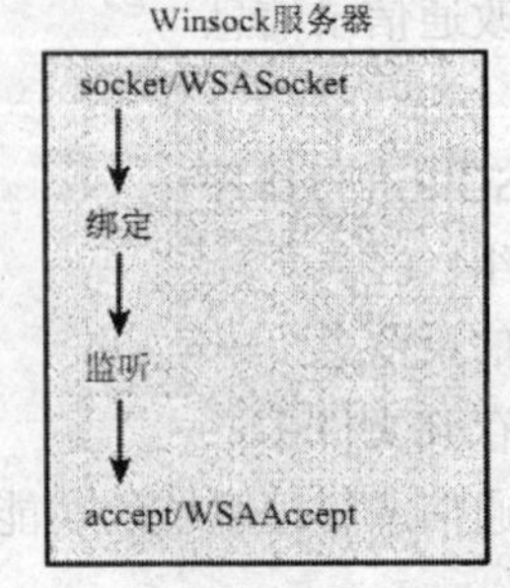

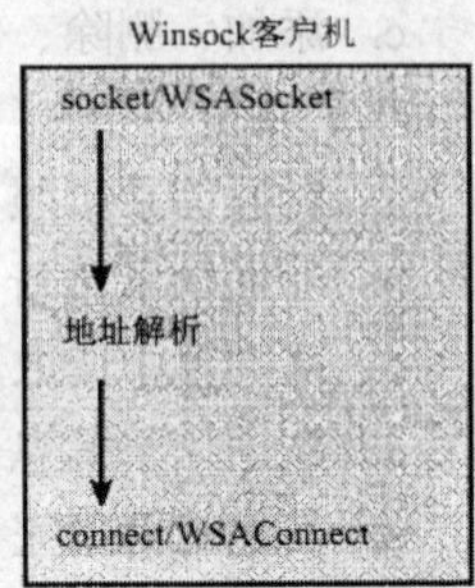

图 11-20　服务器和客户机 Winsock 基础

Windows 环境下使用 SOCKET 网络编程，必须将下面的代码添加到自己的工程中。

```
#include < Winsock2.h.>
#pragma comment(lib, " Ws2_32.lib ")
```

以 TCP 客户端网络通信为例，使用 Windows Sockets 传输数据步骤如下。

（1）初始化网络环境。

每个 Winsock 应用都必须加载 Winsock DLL 的相应版本。如果调用 Winsock 之前，没有加载 Winsock 库，这个函数就会返回一个 SOCKET_ERROR。

加载 Winsock 库是通过调用 WSAStartup 函数实现的。这个函数的定义如下：

```
int WSAStartup(
    WORD wVersionRequested ,
    LPWSADATA lpWSAData
);
```

wVersionRequested 参数用于指定准备加载的 Winsock 库的版本。高位字节指定所需要的 Winsock 库的副版本，而低位字节则是主版本。然后，可用宏 MAKEWORD(2,2)方便地获得 wVersionRequested 的值。

lpWSAData 参数是指向 LPWSADATA 结构的指针，WSAStartup 用其加载的库版本有关的信息填在这个结构中。WSADATA 可参考 Visual Stutio 2005 配套的 MSDN。

具体参考代码如下。

```
WSADATA wsadata;
int dwRet =  WSAStartup(MAKEWORD(2,2),&wsadata);
if (dwRet == SOCKET_ERROR)                          //错误处理
{
        return -1;
}
```

（2）创建 Socket。

所谓套接字，就是一个指向传输提供者的句柄。Win32 中，套接字不同于文件描述符，所以它是一个独立的类型——SOCKET。定义为：

```
SOCKET socket(
        int af ,
        int type,
        int protocol);
```

参数 af,是协议的地址家族。比如，如果想建立一个 UDP 或 TCP 套接字，可用常量 AF_INET

来指代互联网协议（IP）。参数 type,是协议的套接字类型。套接字的类型可以是下面 5 个值：SOCK_STREAM、SOCK_DGRAM、SOCK_SEQPACKET、SOCK_RAW 和 SOCK_RDM，常用的是 SOCK_STREAM 流数据服务，适用于 TCP；SOCK_DGRAM 数据报服务，适用于 UDP。参数 protocol 一般默认为 0。若创建 SOCKET 失败，这个函数就会返回一个 INVALID_SOCKET。

创建 TCP 类型的 Socket 参考代码如下。

```
SOCKET sockid;
sockid = socket(AF_INET, SOCK_STREAM, 0);
if (sockid == INVALID_SOCKET)                              //错误处理
{
    return -1;
}
```

（3）设置服务器 IP 地址。

每个计算机都分配有一个 IP 地址，用一个 32 位数来表示，正式的称呼是“IPv4 地址”。客户机需要通过 TCP 或 UDP 和服务器通信时，必须指定服务器的 IP 地址和服务端口号。Winsock 中，应用通过 SOCKADDR_IN 结构来指定 IP 地址和服务端口信息，该结构的格式如下。

```
struct sockaddr_in
{
    short             sin_family;
    u_short           sin_port;
    struct  in_addr   sin_addr;
    char              sin_zero[8];
};
```

其中 sin_family 字段必须设为 AF_INET，以告知 Winsock 我们此时正在使用 IP 地址家族。具体参考代码如下。

```
struct sockaddr_in addr;
addr.sin_family  = AF_INET;                                //接收端地址类型
addr.sin_port    = htons(25);                              //设置接收端侦听端口号 25
addr.sin_addr.s_addr = inet_addr("192.168.0.1");           //接收端 IP 地址
```

此外，若使用域名作为接收地址，还需要使用 gethostbyname()函数获取域名对应的 IP 地址，即地址解析。比如，获取域名 mail.bupt.cn 的 IP 地址：

```
struct hostent *phostent = gethostbyname( " mail.bupt.cn" );
CopyMemory(&addr.sin_addr.s_addr,  phostent->h_addr_list[0],
          sizeof(addr.sin_addr.s_addr));
```

（4）连接服务器。

客户端连接服务器使用 connect 函数实现，任何数据传送都必须在建立好连接的基础上进行，connect 函数定义为

```
int connect(
       SOCKET s,
       const struct sockaddr FAR* name,
       int namelen
);
```

其中参数 s 是已经创建好的有效 TCP 套接字，参数 name 是针对 TCP 连接的服务器的套接字 IP 地址结构（SOCKADDR_IN），参数 namelen 则是名字参数的长度。如果连接的服务器不存在，则返回错误 SOCKET_ERROR。

具体参考代码如下。

```
int dwRet = connect( sockid, (struct sockaddr *)&addr,
```

```
                    sizeof(struct sockaddr_in);
if(dwRet  == SOCKET_ERROR)
{
        return -1;
}
```

（5）收发信息。

在已建立连接的套结字上发送信息可以使用send()函数，它定义如下。

```
int send (
        SOCKET s,
        const char FAR* buf,
        int len,
        int flags
);
```

参数s是已建立连接的套接字，将在这个套接字上发送数据；参数buf是字符缓冲区，缓冲区内包含即将发送的数据；参数 len，指定即将发送的缓冲区内的字符；参数 flags 可为 0、MSG_DONTROUTE或MSG_OOB，默认为0。MSG_DONTROUTE标志要求传送层不要将它发出的包路由出去，MSG_OOB标志表示数据应该被带外发送。若发生错误，就返回SOCKET_ERROR。

在已建立连接的套结字上接收信息可以使用recv()函数，它定义如下。

```
int recv (
        SOCKET s,
        const char FAR* buf,
        int len,
        int flags
);
```

参数s是已建立连接的套接字，将在这个套接字上接收数据；参数buf是字符缓冲区，缓冲区内包含接收的数据；参数 len，准备接收的字节数；参数flags可为0、MSG_PEEK或MSG_OOB，默认为0。MSG_PEEK会使有用的数据复制到所提供的接收端缓冲内，但是没有从系统缓冲中将它删除。若发生错误，就返回 SOCKET_ERROR。

连接建立之后，客户端和服务器可以进行反复多次数据收发。

（6）关闭Socket

数据发送和接收全部完成后，就必须关掉连接，释放套接字相关的所有资源。比较好的关闭连接的方式是：先调用shutdown从容关闭连接，再调用closesocket关闭连接。这是因为为了保证通信双方能够收到应用发出的所有数据，应该通知接收端“不再发送数据”。这就是所谓的“从容关闭”方法，并由shutdown函数来执行。shutdown的定义如下：

```
int shutdown(
    SOCKET s,
    int how
);
```

参数 s,是指要关闭的套接字； 参数 how 可以是下面的任何一个值：SD_RECEIVE、SD_SEND 或SD_BOTH。如果是SD_RECEIVE，就表示不允许再调用接收函数。对TCP套接字来说，不管数据在等候接收，还是数据接连到达，都要重设连接。对 UDP 套接字上仍然接收并排列接入的数据。如果选择SD_SEND，表示不允许再调用发送函数。对 TCP 套接字来说，这样会在所有数据发出并得到接收端确认之后，生成一个 FIN包。最后如果指定SD_BOTH，则表示取消连接两端的收发操作。

关闭连接使用closesocket，它定义如下：

```
int closesocket( SOCKET sockid);
```

closesocket的调用会释放套接字描述符，再利用套接字执行调用就会失败，并出现错误。

（7）清除网络资源。

结束 Winsock 库，而且不再需要调用任何 Winsock 函数时，附带例程会卸载这个库，释放资源。这个函数的定义是

WSACleanup();

通过以上 7 个步骤，客户端就可以与任何一个正在提供 TCP 服务的服务器进行通信。

2. SMTP 简介

SMTP（Simple Mail Transfer Protocol）即简单邮件传输协议，是一种提供可靠且有效电子邮件传输的协议。SMTP 是建立在 FTP 文件传输服务上的一种邮件服务，主要用于传输系统之间的邮件信息并提供与来信有关的通知。SMTP 目前事实上已是在 Internet 传输 E-Mail 的标准，是一个相对简单的基于文本的协议。SMTP 建立在 TCP 之上，使用 TCP 端口 25。

SMTP 独立于特定的传输子系统，其重要特性之一是能跨越网络传输邮件，即“SMTP 邮件中继”——电子邮件从客户机传输到服务器；或者从某一个服务器传输到另一个服务器。

SMTP 是个请求/响应协议，命令和响应都基于 ASCII 文本，并以 CR 和 LF 符结束。在二进制文件上 SMTP 处理得并不好。后来开发了用来编码二进制文件的标准，如 MIME，以使其通过 SMTP 来传输。今天，大多数 SMTP 服务器都支持 8 位 MIME 扩展，它使二进制文件的传输变得几乎和纯文本一样简单。

SMTP 命令是发送于 SMTP 主机之间的 ASCII 信息，可能使用到的命令如表 11-2 所示。

表 11-2　　SMTP 命令

命 令 字	命 令 号	描 述
HELO	220	向服务器标识用户身份，返回邮件服务器身份
AUTH　LOGIN	250	启动认证程序
MAIL FROM <host>	235	在主机上初始化一个邮件会话
RCPT TO<user>	250	标识单个的邮件接收人；常在 MAIL 命令后面可有多个 rcpt to
DATA	250	开始信息写作
QUIT	250	终止邮件会话

SMTP 协议工作原理，即 SMTP 连接和发送过程如下。

（1）建立 TCP 连接。

（2）客户端发送 HELO 命令，告知服务器，系统才会开始认证程序。

（3）客户端发送 AUTH　LOGIN 命令，系统的认证程序将会启动，同时系统会返回一个经过 Base64 处理过的字符串，意思是“请输入用户名”。接着客户端必须发送用户名给服务器，用户名也必须经过 Base64 编码转换，服务器在通过用户名的认证之后会要求输入密码，此时输入经过 Base64 编码转换后的密码。成功后，即可运行下面的命令了。

（4）然后客户端发送 MAIL 命令，告知服务器发件人的邮件地址；服务器端以 OK 作为响应，表明准备接收。

（5）客户端发送 RCPT 命令，告知服务器的接收人的邮件地址，可以有多个 RCPT 行；服务器端则表示是否愿意为收件人接收邮件。

（6）协商结束，发送邮件，客户端发送命令 DATA。输入该命令后，服务器开始正式接收数据。

（7）数据输入完毕，以“.”号表示结束，与输入内容一起发送出去，结束此次发送。

（8）客户端发送 QUIT 命令退出。

按照 TCP 客户端建立连接的步骤，实现 SMTP 规定的交互过程，即可实现使用 SMTP 向邮件服务器发送邮件。

3. Base64 编码

Base64 是一种使用 64 基的位置计数法，使用 2 的最大次方来代表仅可打印的 ASCII 字符。这使它可用来作为电子邮件的传输编码。使用时，在传输编码方式中指定 Base64，使用的字符包括大小写字母各 26 个，加上 10 个数字和加号“+”、斜杠“/”，一共 64 个字符。完整的 Base64 定义可见 RFC 1421 和 RFC 2045。

Base64 编码要求把 3 个 8 位字节（3*8=24）转化为 4 个 6 位的字节（4*6=24），之后在 6 位的前面补两个 0，形成 8 位一个字节的形式。如表 11-3 所示的编码“Man”。

表 11-3　　Base64 编码示意表

文本	M								a								n							
ASCII 编码	77								97								110							
二进制位	0	1	0	0	1	1	0	1	0	1	1	0	0	0	0	1	0	1	1	0	1	1	1	0
索引	19						22						5						46					
Base64 编码	T						W						F						u					

在此例中，Base64 算法将 3 个字符 Man 编码为 4 个字符 TWFu。Base64 索引表如表 11-4 所示。

表 11-4　　Base64 索引表

Value	Char	Value	Char	Value	Char	Value	Char
0	A	16	Q	32	g	48	w
1	B	17	R	33	h	49	x
2	C	18	S	34	i	50	y
3	D	19	T	35	j	51	z
4	E	20	U	36	k	52	0
5	F	21	V	37	l	53	1
6	G	22	W	38	m	54	2
7	H	23	X	39	n	55	3
8	I	24	Y	40	o	56	4
9	J	25	Z	41	p	57	5
10	K	26	a	42	q	58	6
11	L	27	b	43	r	59	7
12	M	28	c	44	s	60	8
13	N	29	d	45	t	61	9
14	O	30	e	46	u	62	+
15	P	31	f	47	v	63	/

三、案例分析

发送邮件客户端需要使用 TCP 向已知的 SMTP 邮件服务器发送请求，然后经过和 SMTP 服务器的一系列交互后，邮件发出。因此，我们需要对发送邮件客户端进行程序流程设计和界面设计，以更好地组织代码程序结构。程序运行界面如图 11-21 所示。

程序运行时，主窗口为撰写邮件界面，单击“设置”按钮，弹出邮件服务器设置窗口，输入 SMTP 服务器的域名、端口、用户名和密码后，可以单击“确定”按钮，返回撰写邮件窗口；填写发信人、收信人、邮件题目和内容，撰写完毕，单击“发送”按钮，邮件发送完毕。

1. 界面设计

本案例中创建工程名称为 SendMailClient，因此，系统自动生成应用程序类 CSendMailClient 和主对话框类 CSendMailClientDlg，主对话框就是我们要设计的撰写邮件界面。发送邮件客户端的基本功能就是能撰写邮件，并将邮件正确地发送出去。因此，界面设计就需要分成两部分。

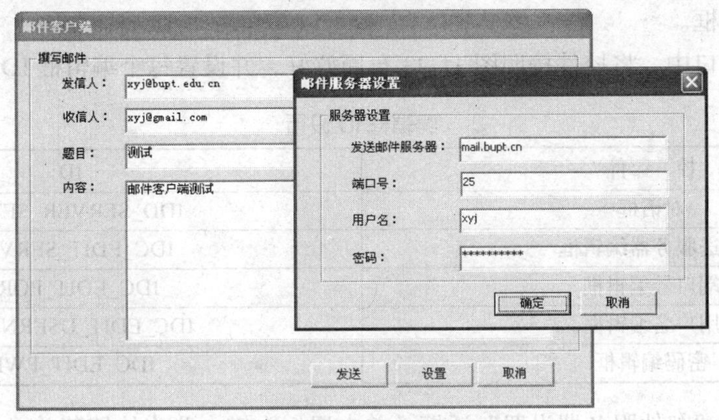

图 11-21　程序运行结果

- 撰写邮件界面的设计。
- SMTP 邮件服务器设置的界面设计。

参考目前已有的邮件客户端和 Web mail 的界面，我们可以简单地设计如下两个软件界面，并设置好每个控件的属性和 ID，如图 11-22 和图 11-23 所示，界面主要由静态控件、编辑框和按钮组成。

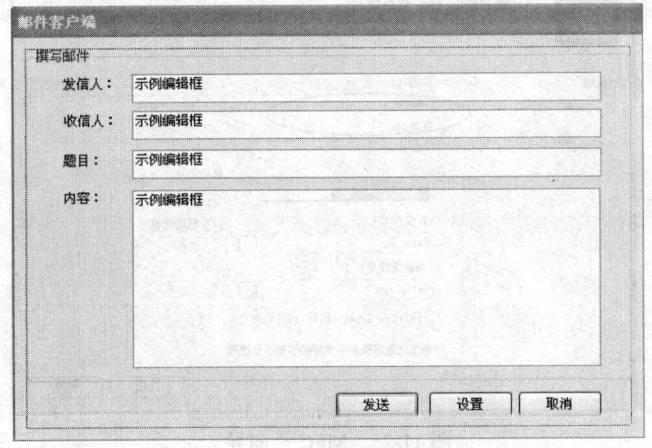

图 11-22　撰写和发送邮件界面

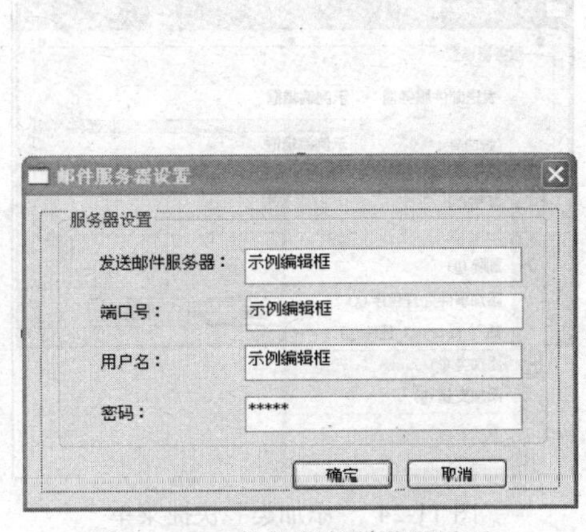

图 11-23　邮件服务器设置界面

2. 事件驱动设计

本案例涉及多个对话框的交互，比如：单击图 11-22 中对话框的“设置”按钮，弹出如图 11-23 所示的窗口；单击图 11-23 所示窗口的“确定”按钮，数据可以传递给图 11-22。因此下面主要讲解关于对话框的相关知识。Windows 对话框分成两类：有模式对话框和无模式对话框。对话框也是一种控件，而且还可以是容器——可以容纳其他控件的控件。每个对话框内一般都有一些控件，对话框依靠这些控件与用户进行交互。

对话框（Dialog）实际上是一个窗口。在 MFC 中，对话框的功能被封装在了 CDialog 类中，CDialog 类是 CWnd 类的派生类。从 MFC 编程的角度来看，一个对话框由两部分组成。

- 对话框模板资源

对话框模板用于指定对话框的控件及其分布，Windows 根据对话框模板来创建并显示对话框。

- 对话框类

对话框类用来实现对话框的功能，由于对话框行使的功能各不相同，因此一般需要从 CDialog 类派生一个新类，以完成特定的功能。

（1）创建对话框。

在界面设计窗口中，将控件按照图 11-23 布局放好，并设置每个编辑框 ID 如表 11-5 所示。

表 11-5　编辑框 ID 设置

控　件	ID
对话框	IDD_SERVER_SETUP
发送服务器编辑框	IDC_EDIT_SERVER
端口号编辑框	IDC_EDIT_PORT
用户名编辑框	IDC_EDIT_USERNAME
密码编辑框	IDC_EDIT_PWD

然后，选择对“邮件服务器设置”话框，单击鼠标右键，弹出快捷菜单，如图 11-24 所示。选择“添加类”命令，弹出如图 11-25 所示的 MFC 类向导窗口。

在类向导窗口中，即图 11-25 中圈出部分输入对话框类名称，比如：CSetup，系统自动生成一个 CDialog 派生类。该类生成代码如下。

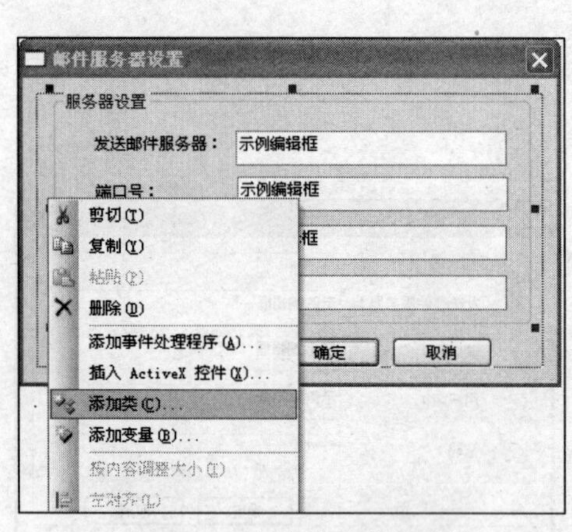

图 11-24　“添加类”快捷菜单

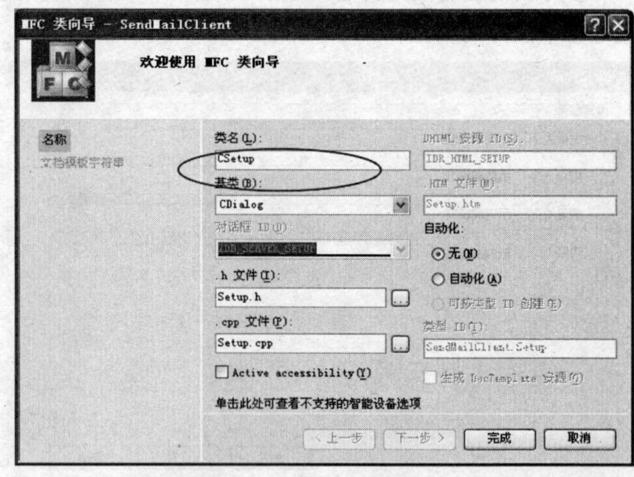

图 11-25　MFC 类向导

```
class CSetup : public CDialog
{
        DECLARE_DYNAMIC(CSetup)
public:
        CSetup(CWnd* pParent = NULL);                    //标准构造函数
        virtual ~CSetup();
//对话框数据
        enum { IDD = IDD_SERVER_SETUP};
protected:
        virtual void DoDataExchange(CDataExchange* pDX);     //DDX/DDV 支持
        DECLARE_MESSAGE_MAP()
};
```

代码中的 enum { **IDD = IDD_SERVER_SETUP**};表明 CSetup 类和对话框资源 IDD_SERVER_

SETUP 是一一对应的。

最后，在撰写邮件设计界面中，双击“设置”按钮，生成按钮单击事件框架函数 OnBnClickedSetup()，添加如下代码：

```
void CSendMailClientDlg::OnBnClickedSetup()
{
        // TODO: 在此添加控件通知处理程序代码
        CSetup dlg;
        dlg.DoModal();                              //弹出服务器设置对话框
}
```

此外，在 SendMailClientDlg.cpp 文件开头添加#include "Setup.h"，否则系统报错。

DoModal ()函数负责对有模式话框的创建，即运行 DoModal ()打开对话框，控制权由父窗口转移到子窗口。

（2）对话框之间的数据交换。

本案例中首先对 CSetup 对话框中的 4 个编辑框进行数据交换设置，参见案例分析二，其变量和资源的对应关系如表 11-6 所示。

表 11-6　　编辑框资源——变量设置

控件 ID	变 量 类 型	变 量 名 称
IDC_EDIT_SERVER	CString	m_strServer
IDC_EDIT_PORT	CString	m_strPort
IDC_EDIT_USERNAME	CString	m_strUser
IDC_EDIT_PWD	CString	m_strPwd

此外，在撰写邮件所在类 CSendMailClientDlg 中，添加的 4 个公有成员变量如下。

```
        CString m_strSmtpSrvName;
        CString m_strPort;
        char m_szUser[16];
        char m_szPwd[16];
```

然后，修改“设置”按钮消息处理函数如下：前 4 句代码表示，如果邮件服务器已经设置，则单击“设置”按钮可以查看之前的设置；第 5 句之后代码表示，若邮件服务器还没有设置过，则在 CSetup 对话框设置完毕，单击“确定”按钮后，邮件服务器设置信息保存到 CSendMailClientDlg 的成员变量中。

```
void CSendMailClientDlg::OnBnClickedSetup()
{
        // TODO: 在此添加控件通知处理程序代码
        dlg.m_strServer = m_strSmtpSrvName ;
        dlg.m_strPort = m_strPort ;
        dlg.m_strUser = m_szUser;
        dlg.m_strPwd =    m_szPwd ;
        if (dlg.DoModal()==IDOK)          //单击“确定”按钮
        {
            m_strSmtpSrvName = dlg.m_strServer;
            m_strPort = dlg.m_strPort;
            sprintf(m_szUser,"%s",dlg.m_strUser);
            sprintf(m_szPwd,"%s",dlg.m_strPwd);
        }
}
```

在 CSetup 对话框中，双击“确定”按钮，生成“确定”按钮的消息处理函数，添加代码如下。

```
void CSetup::OnBnClickedOk()
{
                                        //TODO: 在此添加控件通知处理程序代码
        UpdateData(TRUE);               //保存控件中的输入信息到变量中
```

```
        OnOK();
}
```

3. 网络设计

撰写邮件界面需要首先填写要发送邮件的信息，包括发件人、收件人、邮件标题、邮件内容，然后单击“发送”按钮，连接已经设置的邮件服务器，发送数据。所以 CSendMailClientDlg 对话框中设置编辑框的 ID 和相应的变量如表 11-7 所示。

表 11-7　编辑框资源——变量设置

控　件	控件 ID	变 量 类 型	变 量 名 称
发信人	IDC_EDIT_FROM	CString	m_strFrom
收信人	IDC_EDIT_To	CString	m_strTo
邮件标题	IDC_EDIT_SUBJECT	CString	m_strSubject
邮件内容	IDC_EDIT_CONTENT	CString	m_strMsg

根据 SMTP 协议，客户端需要与服务器进行多次命令交互，因此将命令接收和发送进行封装，具体说明如下。

函数名称：Talk

输入参数：SOCKET sockid；　建立连接的 Socket

const char *OkCode，命令码

char *pSend；命令字

输出参数：0 成功、1 失败

函数说明：收发命令

```
int CSendMailClientDlg::Talk(SOCKET sockid, const char *OkCode, char *pSend)
{
        const int buflen = 256;
        char buf[buflen];
        ZeroMemory(buf, buflen);
        if (recv(sockid, buf, buflen, 0) == SOCKET_ERROR)     //接收返回信息
        {
            AfxMessageBox("recv() error !");
            return 1;
        }
        if (lstrlen(pSend))                          //发送命令
        {
            ZeroMemory(buf, buflen);
            wsprintf(buf, "%s\r\n", pSend);
            if (send(sockid, buf, lstrlen(buf), 0) == SOCKET_ERROR)
            {
                AfxMessageBox("send() error ");
                return 1;
            }
        }
    return 0;
}
```

填写完发件人、收件人、邮件标题和内容后，单击“发送”按钮，连接邮件服务器，发送数据。因此需要对按钮“发送”进行单击消息处理，消息处理流程步骤如图 11-26 所示。

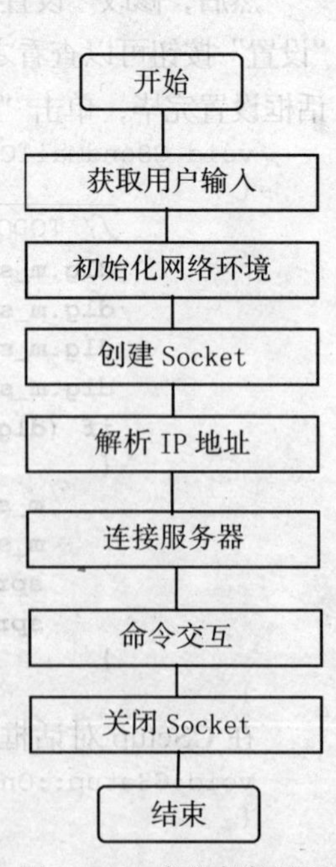

图 11-26　发送邮件流程

具体操作为，在界面设计窗口，双击“设置”按钮，系统自动在 CSendMailClientDlg 类中生成消息处理函数 OnBnClickedOk()，发送邮件流程就在该函数中实现，可参考本案例网络部分相关知识。具体代码如下。

```
void CSendMailClientDlg::OnBnClickedOk()
{
    UpdateData(TRUE);                                       //获取用户输入
    const int buflen = 256;
    char buf[buflen];
    int i, userlen, passlen;
    WSADATA wsadata;                                        //初始化网络环境
    if (WSAStartup(MAKEWORD(2,2),&wsadata) != 0)
    {
    AfxMessageBox("WSAStartup Error!");
            return;
    }
    SOCKET sockid;                                          //创建套接字
    if ((sockid = socket(AF_INET,SOCK_STREAM,0)) == INVALID_SOCKET)
    {
            AfxMessageBox("Sockid Error!");
            WSACleanup();
     return;
    }
//解析 IP 地址
    struct hostent *phostent = gethostbyname(m_strSmtpSrvName);
     struct sockaddr_in addr;
    CopyMemory(&addr.sin_addr.s_addr,phostent->h_addr_list[0],
            sizeof(addr.sin_addr.s_addr));
  addr.sin_family = AF_INET;
        addr.sin_port = htons(atoi(m_strPort));
        ZeroMemory(&addr.sin_zero, 8);
//连接服务器
        if (connect(sockid, (struct sockaddr *)&addr, sizeof(struct sockaddr_in))
== SOCKET_ERROR)
       {
        AfxMessageBox("connect() error !");
      goto STOP;
    }
        //命令交互开始
    if (Talk(sockid, "220", "HELO asdf"))    goto STOP;
    if (Talk(sockid, "250", "AUTH LOGIN"))   goto STOP;
    ZeroMemory(buf, buflen);
    userlen = strlen(m_szUser);                             //用户名长度
    passlen = strlen(m_szPwd);                              //密码长度
    for(i = 0; i < (userlen%3?userlen/3+1:userlen/3); i++)
     Base64((unsigned char * )(m_szUser + i * 3),(unsigned char * )( buf + i * 4));

    if (Talk(sockid, "334", buf))               goto STOP;  //发送 Base64 用户名
    ZeroMemory(buf, buflen);
    for(i = 0; i < (passlen%3?passlen/3+1:passlen/3); i++)
     Base64((unsigned char *)(m_szPwd + i * 3),(unsigned char * ) (buf + i * 4));
    if (Talk(sockid, "334", buf))          goto STOP;       //发送 Base64 密码
    ZeroMemory(buf, buflen);
    wsprintf(buf, "MAIL FROM:<%s>", m_strFrom);             //发信人
    if (Talk(sockid, "235", buf))          goto STOP;
    ZeroMemory(buf, buflen);
    wsprintf(buf, "RCPT TO:<%s>", m_strTo);                 //收信人
    if (Talk(sockid, "250", buf))          goto STOP;
    if (Talk(sockid, "250", "DATA"))       goto STOP;       //数据
    ZeroMemory(buf, buflen);
     wsprintf(buf, "TO: %s\r\nFROM: %s\r\nSUBJECT: %s\r\n%s\r\n\r\n.",
```

```
                    m_strTo, m_strFrom, m_strSubject, m_strMsg);
        if (Talk(sockid, "354", buf))            goto STOP;
        if (Talk(sockid, "250", "QUIT"))         goto STOP;     //结束命令
        if (Talk(sockid, "221", ""))                 goto STOP;
STOP:
      shutdown(sockid,SD_BOTH);
      closesocket(sockid);
      WSACleanup();
      return;
}
```

4. 关键算法

在CSendMailClientDlg类中添加Base64算法，算法说明如下。

函数名：Base64

输入参数：chasc未编码的二进制代码

输出参数：chuue编码过的Base64代码

函数功能：将chasc字符串转化成Base64编码后的字符串，参考本案例Base64编码说明

具体代码如下。

```
void SmtpMail::Base64(unsigned char *chasc,unsigned char *chuue)
{
int i,k=2;
unsigned char t = 0;
for(i=0;i<3;i++)
{
        *(chuue+i)=*(chasc+i)>>k;
        *(chuue+i)|=t;
        t=*(chasc+i)<<(8-k);
        t>>=2;
        k+=2;
    }
   *(chuue+3)=*(chasc+2)&63;
     for(i=0;i<4;i++)
       if((*(chuue+i)>=0)&&(*(chuue+i)<=25)) *(chuue+i)+=65;
       else if((*(chuue+i)>=26)&&(*(chuue+i)<=51)) *(chuue+i)+=71;
       else if((*(chuue+i)>=52)&&(*(chuue+i)<=61)) *(chuue+i)-=4;
       else if(*(chuue+i)==62) *(chuue+i)=43;
       else if(*(chuue+i)==63) *(chuue+i)=47;
}
```

5. 案例总结

该案例完整的代码参见人民邮电出版社数学服务与资源网站。该案例分析仅分析了发送邮件的消息流程，对于接收邮件、通信录管理等相关功能，需要读者自行参考相关协议进行实现。

11.3.2 题目一

1. 需求分析

实现一个完整的邮件客户端软件，要求如下。

基本功能

a. 能同时向多个人发送邮件

b. 能发送附件

c. 能添加、删除、修改通信录

d. 能查询通信录

e. 能保存已发送的邮件

f. 其他完善发送邮件客户端的功能

扩展功能

能接收邮件

2. 系统分析

该案例的实现方式使用 MFC 实现，除了 C++程序设计课程讲授的基本知识外，还需要学习案例中的相关知识：

a. 按钮、编辑框等控件的使用（参见 11.2.1 案例分析）

b. 对话框的使用（参见 11.3.1 案例分析）

c. SOCKET 网络编程的应用（参见 11.3.1 案例分析）

d. SMTP 发送邮件的规则（参见 11.3.1 案例分析）

e. 发送二进制文件和接收邮件的相关协议

综合运用上述 5 方面的知识，并且发挥创造力和想象力，融会贯通所学知识进行设计和实现。

3. 关键点

邮件客户端软件实现发送附件和接收邮件使用不同的协议，必须要先了解协议的要求才能正确发送和接收邮件。

11.3.3　题目二

1. 需求分析

实现一个网络聊天软件，要求如下。

基本功能

a. 能进行点对点文本聊天

b. 能进行点对点文件传送

c. 能保存聊天历史记录

d. 能查询聊天记录

f. 其他完善网络聊天的功能

扩展功能

a. 建立一个服务器，能获取所有在线用户信息

b. 能点对多点进行文本聊天

c. 能传输视频和音频

2. 系统分析

该案例的实现方式使用 MFC 实现，除了 C++程序设计课程讲授的基本知识外，还需要学习案例中的相关知识。

a. 按钮、编辑框等控件的使用（参见 11.2.1 案例分析）

b. SOCKET 网络编程的应用（参见 11.2.1 案例分析）

c. 多线程的使用（参见 11.1.1 案例分析）

d. 视频相关知识

综合运用上述 4 方面的知识，并且发挥创造力和想象力，融会贯通所学知识进行设计和实现。

3. 关键点

当实现点对多点进行通信时，需要实现 TCP 服务器端。读者需要对 Windows SOCKET 有更加深入的了解，才能灵活运用。

第12章 全国计算机等级考试二级测试及分析

全国计算机等级考试分为笔试和上机操作考试两部分，一般是上午笔试，下午上机考试。笔试由选择题和填空题组成，上机考试从题库里抽取题目由计算机组卷。本章分析了最近的两份C++笔试真题和一份C笔试真题，以及上机考试模拟题，并给出了答案详解。

C/C++属于计算机等级考试的二级。由于等级考试可以跨级，所以二级的所有科目，包括C/C++，都必须考核“公共基础知识”，一般有10道选择题，5道填空题，涉及《数据结构》、《软件工程》、《数据库原理》等课程的知识，以理论题为主，难度不大。

12.1 2011年上半年C++笔试试题及答案

一、选择题

（1）下列关于栈叙述正确的是

A）栈顶元素最先能被删除　　B）栈顶元素最后才能被删除

C）栈底元素永远不能被删除　　D）以上三种说法都不对

（2）下列叙述中正确的是

A）有一个以上根结点的数据结构不一定是非线性结构

B）只有一个根结点的数据结构不一定是线性结构

C）循环链表是非线性结构

D）双向链表是非线性结构

（3）某二叉树共有7个结点，其中叶子结点只有1个，则该二叉树的深度为（假设根结点在第1层）

A）3　　B）4　　C）6　　D）7

（4）在软件开发中，需求分析阶段产生的主要文档是

A）软件集成测试计划　　B）软件详细设计说明书

C）用户手册　　D）软件需求规格说明书

（5）结构化程序所要求的基本结构不包括

A）顺序结构　　B）GOTO跳转　　C）选择（分支）结构　　D）重复（循环）结构

（6）下面描述中错误的是

A）系统总体结构图支持软件系统的详细设计

B）软件设计是将软件需求转换为软件表示的过程

C）数据结构与数据库设计是软件设计的任务之一

D）PAD 图是软件详细设计的表示工具

（7）负责数据库中查询操作的数据库语言是

A）数据定义语言　B）数据管理语言　C）数据操纵语言　D）数据控制语言

（8）一个教师可讲授多门课程，一门课程可由多个教师讲授。则实体教师和课程间的联系是

A）1:1 联系　B）1:m 联系　C）m:1 联系　D）m:n 联系

（9）有 3 个关系 R、S 和 T 如下：

R

A	B	C
a	1	2
b	2	1
c	3	1

S

A	B
c	3

T

C
1

则由关系 R 和 S 得到关系 T 的操作是

A）自然连接　B）交　C）除　D）并

（10）定义无符号整数类为 UInt，下面可以作为类 UInt 实例化值的是

A）−369　B）369　C）0.369　D）整数集合{1,2,3,4,5}

（11）为了提高函数调用的实际运行速度，可以将较简单的函数定义为

A）内联函数　B）重载函数　C）递归函数　D）函数模板

（12）若 AA 为一个类，a 为该类的非静态数据成员，在该类的一个成员函数定义中访问 a 时，其书写格式为

A）a　B）AA.a　C）a()　D）AA::a()

（13）当派生类从一个基类保护继承时，基类中的一些成员在派生类中成为保护成员，这些成员在基类中原有的访问属性是

A）任何　B）公有或保护　C）保护或私有　D）私有

（14）若要对 Data 类中重载的加法运算符成员函数进行声明，下列选项中正确的是

A）Data+（Data）;　B）Data operator+（Data）;

C）Data+operator（Data）;　D）operator+（Data,Data）;

（15）下列关于函数模板的描述中，正确的是

A）函数模板是一个实例函数

B）使用函数模板定义的函数没有返回类型

C）函数模板的类型参数与函数的参数相同

D）通过使用不同的类型参数，可以从函数模板得到不同的实例函数

（16） C++系统预定义了 4 个用于标准数据流的对象，下列选项中不属于此类对象的是

A）cout　B）cin　C）cerr　D）cset

（17）Windows 环境下，由 C++源程序文件编译而成的目标文件的扩展名是

A）cpp　B）exe　C）obj　D）lik

（18）字符串“a+b=12\n\t”的长度为

A）12　B）10　C）8　D）6

（19）有如下程序：

```
#include <iostream>
using namespace std;
int main(){
  int f,f1=0,f2=1;
  for(int i=3;i<=6;i++){
   f=f1+f2;
   f1=f2;f2=f;
   }
   cout<<f<<endl;
   return 0;
}
```

运行时的输出结果是

A）2　　B）3　　C）5　　D）8

（20）有如下程序：

```
#include <iostream>
using namespace std;
int main(){
      int a[6]={23,15,64,33,40,58};
      int s1,s2;
      s1=s2=a[0];
      for(int* p=a+1;p<a+6;p++){
      if(s1>*p) s1=*p;
      if(s2<*p) s2=*p;
      }
      cout<<s1+s2<<endl;
      return 0;
}
```

运行时的输出结果是

A）23　　B）58　　C）64　　D）79

（21）有如下程序：

```
#include <iostream>
using namespace std;
void f1(int& x,int& y) {int z=x; x=y; y=z;}
void f2(int x,int y)   {int z=x; x=y; y=z;}
int main(){
      int x=10,y=26;
      f1(x,y);
      f2(x,y);
      cout<<y<<endl;
      return 0;
}
```

运行时的输出结果是

A）10　　B）16　　C）26　　D）36

（22）有如下程序：

```
#include <iostream>
 using namespace std;
class XA{
    int a;
public:
    static int b;
    XA(int aa):a(aa) {b++;}
    ~XA(){}
    int get(){return a;}
 };
 int XA::b=0;
 int main(){
    XA d1(2),d2(3);
```

```
    cout<<d1.get()+d2.get()+XA::b<<endl;
    return 0;
```

运行时的输出结果是

A）5　　B）6　　C）7　　D）8

（23）有如下程序：

```
#include <iostream>
using namespace std;
class Point{
    int x,y;
public:
    Point(int x1=0,int y1=0):x(x1),y(y1){}
    int get(){return x+y;}
};
class Circle{
    Point center;
    int radius;
public:
    Circle(int cx,int cy,int r):center(cx,cy),radius(r){}
    int get(){return center.get()+radius;}
};
int main(){
Circle c(3,4,5);
cout<<c.get()<<endl;
return 0;
}
```

运行时的输出结果是

A）5　　B）7　　C）9　　D）12

（24）若要对类 BigNumber 中重载的类型转换运算符 long 进行声明，下列选项中正确的是

A）operator long() const;　　B）operator long（BigNumber）;

C）long operator long() const;　　D）long operator long（BigNumber）;

（25）有如下函数模板定义：

```
Template<typename T1,typename T2>
T1 FUN(T2 n){return n*5.0;}
```

若要求以 int 型数据 9 作为函数实参调用该模板，并返回一个 double 型数据，则该调用应表示为

A）FUN（9）　　B）FUN<9>　　C）FUN<double>（9）　　D）FUN<9>（double）

（26）下列语句都是程序运行时的第 1 条输出语句，其中一条语句的输出效果与其他三条语句不同，该语句是

A）cout<<internal<<12345;　　B）cout<<left<<12345;

C）cout<<right<<12345;　　D）cout<<setw（6）<<12345;

（27）下列关于析构函数的描述中，错误的是

A）析构函数可以重载　　B）析构函数由系统自动调用

C）每个对象的析构函数只被调用一次　　D）每个类都有析构函数

（28）下列关于构造函数的描述中，错误的是

A）构造函数名与类名相同　　B）构造函数可以有返回值

C）构造函数可以重载　　D）每个类都有构造函数

（29）若 PAT 是一个类，则程序运行时，语句“PAT（*ad)[3];”调用 PAT 的构造函数的次数是

A）0　　B）1　　C）2　　D）3

（30）下列描述中，错误的是

A）公有继承时基类中的公有成员在派生类中仍是公有成员

B）公有继承时基类中的保护成员在派生类中仍是保护成员

C）保护继承时基类中的公有成员在派生类中仍是公有成员

D）保护继承时基类中的保护成员在派生类中仍是保护成员

（31）生成派生类对象时，派生类构造函数调用基类构造函数的条件是

A）无需任何条件

B）基类中显式定义了构造函数

C）派生类中显式定义了构造函数

D）派生类构造函数明确调用了基类构造函数

（32）下列关于派生类和基类的描述中，正确的是

A）派生类成员函数只能访问基类的公有成员

B）派生类成员函数只能访问基类的公有和保护成员

C）派生类成员函数可以访问基类的所有成员

D）派生类对基类的默认继承方式是公有继承

（33）有如下类模板定义：

```
Template<typename T>
class BigNumber{
    long n;
public:
    BigNumber(T i):n(i){}
    BigNumber operator+(BigNumber b){
        return BigNumber(n+b.n);
    }
};
```

已知 b1、b2 是 BigNumber 的两个对象，则下列表达式中错误的是

A）bl+b2　　B）b1+3　　C）3+b1　　D）3+3

（34）下列关于文件流的描述中，正确的是

A）文件流只能完成针对磁盘文件的输入输出

B）建立一个文件流对象时，必须同时打开一个文件

C）若输入流要打开的文件不存在，将建立一个新文件

D）若输出流要打开的文件不存在，将建立一个新文件

（35）有如下程序：

```
#include<iostream>
using namespace std;
class Pair{
    int m,n;
public:
    Pair(int j,int k):m(j),n(k){}
    int get() {return m;}
    int get() const {return m+n;}
};
int main(){
    Pair a(3,5);
    const Pair b(3,5);
    cout<<a.get()<<b.get();
    return 0;
}
```

运行时的输出结果是

A）33　　B）38　　C）83　　D）88

二、填空题

（1）有序线性表能进行二分查找的前提是该线性表必须是____【1】____存储的。

（2）一棵二叉树的中序遍历结果为 DBEAFC，前序遍历结果为 ABDECF。则后序遍历结果为____【2】____。

（3）对软件设计的最小单位(模块或程序单元）进行的测试通常称为____【3】____测试。

（4）实体完整性约束要求关系数据库中元组的____【4】____属性值不能为空。

（5）在关系 A（S,SN,D）和关系 B（D,CN,NM）中，A 的主关键字是 S，B 的主关键字是 D，则称____【5】____是关系 A 的外码。

（6）若有定义语句"int x=10,y=20，z=20;",则表达式 x>z&&y==z 的值为____【6】____。

（7）有如下语句序列：

```
int x=-10;while(++x){ }
```

运行时 while 循环体的执行次数为____【7】____。

（8）有如下语句序列:

```
int arr[2][2]={{9,8},{7,6}};
int *p=arr[0]+1; cout<<*p<<endl;
```

运行时的输出结果是____【8】____。

（9）函数 fun 的功能是将一个数字字符串转换为一个整数，请将函数补充完整。

```
int fun(char *str){
int num=0;
while(*str){
num*=10;
num+= 【9】 ;
str++;
}
return num;
}
```

（10）若要将函数"void FriFun();"声明为类 MyClass 的友元函数，则应在类 MyClass 的定义中加入语句____【10】____。

（11）下列程序的输出结果为 012，请根据注释将横线处的缺失部分补充完整。

```
#include <iostream>
using namespace std;
class Test{
public:
    Test(int a) {data=a;}
    ~Test() {}
    void print(){cout<<data;}
private:
    int data;
};
int main(){
    Test t[3]={ 【11】 };            //对有 3 个元素的 Test 类对象数组 t 初始化
    for(int i=0;i<3;i++)  t[i].print();
    return 0;
}
```

（12）请在横线处填写派生类 Derived 的继承方式,使得程序的输出结果为 Base。

```
#include <iostream>
using namespace std;
```

```
class Base{
public:
void print(){cout<<"Base";}
};
class Derived: 【12】 Base{};
int main(){
Derived d;
d.print();
return 0;
}
```

（13）下列程序的输出结果为 1 2.3 2 4.6，请将横线处的缺失部分补充完整。

```
#include <iostream>
using namespace std;
class Base{
public:
Base(int a):idata(a){}
void print(){cout<<idata<<' ';}
private:
int idata;
};
class Derived:public Base{
public:
Derived(int a;double b): 【13】 ,ddata(b){}
void print(){Base::print();cout<<ddata<<' ';}
private:
double ddata;
};
int main(){
Derived dl(1,2.3),d2(2,4.6);
d1.print();
d2.print();
return 0;
}
```

（14）下列程序的输出结果为-5/8 -3/4，请将横线处的缺失部分补充完整。

```
#include <iostream>
using namespace std;
class Fraction{                    //“分数”类
public:
Fraction(double a,double b):num(a),den(b){}
~Fraction(){}
//重载取负运算符“-”，返回一个分数对象，其分子是原来分子的相反数。
Fraction operator-(){
【14】
return f;
}
void print(){ cout<<num<<'/'<<den<<' ';}
private:
double num;                    //分子
double den;                    //分母
};
int main(){
Fraction f1(5;8),f2(3,4);
(-f1).print();(-f2).print();
return 0;
}
```

（15）函数 Min 的功能是返回具有 n 个元素的数组 array 中的最小值。请将横线处的缺失部分补充完整，使得程序的输出结果为 1.24。

```
#include <iostream>
using namespace std;
template <typename T>
T Min(T* array,int n){
    T min=array[0];
    for(int i=1;i<n;i++)
        if(array[i]<min) min=array[i];
    return min;
}
int main(){
double arr[8]={5.2,48.45,41.01,42,51.2,1.24,14.12,42};
cout<< 【15】 ;
return 0;
}
```

一、选择题

（1）【答案】A

【解析】栈是一种特殊的线性表，按照“先进后出”的原则组织数据。在栈中，一端是封闭的，不允许插入与删除元素；而另一端是开口的，允许进行插入与删除的一端称为栈顶。

（2）【答案】B

【解析】线性结构的定义是，满足两个条件：有且只有一个根节点；每个节点最多有一个前件，也最多有一个后件。如果一个数据结构不是线性结构，则称为非线性结构。

（3）【答案】D

【解析】该二叉树只有一个叶子节点，这是一棵特殊的二叉树，除了叶子节点，每个节点都只有一棵子树，而没有任何分叉，每一层上都只有一个节点，所以深度为 7。

（4）【答案】D

【解析】软件需求规格说明书是需求分析阶段的最后成果。

（5）【答案】B

【解析】结构化程序的基本结构有 3 种类型：顺序结构、选择结构、循环结构。

（6）【答案】A

【解析】详细设计是指确立每个模块的实现算法和局部数据结构，用适当方法表示出算法和数据结构的细节。总体结构图不解决这些问题。

（7）【答案】C

【解析】数据库语言有：数据定义语言、数据操纵语言、数据控制语言，查询语句属于数据操纵语言。

（8）【答案】D

【解析】“一个教师可讲授多门课程，一门课程可由多个教师讲授”，这是多对多的联系。

（9）【答案】C

【解析】因为关系 R 和关系 S 的属性个数不同，所以它们不能进行“交”和“并”的运算；如果关系 R 和关系 S 进行“自然连接”运算，则得到的关系应包含 3 个属性 A、B、C，显然和关系 T 不一致；如果关系 R 和关系 S 进行“除”运算，根据“除”运算规则，在关系 R 中，C 可以取两个值{1，2}，其中 1 的象集为{（b，2），(c，3）}、2 的象集为{a，1}，S 在（A，B）上的投影为（c，3），所以只有 1 的象集包含了 S 在（A，B）上的投影，关系 R“除”关系“S”

的结果为{1}，即为关系 T。

（10）【答案】B

【解析】UInt 表示无符号整数，取值不能是负数、小数或其他形式。

（11）【答案】A

【解析】把函数定义为内联函数，在编译时就会用函数实现代码替换函数调用语句，可以提高程序运行速度。

（12）【答案】A

【解析】在类的成员函数里可以直接访问类的数据成员，所以 A 是正确答案。

（13）【答案】B

【解析】在保护继承方式中，基类的公有成员和保护成员被派生类继承为保护成员。

（14）【答案】B

【解析】二元运算符重载为成员函数时，只需要一个参数，返回值类型也必然还是 Data 类型，而 operate+相对于函数重载时的函数名，是必须要写的。所以，只有 B 是正确。

（15）【答案】D

【解析】函数模板不是函数，所以，A、B、C 都不正确。它的参数类型和返回值类型可以在实例化时用实际数据类型替换，因而得到多个函数实例。

（16）【答案】D

【解析】C++预定义的标准输入流对象只有 cin，标准输出流对象有：cout、cerr、clog。

（17）【答案】C

【解析】源文件名后缀为 cpp，目标文件名后缀为 obj，可执行文件名后缀为 exe。

（18）【答案】C

【解析】字符‘\n’是换行符，字符‘\t’是制表符 Tab。在字符串中它们仅代表一个字符。

（19）【答案】C

【解析】循环被执行 4 次，每次执行后变量 f 的值分别为 1、2、3、5，所以退出循环后，输出 f 的值为 5。

（20）【答案】D

【解析】s1 和 s2 的初值都是 a[0]，循环里 p 指向 a[1]，并且每次循环指向数组 a 的下一个元素，与 s1、s2 比较大小，s1 保存数组里的最小值，s2 保存数组里的最大值，于是 15+64 得到 79。

（21）【答案】A

【解析】函数 f1 用引用作参数，调用 f1 会把 x 和 y 的值做交换，得到 x=26,y=10。而 f2 用变量作参数，只能单向传递数值，虽然代码也是交换 x、y，但不能影响 main 函数里的 x、y，y 的值仍然是 10。

（22）【答案】C

【解析】题目中 b 是静态数据成员，在类外初始化为 b=0。定义对象 d1（2）执行构造函数使 d1.a=2，b=1，再定义对象 d2（3）执行构造函数使 d2.a=3，b=2，于是输出 2+3+2=7。

（23）【答案】D

【解析】定义对象 c 时会执行构造函数，这时也调用了内嵌对象的构造函数。调用 c.get 时会调用内嵌对象 center.get 把 x 和 y 加起来，再加上 radius，于是 3+4+5=12。

（24）【答案】A

【解析】数据类型转换运算符重载为类的成员时，强制类型转换使用“( )”运算符，格式为：

operate 类型名 ()。

（25）【答案】C

【解析】函数名后尖括号里是替换参数化类型的实际数据类型，小括号里是函数参数。系统能自动识别 9 是整型数。

（26）【答案】D

【解析】因为是第一条输出语句，不设宽度的话，默认的是实际宽度，所以设置左对齐、右对齐，或者居中，显示效果看不出区别。而 setw(6) 使得 5 个字符占 6 个位置，且默认右对齐，最左侧会显示一个空位置。

（27）【答案】A

【解析】构造函数可以重载，析构函数不可以重载。

（28）【答案】B

【解析】构造函数负责完成对类的数据成员的初始化，没有返回值。

（29）【答案】A

【解析】这里定义的是指向二维数组的指针，二维数组会有 3 列，没有定义对象或对象数组。

（30）【答案】C

【解析】保护继承时基类的公有成员在派生类中是保护成员。

（31）【答案】A

【解析】生成派生类对象时，系统会自动调用派生类构造函数，也会自动调用基类构造函数。

（32）【答案】B

【解析】无论何种继承方式，在派生类函数中都不可访问基类的私有成员。

（33）【答案】C

【解析】BigNumber 类对运算符+进行了重载，所以表达式 b1+b2、3+3 都是正确的，而表达式 b1+3 会把 3 做隐式类型转换，但反过来不行，无法把 b1 的类型转换为整数。

（34）【答案】D

【解析】设备接口有时也被抽象为文件，用文件流输入输出。可以先定义流对象，再用 open 函数打开文件。输出文件不存在时可以新建一个文件，再往里写。但输入文件不存在时就不可以读。

（35）【答案】B

【解析】常对象 b 要调用常成员函数 get，而 a 调用普通成员函数 get，所以 a.get 得到 3，b.get 得到 3+5=8，显示时连着输出，所以显示 38。

二、填空题

（1）【答案】顺序

【解析】二分法查找只适用于顺序存储的有序表。

（2）【答案】DEBFCA

【解析】中序遍历的顺序为中序遍历左子树→根节点→中序遍历右子树；前序遍历的顺序为根节点→前序遍历左子树→前序遍历右子树。结合两种结果可以画出二叉树，如图 12-1 所示，再按后序遍历方法写出结果。

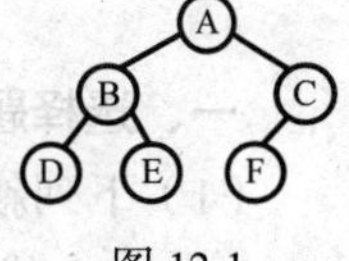

图 12-1

（3）【答案】单元

【解析】软件测试一般要先对程序模块进行单元测试，然后进行集成测试、验收测试、系统测试。

（4）【答案】主键

【解析】关系数据库中元组的主键不能为空，不能与其他元组相同，即主键必须唯一。

（5）【答案】D

【解析】外码（键）是另一个表的主键（主关键字），以此来建立两个表的联系。

（6）【答案】0

【解析】关系运算符的优先级高于逻辑运算符&&，而 x>y 的计算结果是 0，表示 FALSE，所以表达式的值为 0。

（7）【答案】9

【解析】循环条件是从-10 开始，每次加 1，加到 0 的时候循环不再执行，所以执行 9 次。

（8）【答案】8

【解析】*p=arr[0]+1，其实 p 指向 arr[1]，可以把二维数组看做一维数组{9,8,7,6}。

（9）【答案】（*str-'0'）

【解析】把*str 所代表的字符 ASCII 码减去'0'的 ASCII 码即可得到该字符对应的数字，再来进行其他的运算。

（10）【答案】friend void FriFun();

【解析】友元函数的声明就是在函数声明前加上 friend 关键字。

（11）【答案】0,1,2

【解析】类 test 只有一个数据成员 data，成员函数 print 里输出 data。for 循环里通过对象数组调用 print，连续输出 3 个对象数组成员的 data。题目的难度在于：已知输出，补充程序，需要逆向思维。

（12）【答案】public

【解析】在类外通过对象只能访问类的公有成员，d.print 要求 print 在派生类中必须是公有函数，所以只能以公有方式继承。

（13）【答案】Base(a)

【解析】这里需要填写的是在派生类构造函数中调用基类的构造函数，并且用参数 a 初始化基类的数据成员。

（14）【答案】Fraction f(-num,den);

【解析】根据当前对象的 num、den 得到一个新的 Fraction 对象，表示原数的相反数，所以这里需要定义对象 f，它的分子是-num，分母仍然是 den。

（15）【答案】Min(arr,8)

【解析】输出语句里要调用函数找出最小值，需要使用之前定义的函数模板，把它实例化。函数需要两个参数，第一个参数是数组名代表的地址，第二个参数是数组元素个数。

12.2 2010 年下半年 C++笔试试题及答案

一、选择题

（1）下列叙述中正确的是

A）线性表的链式存储结构与顺序存储结构所需要的存储空间是相同的

B）线性表的链式存储结构所需要的存储空间一般要多于顺序存储结构

C）线性表的链式存储结构所需要的存储空间一般要少于顺序存储结构

D）上述三种说法都不对

（2）下列叙述中正确的是

A）在栈中，栈中元素随栈底指针与栈顶指针的变化而动态变化

B）在栈中，栈顶指针不变，栈中元素随栈底指针的变化而动态变化

C）在栈中，栈底指针不变，栈中元素随栈顶指针的变化而动态变化

D）上述三种说法都不对

（3）软件测试的目的是

A）评估软件可靠性　　B）发现并改正程序中的错误

C）改正程序中的错误　　D）发现程序中的错误

（4）下面描述中，不属于软件危机表现的是

A）软件过程不规范　　B）软件开发生产率低

C）软件质量难以控制　　D）软件成本不断提高

（5）软件生命周期是指

A）软件产品从提出、实现、使用维护到停止使用退役的过程

B）软件从需求分析、设计、实现到测试完成的过程

C）软件的开发过程

D）软件的运行维护过程

（6）面向对象方法中，继承是指

A）一组对象所具有的相似性质　　B）一个对象具有另一个对象的性质

C）各对象之间的共同性质　　D）类之间共享属性和操作的机制

（7）层次型、网状型和关系型数据库划分原则是

A）记录长度　B）文件的大小　C）联系的复杂程度　D）数据之间的联系方式

（8）一个工作人员可以使用多台计算机，而一台计算机可被多个人使用，则实体工作人员与实体计算机之间的联系是

A）一对一　B）一对多　C）多对多　D）多对一

（9）数据库设计中反映用户对数据要求的模式是

A）内模式　B）概念模式　C）外模式　D）设计模式

（10）有 3 个关系 R、S 和 T 如下：

R

A	B	C
a	1	2
b	2	1
c	3	1

S

A	D
C	4

T

A	B	C	D
C	3	1	4

则由关系 R 和 S 得到关系 T 的操作是

A）自然连接　B）交　C）投影　D）并

（11）下列关于函数参数的叙述中，正确的是

A）在函数原型中不必声明形参类型

B）函数的实参和形参共享内存空间

C）函数形参的生存期与整个程序的运行期相向

D）函数的形参在函数被调用时获得初始值

（12）下列关于对象初始化的叙述中，正确的是

A）定义对象的时候不能对对象进行初始化

B）定义对象之后可以显式地调用构造函数进行初始化

C）定义对象时将自动调用构造函数进行初始化

D）在一个类中必须显式地定义构造函数实现初始化

（13）下列关于基类和派生类关系的叙述中，正确的是

A）每个类最多只能有一个直接基类

B）派生类中的成员可以访问基类中的任何成员

C）基类的构造函数必须在派生类的构造函数体中调用

D）派生类除了继承基类的成员，还可以定义新的成员

（14）下列关于赋值运算符“=”重载的叙述中，正确的是

A）赋值运算符只能作为类的成员函数重载

B）默认的赋值运算符实现了“深层复制”功能

C）重载的赋值运算符函数有两个本类对象作为形参

D）如果已经定义了复制（拷贝）构造函数，就不能重载赋值运算符

（15）下列关于模板的叙述中，正确的是

A）如果一个类中存在纯虚函数，这个类就是类模板

B）函数模板不能有形式参数表

C）类模板是一种参数化类型的类，是类的生成器

D）类模板中不能包含构造函数

（16）下列关于C++预定义流对象的叙述中，正确的是

A）cin 是 C++预定义的标准输入流对象

B）cin 是 C++预定义的标准输入流类

C）cout 是 C++预定义的标准输入流对象

D）cout 是 C++预定义的标准输入流类

（17）下列选项中，正确的 C++标识符是

A）6_group　　B）group～6　　C）age + 3　　D）_group_6

（18）下列选项中，正确的 C + + 表达式是

A）counter + + 3　　B）element3+　　C）a + = b　　D）‘a‘ =b

（19）下列循环语句中有语法错误的是

A）int i; for（I = 1; I < 10; I + + ）cout<<‘*‘;

B）int i，j; for（i=1，j = 0; i<10; i++，j++）cout<<‘*‘;

C）int i=0; for（ ; i<10; i++）cout<<‘ *‘;

D）for（1）cout<<‘*‘;

（20）下列定义语句中，错误的是

A）int px*;　　B）char*acp[10];　　C）char（*pac）[10];　　D）int（*p）( );

（21）下列函数原型声明中，错误的是

A）int fnction（int m，int n）;　　B）int function（int，int）;

C）int function（int m=3，int n）;　　D）int function（int &m，int&n）;

（22）若 MyClass 为一个类，执行“MyClass a[4]，*p[5];”语句时会自动调用该类构造函数的次数是

A）2　　　B）5　　　C）4　　　D）9

（23）若在表达式 y/x 中，"/"是作为成员函数重载的运算符，则该表达式还可以表示为

A）x.operator/(y)　　　B）operator/(x,y)

C）y.operator/(x)　　　D）operator/(y,x)

（24）若要重载+、=、<<、==和[]运算符，则必须作为类成员重载的运算符是

A）+和=　　　B）=和<<　　　C）==和<<　　　D）=和[]

（25）有函数模板声明和一些变量定义如下：

```
template <class T1,class T2,class T3>
T1 sum(T2,T3);
double dl,d2;
```

则下列调用中，错误的是

A）sum<double,double,double>(dl，d2);　　　B）sum<double；double>(d1，d2);

C）sum<double>(d1，d2);　　　D）sum(d1，d2);

（26）有如下语句序列：

```
char str[10]; cin>>str;
```

当从键盘输入"I love this game"时，str 中的字符串是

A）"I love this game"　　　B）"I love thi"　C）"I love"　　　D）"I"

（27）有如下程序：

```
#include<iostream>
#include<cmath>
using std::cout;
class Point{
public:
    friend double distance(const Point &p); //p距原点的距离
    Point(int xx=0,int yy=0):x (xx),y(yy){}        //①
private:
   int x,y;
};
double distance(const Point &p)  {                //②
   return sqrt(p.x*p.x+p.y*p.y);
}
int main(){
   Point p1(3,4);
   cout<<distance(p1);                            //③
   return 0;
}
```

下列叙述中正确的是

A）程序编译正确　　　B）程序编译时语句①出错

C）程序编译时语句②出错　　　D）程序编译时语句③出错

（28）有如下程序：

```
#include<iostream>
using namespace std;
class CD{
public:
   ~CD(){cout<<'C';}
private:
   char name[80];
};
int main(){CD a,*b,d[2];return 0;}
```

运行时的输出结果是

A）CCCC　　　B）CCC　　　C）CC　　　D）C

（29）某类中有一个无参且无返回值的常成员函数 Show，则正确的 Show 函数原型是

A）const void Show();　　B）void const Show();

C）void Show()const;　　D）void Show(const);

（30）若已定义了类 Vehicle，则下列派生类定义中，错误的是

A）class Car：Vehicle{/*类体略*/}；

B）class Car：public Car{/*类体略*/}；

C）class Car：public Vehicle{/*类体略*/}；

D）class Car：virtual public Vehicle{/*类体略*/}；

（31）有如下程序：

```
#include<iostream>
using namespace std;
class Music{
public:
    void setTitle(char* str){strcpy(title,str);}
protected:
    char type[10];
private:
    char title[20];
};
class Jazz:public Music{
public:
    void set(char* str){
    strcpy(type,"Jazz");                        //①
    strcpy(title,str);                          //②
    }
};
```

下列叙述中正确的是

A）程序编译正确　　B）程序编译时语句①出错

C）程序编译时语句②出错　　D）程序编译时语句①和②都出错

（32）有如下程序：

```
#include<iostream>
using namespace std;
class Instrument{
public:
    virtual void Display()=0;
};
class Piano:public Instrument{
public:
    void Display(){/*函数体程序略*/}
};
int, main(){
    Instrument s;
    Instrument *p=0;
    //...;
    return 0;
}
```

下列叙述中正确的是

A）语句“Insturment *p=0;”编译时出错

B）语句“Instrument s;”编译时出错

C）类 Piano 中的 Display 函数不是虚函数

D）类 Instrument 是一个虚基类

（33）有类定义如下：

```
class Type {
public:
    Type (int  i=0);
    Type operator -(int);
    friend Type operator + (Type, Type );
private:
    int val;
```

若有对象定义 Type c1，则下列语句序列中，错误的是

A）Type（3）+c1;　　B）c1+Type（3）;　　C）3-c1;　　D）c1-3;

（34）有如下程序：

```
#include<iostream>
#include<iomanip>
using namespace std;
int main(){
    Cout<<setw(10)<<setfill('x')<<setprecision(8)<<left;
    Cout<<12.3456793<<______<<98765;
    return 0;
}
```

若程序的输出是 12.345679x98765xxxxx，则划线处缺失的部分是

A）setw（10）　　B）setfill（'x'）　　C）setprecision（8）　　D）right

（35）有如下程序：

```
#include<iostream>
using namespace std;
class Book{
public:
    Book(char* t=""){strcpy(titie,t);  }
    ____________________________
private:
   Char title[40];
};
class Novel:public Book{
public:
    Novel(char* t=""):Book(t){}
    char* Category()const  { return "文学" }
};
int main(){
    Book* pb;
    pb=new Novel();
    Cout<<pb->Category();
    return 0;
}
```

若程序运行时输出结果是“文学”，则划线处缺失的语句是

A）char* Category();　　B）char* Category()const;

C）virtual char* Category()const;　　D）virtual char* Category()const = 0;

二、填空题

（1）一个栈的初始状态为空。首先将元素 5、4、3、2、1 依次入栈，然后退栈一次，再将元素 A、B、C、D 依次入栈，之后将所有元素全部退栈，则所有元素退栈（包括中间退栈的元素）的顺序为【1】。

（2）在长度为 n 的线性表中，寻找最大项至少需要比较【2】次。

（3）一棵二叉树有 10 个度为 1 的结点，7 个度为 2 的结点，则该二叉树共有【3】个节点。

（4）仅由顺序、选择（分支）和重复（循环）结构构成的程序是【4】程序。

（5）数据库设计的 4 个阶段是：需求分析，概念设计，逻辑设计和【5】。

（6）如果一个派生类只有一个直接基类，则该类的继承方式称为__【6】__继承；如果一个派生类同时有多个直接基类，则该类的继承方式称为__【7】__继承。

（7）运算符“+”允许重载为类成员函数，或者非成员函数。若用 operator+（c1, c2）这样的表达式来使用运算符“+”，应将“+”重载为__【8】__函数。

（8）下列程序的输出是 3，请填充程序中的空缺，使该行形成一个运算符重载函数的定义。

```
#include<iostream>
using namespace std;
class MyNumber{
    int n;
public:
    MyNumber(int k):n(k){}
    _【9】_ int()const{return n;}
};
int main(){
    MyNumber numl(3);
    cout<<int(numl);
    return 0;
}
```

（9）下列程序的输出结果是__【10】__。

```
#include<iostream>
using namespace std;
class Base{
public:
    int m,n;
    Base(int i,int j):m(i),n(j){}
};
class Derived:public  Base{
public:
     int m, k;
     Derived(int i,int j):Base(i, j),m(i+1),k(j+1){}
};
int main(){
    Derived d(1;5);
    cout<<d.m<<d.k<<d.n;
    return 0;
}
```

（10）根据程序中的注释将下列缺失部分补充完整。

```
Class A{
    Char* a;
Public:
    A():a(0){}
    A(char *aa){//把 aa 所指字符串复制给 a 所指向的存储空间
    A=__【11】__char[strlen(aa)+1];
    Strcpy(a,aa);
    }
    ~A(){delete[]a;}
};
```

（11）根据程序中的注释将下列缺失部分补充完整。

```
class Point{
    int x, y;                                    //点的 x 和 y 坐标
public:
    Point(int xx=0,int yy=0):x(xx),y(yy){}
};
class Circle{
    Point center;                   //圆心位置
    int radius;                     //半径
```

```
public:                              //利用cx和cy分别初始化圆心的x和y坐标
    Circle(int cx;int cy,int r): 【12】 ,radius(r){}
    void area(){cout<<3.14159*radius*radius<<endl;}
};
```

（12）下列程序的输出结果是 【13】 。

```
#include<iostream>
using namespace std;
class Base{
    int x;
Public:
    Base(int b):x(b){}
    virtual void display(){cout<<x;}
};
class Derived:public Base{
    int y;
public:
    Derived(int d):Base(d),y(d){}
    void display(){cout<<y;}
};
int main(){
    Base b(1);Derived d(2);
    Base* p=&d;
    b.display();d.display();p->display();
    return 0;
}
```

（13）一个双目运算符作为类的成员函数重载时，重载函数的参数表中有 【14】 个参数。

（14）派生类中的成员函数可以直接访问基类中的公有成员和 【15】 成员。

一、选择题

（1）【答案】B

【解析】链式存储方式中，每个节点有两部分：一部分用于存放数据元素值，另一部分存放指针；而顺序存储结构不需要存放指针，所以链式存储的存储空间要多于顺序存储结构。

（2）【答案】C

【解析】在栈中，一端是封闭的，不允许插入与删除元素，称为栈底；另一端称为栈顶，允许插入或删除元素。栈顶指针一定是可变的。

（3）【答案】D

【解析】软件测试的目的是发现软件中的错误。测试并不能改正错误。

（4）【答案】A

【解析】软件危机是指落后的软件生产方式无法满足迅速增长的计算机软件需求，从而导致软件开发与维护过程中出现一系列严重问题的现象。其主要表现：软件开发进度难以预测、软件开发成本难以控制、软件产品质量无法保证、软件产品难以维护。

（5）【答案】A

【解析】软件生命周期是指从提出、实现、使用维护到停止使用的全过程。可分为软件定义、软件开发、软件运行维护 3 个阶段。

（6）【答案】D

【解析】继承是类之间的关系。派生类继承了基类的属性和操作。

（7）【答案】D

【解析】层次型、网状型号关系型数据库的划分原则是数据之间的联系方式。

（8）【答案】C

【解析】一个工作人员可以使用多台计算机，而一台计算机可被多个人使用，这是多对多的联系，表示为 m:n。

（9）【答案】C

【解析】概念模式是对数据库系统中全局数据逻辑结构的描述；内模式给出了数据库物理存储结构与物理存取方法；外模式是用户能够看见和使用的局部数据的描述，由概念模式导出的用户的数据视图。

（10）【答案】A

【解析】因为关系 R 和关系 S 的属性个数不同，所以不能进行“交”和“并”的运算；因为“投影”运算是单目运算，只能对一个关系进行投影运算，所以关系 R 和关系 S 不可能通过“投影”运算得到关系 T；当关系 R 和关系 S 进行“自然连接”运算时，根据运算规则，比较关系 R 和关系 S 的属性 A，取满足“相等”的元组，并且在结果中把重复的属性 A 去掉，则刚好得到关系 T。

（11）【答案】D

【解析】在函数原型中必须声明形参类型，所以 A 不正确。一般形参有自己的存储空间，除非形参是实参的引用，所以 B 不正确。函数形参的生存期是函数的生存期，C 不正确。

（12）【答案】C

【解析】定义对象时会自动调用构造函数进行初始化。类中可以没有显式定义构造函数，此时系统将自动生成一个默认构造函数。

（13）【答案】D

【解析】一个类可以有多个直接基类，称为多继承。派生类成员不能访问基类的私有成员。在派生类构造函数中调用基类构造函数，写在初始化列表中，而不是函数体中。

（14）【答案】A

【解析】赋值运算符只能重载为类的成员。只需要一个本类对象作为形参。为了实现“深层复制”一般既需要自己定义复制（拷贝）构造函数，也需要重载赋值运算符。

（15）【答案】C

【解析】如果一个类中存在纯虚函数，这个类就是抽象类。函数模板可以有形式参数表。类模板中可以包含构造函数。

（16）【答案】A

【解析】cin 是标准输入流对象，cout 是标准输出流对象。只有选项 A 正确。

（17）【答案】D

【解析】C++标识符只能以字母或下划线开头，其余字符只可以是字母、数字、下划线。

（18）【答案】C

【解析】a+=b 表示把 a+b→a。其余选项都没有意义。

（19）【答案】D

【解析】for 语句的 3 个表达式，任何一个或几个都可以不写，但是“;”不能省略。

（20）【答案】A

【解析】定义指针变量写作 int * px;。

（21）【答案】C

【解析】函数的默认参数值，不能第一个参数有，第二个参数没有，反过来是可行的。

（22）【答案】C

【解析】定义对象数组会调用构造函数。定义对象指针时不调用构造函数。

(23)【答案】C

【解析】通过对象 y 调用成员函数，成员函数名为 operate/，函数参数为 x。

(24)【答案】D

【解析】运算符=和运算符[]只能重载为类成员函数，不能作为友元函数进行重载。

(25)【答案】D

【解析】无法推导出 T1 的模板参数类型。

(26)【答案】D

【解析】用 cin 读取字符串时，空格符为字符串的分隔符，一次读取只能读取一串不带空格的字符串。

(27)【答案】A

【解析】程序编译没错。语句①把 x、y 赋值写在初始化列表里是可以的，语句②里形参是常引用，语句③用对象做实参也可以。

(28)【答案】B

【解析】定义对象和对象数组会调用构造函数，定义指针不会，程序结束时相应地要调用析构函数。这里有一个对象，再加上对象数组里有两个对象，所以一共调用析构函数 3 次。

(29)【答案】C

【解析】定义成员函数为常成员函数的 const 要写在函数原型后面。

(30)【答案】B

【解析】基类名应该是 Vehicle，不能从基类 Car 派生出新类 Car。

(31)【答案】C

【解析】在派生类 Jazz 中不能访问基类的私有成员 title。

(32)【答案】B

【解析】类 Instrument 带有纯虚函数，是抽象类，不能实例化，编译时出错。

(33)【答案】C

【解析】普通的 operator-不能操作 Type 对象，Type 类把运算符 operator-重载为成员，所以反过来写 c1-3 是可以的。

(34)【答案】A

【解析】setfill 和 setpricision 运行之后所做设置能一直保持有效，而 setw 每次输出前都需要设置一次。所以在输出 98765 之前需要设置输出宽度为 10，而之前已经设置好用 x 填充，不用再设置。

(35)【答案】D

【解析】在 main 函数中定义基类指针，并用派生类对象赋值，然后能访问到派生类的函数实现，所以 Category 必须是虚函数。在基类中应该定义 Category 为纯虚函数，并且是常成员，因为函数原型在基类和派生类中必须保持相同才行。

二、填空题

(1)【1】1DCBA2345

【解析】将元素 5、4、3、2、1 依次入栈，这时 1 在栈顶；退栈一次，这时 1 出栈；再将元素 A、B、C、D 依次入栈，这时 D 在栈顶。画出栈最满时的状态，如图 12-2 所示。

D
C
B
A
2
3
4
5

图 12-2 栈最满时的状态

(2)【2】1

【解析】如果线性表是有序的，只要表头和表尾比较一次就可得到最大值。

（3）【3】25

【解析】二叉树中度为0的节点数是度为2的节点数加1，所以题目中二叉树度为0的节点数是8，共有25个节点。

（4）【4】结构化

【解析】仅由顺序、选择（分支）和重复（循环）结构构成的程序是结构化程序。

（5）【5】物理设计

【解析】数据库设计的4个阶段是：需求分析，概念设计，逻辑设计和物理设计。

（6）【6】单

【7】多

【解析】C++中支持一个派生类可以有一个或多个直接基类。

（7）【8】非成员

【解析】二元运算符可以重载为类的成员或类的友元，重载为类的成员时需要一个本类对象作为参数，重载为类的友元时需要两个本类对象作为参数。

（8）【9】operator

【解析】这是一个强制类型转换运算符的重载，将类的对象转换为int数据。

（9）【10】265

【解析】d.m在派生类构造函数中初始化为i+1，即为1+1=2；d.k在派生类构造函数中初始化为j+1，即为5+1=6；d.n在派生类构造函数中调用基类构造函数初始化为j，即为5。

（10）【11】new

【解析】类的数据成员是指针变量a，在析构函数里用delete释放a指向的堆空间，所以构造函数中应该是用new为a申请堆空间。

（11）【12】center(cx,cy)

【解析】在Circle的构造函数中需要通过内嵌对象调用Point类的构造函数创建对象center。

（12）【13】122

【解析】b.display输出1，d.display输出2，基类指针p指向派生类对象d，并且display是虚函数，所以通过p调用display时会访问派生类的display，输出2。

（13）【14】1

【解析】二元运算符可以重载为类的成员或类的友元，重载为类的成员时需要一个本类对象作为参数，重载为类的友元时需要两个本类对象作为参数。

（14）【15】保护

【解析】无论何种继承方式，派生类成员可以直接访问基类的公有成员和保护成员，永远不能访问基类的私有成员。

12.3 2011年上半年C语言笔试试题及解答

一、选择题

（1）下列关于栈叙述正确的是

A）栈顶元素最先能被删除　　B）栈顶元素最后才能被删除

C）栈底元素永远不能被删除　　D）以上三种说法都不对

（2）下列叙述中正确的是

A）有一个以上根节点的数据结构不一定是非线性结构

B）只有一个根节点的数据结构不一定是线性结构

C）循环链表是非线性结构

D）双向链表是非线性结构

（3）某二叉树共有 7 个结点，其中叶子结点只有 1 个，则该二叉树的深度为（假设根结点在第 1 层）

A）3　　B）4　　C）6　　D）7

（4）在软件开发中，需求分析阶段产生的主要文档是

A）软件集成测试计划　　B）软件详细设计说明书

C）用户手册　　D）软件需求规格说明书

（5）结构化程序所要求的基本结构不包括

A）顺序结构　　B）GOTO 跳转　　C）选择（分支）结构　　D）重复（循环）结构

（6）下面描述中错误的是

A）系统总体结构图支持软件系统的详细设计

B）软件设计是将软件需求转换为软件表示的过程

C）数据结构与数据库设计是软件设计的任务之一

D）PAD 图是软件详细设计的表示工具

（7）负责数据库中查询操作的数据库语言是

A）数据定义语言　B）数据管理语言　C）数据操纵语言　　D）数据控制语言

（8）一个教师可讲授多门课程，一门课程可由多个教师讲授。则实体教师和课程间的联系是

A）1:1 联系　　B）1:m 联系　　C）m:1 联系　　D）m:n 联系

（9）有 3 个关系 R、S 和 T 如下：

R

A	B	C
a	1	2
b	2	1
c	3	1

S

A	B
c	3

T

C
1

则由关系 R 和 S 得到关系 T 的操作是

A）自然连接　　B）交　　C）除　　D）并

（10）定义无符号整数类为 UInt，下面可以作为类 UInt 实例化值的是

A）-369　　B）369　　C）0.369　　D）整数集合{1,2,3,4,5}

（11）计算机高级语言程序的运行方法有编译执行和解释执行两种，以下叙述中正确的是

A）C 语言程序仅可以编译执行

B）C 语言程序仅可以解释执行

C）C 语言程序既可以编译执行又可以解释执行

D）以上说法都不对

（12）以下叙述中错误的是

A）C 语言的可执行程序是由一系列机器指令构成的

B）用 C 语言编写的源程序不能直接在计算机上运行

C）通过编译得到的二进制目标程序需要连接才可以运行

D）在没有安装C语言集成开发环境的机器上不能运行C源程序生成的.exe文件

（13）以下选项中不能用作C程序合法常量的是

A）1,234　　B）'\123'　　C）123　　D）"\x7G"

（14）以下选项中可用作C程序合法实数的是

A）.1e0　　B）3.0e0.2　　C）E9　　D）9.12E

（15）若有定义语句：int a=3,b=2,c=1;，以下选项中错误的赋值表达式是

A）a=（b=4）=3;　　B）a=b=c+1;　　C）a=（b=4）+c;　　D）a=1+（b=c=4）;

（16）有以下程序段：

```
char name[20];
int num;
scanf("name=%s num=%d",name;&num);
```

当执行上述程序段，并从键盘输入：name=Lili num=1001“回车”后，name的值为

A）Lili　　B）name=Lili　　C）Lili num=　　D）name=Lili num=1001

（17）if语句的基本形式是：if（表达式）语句，以下关于“表达式”值的叙述中正确的是

A）必须是逻辑值　　B）必须是整数值

C）必须是正数　　D）可以是任意合法的数值

（18）有以下程序：

```
#include <stdio.h>
main()
{   int x=011;
    printf("%d\n",++x);
}
```

程序运行后的输出结果是

A）12　　B）11　　C）10　　D）9

（19）有以下程序：

```
#include <stdio.h>
main()
{   int s;
    scanf("%d",&s);
    while(s>0)
    { switch(s)
        {    case1:printf("%d",s+5);
             case2:printf("%d",s+4); break;
             case3:printf("%d",s+3);
             default:printf("%d",s+1);break;
        }
        scanf("%d",&s);
    }
}
```

运行时，若输入1 2 3 4 5 0<回车>，则输出结果是

A）6566456　　B）66656　　C）66666　　D）6666656

（20）有以下程序段

```
int i,n;
for(i=0;i<8;i++)
{   n=rand()%5;
    switch (n)
    {    case 1:
```

```
        case 3:printf("%d\n",n); break;
        case 2:
        case 4:printf("%d\n",n); continue;
        case 0:exit(0);
    }
    printf("%d\n",n);
}
```

以下关于程序段执行情况的叙述，正确的是

A）for 循环语句固定执行 8 次

B）当产生的随机数 n 为 4 时结束循环操作

C）当产生的随机数 n 为 1 和 2 时不做任何操作

D）当产生的随机数 n 为 0 时结束程序运行

（21）有以下程序

```
#include <stdio.h>
main()
{    char s[]="012xy\08s34f4w2";
     int i,n=0;
     for(i=0;s[i]!=0;i++)
         if(s[i]>='0'&&s[i]<='9') n++;
     printf("%d\n",n);
}
```

程序运行后的输出结果是

A）0　　B）3　　C）7　　D）8

（22）若 i 和 k 都是 int 类型变量，有以下 for 语句：

```
for(i=0,k=-1;k=1;k++) printf("*****\n");
```

下面关于语句执行情况的叙述中正确的是

A）循环体执行两次　　B）循环体执行一次

C）循环体一次也不执行　　D）构成无限循环

（23）有以下程序

```
#include <stdio.h>
main()
{    char b,c; int i;
     b='a'; c='A';
     for(i=0;i<6;i++)
     {    if(i%2) putchar(i+b);
          else putchar(i+c);
     } printf("\n");
}
```

程序运行后的输出结果是

A）ABCDEF　　B）AbCdEf　　C）aBcDeF　　D）abcdef

（24）设有定义：double x[10],*p=x;，以下能给数组 x 下标为 6 的元素读入数据的正确语句是

A）scanf（"%f",&x[6]）;　　B）scanf（"%lf",*（x+6））;

C）scanf（"%lf",p+6）;　　D）scanf（"%lf",p[6]）;

（25）有以下程序（说明：字母 A 的 ASCII 码值是 65）

```
#include <stdio.h>
void fun(char *s)
{    while(*s)
```

```
    {   if(*s%2) printf("%c",*s);
        s++;
    }
}
main()
{   char a[]="BYTE";
    fun(a); printf("\n");
}
```

程序运行后的输出结果是

A）BY　　B）BT　　C）YT　　D）YE

（26）有以下程序段：

```
#include <stdio.h>
main()
{   …
    while( getchar()!='\n');
    …
}
```

以下叙述中正确的是

A）此 while 语句将无限循环

B）getchar()不可以出现在 while 语句的条件表达式中

C）当执行此 while 语句时，只有按回车键程序才能继续执行

D）当执行此 while 语句时，按任意键程序就能继续执行

（27）有以下程序：

```
#include <stdio.h>
main()
{   int x=1,y=0;
    if(!x) y++;
    else if(x==0)
            if (x) y+=2;
            else y+=3;
    printf("%d\n",y);
}
```

程序运行后的输出结果是

A）3　　B）2　　C）1　　D）0

（28）若有定义语句：char s[3][10],（*k）[3],*p;，则以下赋值语句正确的是

A）p=s;　　B）p=k;　　C）p=s[0];　　D）k=s;

（29）有以下程序：

```
#include <stdio.h>
void fun(char *c)
{   while(*c)
    { if(*c>='a'&&*c<='z') *c=*c-('a'-'A');
        c++;
    }
}
main()
{   char s[81];
    gets(s); fun(s); puts(s):
}
```

当执行程序时从键盘上输入 Hello Beijing<回车>，则程序的输出结果是

A）hello beijing　　B）Hello Beijing C）HELLO BEIJING D）hELLO Beijing

（30）以下函数的功能是：通过键盘输入数据，为数组中的所有元素赋值。

```
#include <stdio.h>
#define N 10
void fun(int x[N])
{   int i=0;
    while(i<N) scanf("%d",______);
}
```

在程序中下划线处应填入的是

A）x+i　　B）&x[i+1]　　C）x+（i++）　　D）&x[++i]

（31）有以下程序：

```
#include <stdio.h>
main()
{   char a[30],b[30];
    scanf("%s",a);
    gets(b);
    printf("%s\n %s\n",a,b);
}
```

程序运行时若输入：

how are you? I am fine<回车>

则输出结果是

A）how are you?
I am fine

B）how
are you? I am fine

C）how are you? I am fine

D）how are you?

（32）设有如下函数定义

```
int fun(int k)
{   if (k<1) return 0;
    else if(k==1) return 1;
    else return fun(k-1)+1;
}
```

若执行调用语句：n=fun（3）;，则函数 fun 总共被调用的次数是

A）2　　B）3　　C）4　　D）5

（33）有以下程序

```
#include <stdio.h>
int fun (int x,int y)
{   if (x!=y) return ((x+y);2);
    else return (x);
}
main()
{   int a=4,b=5,c=6;
    printf("%d\n",fun(2*a,fun(b,c)));
}
```

程序运行后的输出结果是

A）3　　B）6　　C）8　　D）12

（34）有以下程序

```
#include <stdio.h>
int fun()
{   static int x=1;
```

```
    x*=2;
    return x;
}
main()
{   int i,s=1;
    for(i=1;i<=3;i++) s*=fun();
    printf("%d\n",s);
}
```

程序运行后的输出结果是

A）0　　B）10　　C）30　　D）64

（35）有以下程序

```
#include <stdio.h>
#define S(x) 4*(x)*x+1
main()
{   int k=5,j=2;
    printf("%d\n",S(k+j));
}
```

程序运行后的输出结果是

A）197　　B）143　　C）33　　D）28

（36）设有定义：struct {char mark[12];int num1;double num2;} t1,t2;，若变量均已正确赋初值，则以下语句中错误的是

A）t1=t2;　　B）t2.num1=t1.num1;

C）t2.mark=t1.mark;　　D）t2.num2=t1.num2;

（37）有以下程序：

```
#include <stdio.h>
struct ord
{ int x, y;}dt[2]={1,2,3,4};
main()
{
    struct ord *p=dt;
    printf("%d,",++(p->x)); printf("%d\n",++(p->y));
}
```

程序运行后的输出结果是

A）1,2　　B）4,1　　C）3,4　　D）2,3

（38）有以下程序：

```
#include <stdio.h>
struct S
{ int a,b;}data[2]={10,100,20,200};
main()
{   struct S p=data[1];
    printf("%d\n",++(p.a));
}
```

程序运行后的输出结果是

A）10　　B）11　　C）20　　D）21

（39）有以下程序：

```
#include <stdio.h>
main()
{   unsigned char a=8,c;
```

```
    c=a>>3;
    printf("%d\n",c);
}
```

程序运行后的输出结果是

A）32　　B）16　　C）1　　D）0

（40）设 fp 已定义，执行语句 fp=fopen（"file","w"）;后，以下针对文本文件 file 操作叙述的选项中正确的是

A）写操作结束后可以从头开始读　　B）只能写不能读

C）可以在原有内容后追加写　　D）可以随意读和写

二、填空题

（1）有序线性表能进行二分查找的前提是该线性表必须是＿【1】＿存储的。

（2）一棵二叉树的中序遍历结果为 DBEAFC，前序遍历结果为 ABDECF，则后序遍历结果为＿【2】＿。

（3）对软件设计的最小单位（模块或程序单元）进行的测试通常称为＿【3】＿测试。

（4）实体完整性约束要求关系数据库中元组的＿【4】＿属性值不能为空。

（5）在关系 A（S,SN,D）和关系 B（D,CN,NM）中，A 的主关键字是 S，B 的主关键字是 D，则称＿【5】＿是关系 A 的外码。

（6）以下程序运行后的输出结果是＿【6】＿。

```
#include <stdio.h>
main()
{   int a;
    a=(int)((double)(3/2)+0.5+(int)1.99*2);
    printf("%d\n",a);
}
```

（7）有以下程序：

```
#include <stdio.h>
main()
{   int x;
    scanf("%d",&x);
    if(x>15) printf("%d",x-5);
    if(x>10) printf("%d",x);
    if(x>5) printf("%d\n",x+5);
}
```

若程序运行时从键盘输入 12<回车>，则输出结果为＿【7】＿。

（8）有以下程序（说明：字符 0 的 ASCII 码值为 48）：

```
#include <stdio.h>
main()
{   char c1,c2;
    scanf("%d",&c1);
    c2=c1+9;
    printf("%c%c\n",c1,c2);
}
```

若程序运行时从键盘输入 48<回车>，则输出结果为＿【8】＿。

（9）有以下函数：

```
void prt(char ch,int n)
{   int i;
    for(i=1;i<=n;i++)
```

```
        printf(i%6!=0?"%c":"%c\n",ch);
}
```

执行调用语句 prt（'*',24）;后，函数共输出了 【9】 行*号。

（10）以下程序运行后的输出结果是 【10】 。

```
#include <stdio.h>
main()
{   int x=10,y=20,t=0;
    if(x==y)t=x;x=y;y=t;
    printf("%d %d\n",x,y);
}
```

（11）已知 a 所指的数组中有 N 个元素。函数 fun 的功能是，将下标 k（k>0）开始的后续元素全部向前移动一个位置。请填空。

```
void fun(int a[N],int k)
{   int i;
    for(i=k;i<N;i++) a[ 【11】 ]=a[i];
}
```

（12）有以下程序，请在 【12】 处填写正确语句，使程序可正常编译运行。

```
#include <stdio.h>
【12】 ;
main()
{   double x,y,(*p)();
    scanf("%lf%lf",&x,&y);
    p=avg;
    printf("%f\n",(*p)(x,y));
}
double avg(double a,double b)
{ return((a+b)/2);}
```

（13）以下程序运行后的输出结果是 【13】 。

```
#include <stdio.h>
main()
{   int i,n[5]={0};
    for(i=1;i<=4;i++)
    { n[i]==n[i-1]*2+1; printf("%d",n[i]); }
    printf("\n");
}
```

（14）以下程序运行后的输出结果是 【14】 。

```
#include <stdio.h>
#include <stdlib.h>
#include <string.h>
main()
{   char *p; int i;
    p=(char *)malloc(sizeof(char)*20);
    strcpy(p,"welcome");
    for(i=6;i>=0;i--) putchar(*(p+i));
    printf("\n-"); free(p);
```

（15）以下程序运行后的输出结果是 【15】 。

```
#include <stdio.h>
main()
{   FILE *fp; int x[6]={1,2,3,4,5,6},i;
    fp=fopen("test.dat","wb");
    fwrite(x,sizeof(int),3,fp);
```

```
    rewind(fp);
    fread(x,sizeof(int),3,fp);
    for(i=0;i<6;i++) printf("%d",x[i]);
    printf("\n");
    fclose(fp);
}
```

一、选择题

（1）～（10）的【答案】和【解析】请参看 12.1 节 2011 年上半年 C++考试的解答。

（11）【答案】A

【解析】C 语言程序是由编译器编译生成可执行文件后执行，不能解释执行。

（12）【答案】D

【解析】集成开发环境用于把 C 源程序编译生成可执行文件，可执行文件可以在脱离集成开发环境的情况下运行。

（13）【答案】A

【解析】逗号一般用作分隔符，1,234 不能表示一个数。'\123'表示 ASCII 值为 123 的字符，是字符常量；123 是整型常量；"\x7G"是字符串常量。

（14）【答案】A

【解析】.1e0 表示的实数是基数为 0.1、指数为 0 的数。

（15）【答案】A

【解析】其他 3 个表达式都正确。a=b=c+1 表示 b=c+1，a=b。a=(b=4)+c 表示 b=4，a=b+c。a=1+（b=c=4）表示 c=4，b=c，a=1+b。

（16）【答案】A

【解析】“name=”表示格式，遇到空格符表示字符串结束。

（17）【答案】D

【解析】如果表达式的值为 0，则条件不成立，不会执行语句；否则，条件成立。

（18）【答案】C

【解析】给 x 赋值 011，表示八进制数，转换为十进制数是 9，x 加 1 后输出，所以输出为 10。

（19）【答案】A

【解析】输入 1，输出 s+5=6，但是 case1 没有 break，所以会继续执行 case2 的语句，又输出 1+4=5，遇到 break 结束 switch。读取下一个输入 2，输出 6。输入为 3，输出 6，又输出 4。输入为 4 时，输出 5。输入为 5 时，输出 6。输入为 0，时，循环条件不满足，退出循环。

（20）【答案】D

【解析】exit（0）表示退出程序，如果产生的随机数为 0，则退出程序，循环不一定执行 8 次。case1 和 case3 执行的语句相同，case2 和 case4 执行的语句相同。

（21）【答案】B

【解析】在字符串中找出数字（0～9）的个数，但是，其中'\0'是特殊字符，它的值为 0，所以循环只执行了 5 次。

（22）【答案】D

【解析】因为循环的终止条件是赋值语句 k=1，它永远为真，所以循环会无限执行下去。

（23）【答案】B

【解析】在循环体中，如果 i 是奇数，按小写字符输出；如果 i 是偶数，按大写字符输出。

（24）【答案】C

【解析】scanf 的第二个参数需要给出数据的保存地址。

（25）【答案】D

【解析】fun 函数的循环体中，如果字符的 ASCII 为奇数，则输出字符。

（26）【答案】C

【解析】getchar 读取一个字符，如果不是回车键，循环的条件成立，执行循环，继续读取下一个字符，直到读取的字符为回车键时，程序不再循环，继续执行后面的语句。

（27）【答案】D

【解析】x 的值为 1，（!x）作为条件不成立，（x==0）也不成立，所以 y 的值没有变化。

（28）【答案】C

【解析】s 是二维数组，k 是指向一维数组的指针，p 是一维指针。

（29）【答案】C

【解析】fun 函数的功能是：如果遇到小写字母 a～z，则把它转换为大写字母 A～Z。

（30）【答案】C

【解析】这里需要的语句是，先把读取的数值保存到 x[i]，然后对 i 做后++操作。

（31）【答案】B

【解析】scanf 读取时，遇到空格认为字符串结束，所以 a 的值为“how”。

（32）【答案】B

【解析】第一次调用参数为 3，第二次调用参数为 2，第三次调用参数为 1。当参数为 1 时，会返回 1，不再递归下去了。

（33）【答案】B

【解析】首先执行 fun(b,c)，5 不等于 6，所以返回值是（5+6）/2=5；再调用函数 fun，计算 fun(8,5)，返回值是（8+5）/2=6。虽然 printf 要输出浮点数，但 fun 是整型函数。

（34）【答案】D

【解析】静态变量被初始化为 1，多次调用函数 fun 也不会重新初始化，循环里 fun 被调用 3 次。第一次：s=1*fun()，fun 的返回值 x 取值为 1*2=2，于是 s=2；第二次：s=2*fun()，fun 的返回值 x 取值为 2*2=4，于是 s=8；第三次：s=8*fun()，fun 的返回值 x 取值为 4*2=8，于是 s=64。

（35）【答案】B

【解析】将 4*(x)*x+1 中的 x 用 5+2 替换后，变为 4*(5+2)*5+2+1，因此结果为 143。需要注意第二个 x 替换后为 5+2，而不要加上括弧写成（5+2）。

（36）【答案】C

【解析】字符数组之间不能直接赋值，需要通过循环一个字符一个字符地赋值。

（37）【答案】D

【解析】定义结构数组 dt 并赋初值，结果是 dt[0].x=1，dt[0].y=1，dt[1].x=2，dt[1].y=3，然后在 main 函数里定义结构指针 p 指向 dt，所以 p→x 的值为 1，p→y 的值为 2，执行前++并输出，所以输出“2,3”。

（38）【答案】D

【解析】定义结构数组 data 并赋初值，结果是 data[0].a=10，data[0].b=100，data[1].a=20，data[1].b=200，然后在 main 函数里定义 p=data[1]，所以 p.a 的值为 20，执行前++并输出，所以输出 21。

（39）【答案】C

【解析】变量 c 的值是变量 a 的值右移 3 个二进制位。

（40）【答案】B

【解析】打开文件时有参数“w”，表示文件只能写不能读，打开文件后写指针指向文件开始位置，写操作结束后文件指针停留在文件末尾。

二、填空题

（1）～（5）的【答案】和【解析】请参看 12.1 节 2011 年上半年 C++考试的解答。

（6）【答案】3

【解析】这里考察强制类型转换的使用，执行顺序是：3/2 得 1，强制转换为 1.0，加 0.5 得 1.5。1.99 强制转换为整型得 1，乘以 2 得 2，与之前的 1.5 相加得 3.5，强制转换为整型得 3。

（7）【答案】1217

【解析】x 的值是 12，满足 x>10，所以输出 12；也满足 x>5，所以又输出 12+5=17。

（8）【答案】09

【解析】输入的 48 按字符 ASCII 码读取赋值给 c1，所以 c1='0'，c2='9'，按字符输出得 09。

（9）【答案】4

【解析】循环共执行 24 次，但是只有当 i 是 6 的倍数时才输出一次“换行”。

（10）【答案】20 0

【解析】如果 if 条件成立会执行 t=x，条件不成立所以 t 的值为 0。接下来两条语句是把 y 的值赋给 x，把 t 的值赋给 y，所以输出 x 的值是 20，y 的值是 0。

（11）【答案】i-1

【解析】循环体里的语句要实现把 a[i]的值赋值给它的前一个数组元素，即 a[i-1]。

（12）【答案】double avg（double a,double b）

【解析】函数 avg 写在 main 函数之后，但是在 main 函数里需要调用，所以必须在 main 函数之前给出函数 avg 的原型声明。

（13）【答案】13715

【解析】循环共执行 4 次，第一次的计算 0×2+1=1，第二次的计算 1×2+1=3，第三次的计算 3×2+1=7，第四次的计算 7×2+1=15。每次输出时没有分隔符，所以连起来输出得到 13715。

（14）【答案】emoclew

【解析】指针 p 指向"welcome"，for 循环执行 7 次，每次输出一个字符，把 P 指向的字符串逆序输出。

（15）【答案】123456

【解析】fwrite 往文件里写入 3 个整数 x[0]、x[1]、x[2]，rewind 使文件指针回到文件开始位置，fread 又从文件里读取 3 个整数给 x[0]、x[1]、x[2]，所以 x[0]、x[1]、x[2]的值还等于原来的值。

12.4　C++上机考试模拟题及解答

一、改错题

使用 VC6 打开考生文件夹下的工程 kt1_1，此工程包含一个源程序文件 kt1_1.cpp，但该程序运行有问题，请改正程序中的错误，使该程序的输出结果为

```
5
5
```

源程序文件 kt1_1.cpp 清单如下。

```
#include<iostream.h>
classA{
public:
/****************found****************/
static int n=1;
A(){n++;};
~A(){n--;};
};
/****************found****************/
int n=0;
int main(){
A a;
A b[3];
A* c = new A;
c=&a;
/****************found****************/
cout<<c.n<<endl;
cout<<A::n<<endl;
return0; }
```

【参考答案】

（1）将 static int n=1;改为 static int n;

（2）将 int n=0;改为 int A::n=0;

（3）将 cout<<c.n<<endl;改为 cout<<c->n<<endl;

【试题解析】

（1）在类的声明中只能对静态数据成员进行引用性声明，不能进行静态数据成员初始化。

（2）由于静态数据成员是类的成员，所以在初始化时必须限定它所属的类。

（3）c 为类的对象指针，访问类成员函数时使用符号"->"，而不能用"."。

二、简单应用题

请编写函数 fun()，该函数的功能是判断字符串是否为回文，若是则函数返回 1，主函数中输出 YES；否则返回 0，主函数中输出 NO。回文是指顺读和倒读都一样的字符串。

例如：字符串 LEVEL 是回文，而字符串 123312 就不是回文。

部分源程序已存在文件 kt1_2.cpp 中。

请勿修改主函数 main 和其他函数中的任何内容，仅在函数 fun 的花括号中填写若干语句。

文件 kt1_2.cpp 的内容如下。

```
#include<iostream.h>
#include<stdio.h>
#define N 80
int fun(char* str)
{
}
void main()
{ char s[N];
cout<<"Enter a string:"<<endl;
gets(s);
cout<<"\n\n";
puts(s);
```

```
if(fun(s))
cout<<"YES\n";
else
cout<<"NO\n"; }
```

【参考答案】

```
int fun(char *str)
{
int i,n=0,fg=1;
char *p=str;
while(*p)
{ n++; p++; }
for(i=0;i<n/2;i++)
if(str[i]==str[n-1-i]) ;
else
{ fg=0; break; }
return fg;
}
```

【试题解析】

本题的解题思路是：先利用循环中指针的移动来求得字符串的长度 n，然后用一个 for 循环依次取得数组中的前半部分元素，用取得的前半部分内的元素逐个与后半部分内的对应位置的元素进行比较。如果相同，不做任何工作，接着取下一个元素，继续比较；如果不相同，可以判断该字符串肯定不是回文，就给标志变量 fg 赋值 0（fg 的初始值为 1）。最终把 fg 作为函数的返回值返回（fg 值为 1 表明是回文，fg 值为 0 表明不是回文）。

三、综合应用题

使用 VC6 打开考生文件夹下的工程 kt1_3，此工程包含一个源程序文件 kt1_3.cpp，其中含有一个类 Circle 的定义，但该类的定义并不完整。请按要求完成下列操作，将类 Circle 的定义补充完整。

（1）为类 Circle 增加一个构造函数，该函数有一个参数，并在构造时将该参数值赋给成员 radius。将该函数实现为一个非内联函数，并且使用参数列表的方式将类成员赋值。请在注释“//**1**”之后添加适当的语句。

（2）为类 Circle 增加一个成员函数 print()，使得可以输出有关圆的信息，比如下列程序

```
Circle c;
c.SetRadius(5);
c.Print();
```

将输出：The circle has radius of 5!

请在注释“//**2**”之后添加适当的语句。

（3）完成友元函数 void CompareR（Circle*c1,Circle*c2）的定义，在屏幕上输出 c1 与 c2 比较 radius 大小结果，要求使用 if-else 结构完成。请在注释“//**3**”之后添加适当的语句。

输出结果为

```
The circle has radius of 5!
The circle has radius of 10!
c1<c2
```

除在指定位置添加语句之外，请不要改动程序中的其他内容。

源程序文件 kt1_3.cpp 清单如下。

```
#include <iostream.h>
class Circle{
public:
Circle():radius(5){}
//**1**
void SetRadius(int r){radius=r;}
int GetRadius(){return radius;}
//**2**
friend void CompareR(Circle*c1,Circle*c2);
private:
int radius;};
void CompareR(Circle*c1,Circle*c2)
{//**3**
cout<<"c1>c2"<<endl;
else
if((c1->GetRadius())==(c2->GetRadius()))
cout<<"c1=c2"<<endl;
else
if((c1->GetRadius())<(c2->GetRadius()))
cout<<"c1<c2"<<endl;}
void main()
{Circle c1;
c1.SetRadius(5);
c1.Print();
Circle c2(10);
c2.Print();
CompareR(&c1,&c2);}
```

【参考答案】

（1）Circle（int rad）:radius（rad）{}

（2）void Print(){cout<<"The circle has radius of "<<radius<<"!\n";}

（3）if ((c1->GetRadius()>(c2->GetRadius()))

【试题解析】

本题考查构造函数中初始化列表的写法、成员函数的定义与实现、友元函数、if 分支语句等知识点。友元函数的类体外的定义与一般函数一样，其中 if-else 在使用时，else 总是与其最近的那个 if 配对使用的。